全国医药职业教育药学类规划教材

药品生产过程验证

（供高职高专使用）

主　编　徐文强（中国药科大学高等职业技术学院）
　　　　杨文沛（中国药科大学高等职业技术学院）

中国医药科技出版社

内 容 提 要

本书是全国医药职业教育药学类规划教材之一,依照教育部〔2006〕16号文件要求,结合我国高职教育的发展特点,根据《药品生产过程验证》教学大纲的基本要求和课程特点编写而成。全书共分11章,第1章和第2章概述GMP验证的内涵及管理;第3章至第7章详细讨论了药品生产过程中带有共性的验证理论和验证技术;第8章至第11章具体介绍主要药物剂型的生产过程验证。本书适合医药高职高专教育及专科、函授及自学高考等相同层次不同办学形式教学使用,也可作为医药行业培训和自学用书。

图书在版编目(CIP)数据

药品生产过程验证/徐文强,杨文沛主编. —北京:中国医药科技出版社,2008.6
全国医药职业教育药学类规划教材
ISBN 978-7-5067-3830-9

Ⅰ.药… Ⅱ.①徐… ②杨… Ⅲ.药物-生产过程-验证-职业教育-教材 Ⅳ.TQ460.6

中国版本图书馆 CIP 数据核字(2008)第 019079 号

美术编辑 陈君杞
版式设计 郭小平

出版 中国医药科技出版社
地址 北京市海淀区文慧园北路甲 22 号
邮编 100082
电话 责编:010-62278402 发行:010-62227427
网址 www.cspyp.cn
规格 787×1092mm ¹⁄₁₆
印张 14
字数 321 千字
印数 1—5000
版次 2008 年 6 月第 1 版
印次 2008 年 6 月第 1 次印刷
印刷 廊坊市海翔印刷有限公司
经销 全国各地新华书店
书号 ISBN 978-7-5067-3830-9
定价 25.00 元

全国医药职业教育药学类规划教材

编 写 说 明

随着我国医药职业教育的迅速发展，医药院校对具有职业教育特色药学类教材的需求也日益迫切，根据国发［2005］35 号《国务院关于大力发展职业教育的决定》文件和教育部［2006］16 号文件精神，在教育部、国家食品药品监督管理局、教育部高职高专药品类专业教学指导委员会的指导之下，我们在对全国药学职业教育情况调研的基础上，于 2007 年 7 月组织成立了全国医药职业教育药学类规划教材建设委员会，并立即开展了全国医药职业教育药学类规划教材的组织、规划和编写工作。在全国 20 多所医药院校的大力支持和积极参与下，共确定 78 种教材作为首轮建设科目，其中高职类规划教材 52 种，中职类规划教材 26 种。

在百余位专家、教师和中国医药科技出版社的团结协作、共同努力之下，这套"以人才市场需求为导向，以技能培养为核心，以职业教育人才培养必需知识体系为要素、统一规范科学并符合我国医药事业发展需要"的医药职业教育药学类规划教材终于面世了。

这套教材在调研和总结其他相关教材质量和使用情况的基础上，在编写过程中进一步突出了以下编写特点和原则：①确定了"市场需求→岗位特点→技能需求→课程体系→课程内容→知识模块构建"的指导思想；②树立了以培养能够适应医药行业生产、建设、管理、服务第一线的应用型技术人才为根本任务的编写目标；③体现了理论知识适度、技术应用能力强、知识面宽、综合素质较高的编写特点。④高职教材和中职教材分别具备"以岗位群技能素质培养为基础,具备适度理论知识深度"和"岗位技能培养为基础,适度拓宽岗位群技能"的特点。

同时,由于我们组织了全国设有药学职业教育的大多数院校的大批教师参加编写工作,强调精品课程带头人、教学一线骨干教师牵头参与编写工作,从而使这套教材能够在较短的时间内以较高的质量出版,以适应我国医药职业教育发展的需要。

根据教育部、国家食品药品监督管理局的相关要求,我们还将组织开展这套教材的修订、评优及配套教材(习题集、学习指导)的编写工作,竭诚欢迎广大教师、学生对这套教材提出宝贵意见。

全国医药职业教育药学类

规划教材建设委员会

2008 年 5 月

前　言

药品生产企业实施药品生产质量管理规范（GMP），是我国药品进入世界贸易市场与国际接轨的必由之路。实践证明，GMP 总是随着人类社会的进步和医药科技的发展而在不断更新完善、不断增加新的内容。在我国实施 GMP 的发展史上，1998 年版的 GMP 首次将"验证"专列一章，这充分说明了实施验证对保证药品质量具有重要的意义。

验证是一个涉及药品生产全过程的质量活动。实施验证，产品的质量不仅要求通过最终产品的检验来证明，而且要求通过严密的生产过程监控来保证。验证工作有利于企业不断完善质量保证体系，有利于提高生产效率，有利于确保药品质量，是制药企业投资少、但能见到长期效益的必要手段。

我国推行 GMP 验证已有 20 余年的历程，验证技术正逐步趋向成熟，验证管理规范正逐步走向完善。通过 GMP 认证的制药企业已将验证工作作为质量保证的基础工作和常规工作，要求全员参与质量管理。但是，应该看到，由于专职从事或兼职从事验证工作的人员匮乏，GMP 验证工作在制药企业运行的广度、深度不够，这一矛盾反映了高等药学教育与医药工业发展不相适应的现状。

编者通过一系列的社会调研，认为有必要在高等院校药学类专业增设《药品生产过程验证》课程，使药学类学生具备一定的验证技术知识和验证管理能力，以期达到培养复合型、应用型技术人才的目的。

《药品生产过程验证》的编写是以药品生产过程为主线，以过程受控为目的，根据我国 GMP 对验证提出的要求，具体讨论与生产过程相关的验证技术。本教材本着理论与实践相结合、理论够用简要、突出验证技术、面向生产一线的原则，针对性强，有可操作性，可作为本、专科必修课或选修课教材，亦也作为制药企业职工培训教材用。

《药品生产过程验证》是一个年轻的学科，加之编者水平有限，缺乏写作经验，内容欠妥以及错误之处在所难免，欢迎读者批评指正。

编　者
2008 年 4 月

目　录

第一章 绪 论

质量是世界经济发展的永恒主题。

药品是一种用于防治疾病、保健康复的特殊商品。药品质量的好坏，直接关系人民群众的生命安全和身体健康。药品生产过程是一个相当复杂的过程，从原料选购、进厂到药品生产出来并经检验合格出厂，涉及到人员、厂房、设施、设备、工艺、检验及生产工艺和质量管理等很多环节，其中任何一个环节的疏忽，都会影响药品质量。因此，世界各国均实行严格的质量监督管理，以保证药品的质量。

药品生产质量管理规范（以下简称 GMP）是国际公认的对药品生产全过程进行标准化管理的法定技术规范。实践证明，GMP 是防止药品生产全过程发生差错、混药、污染，确保药品质量的有效手段。在长期的实践过程中，人们对药品生产及质量保证手段的认识逐步深化，GMP 的内容在不断更新完善，要求不断提高。20 世纪 70 年代中期 GMP 引入了验证的概念，它标志着质量监督的立足点转向工艺全过程，验证使生产工艺能够按规定的要求自始至终地得到贯彻执行，验证使药品的质量在设计和生产过程中形成，验证成为 GMP 不可缺少的重要组成部分。

第一节 药品生产质量管理规范（GMP）概述

GMP 作为指导药品生产和质量管理的法规，在国际上已有四十余年的历史，在我国推行也已有二十年的历史。综观国际上 GMP 的发展，各国都经历过认识、接受及实施药品 GMP 的过程。

一、GMP 实施简史

在药品生产中应有管理规范的想法由来已久，人类经历了 12 次较大的药物灾难性事件，多数事故是由于药品生产中的交叉污染所造成的。特别是 20 世纪 50 年代后期发生的最大的一次药物灾难"反应停"事件引起了世界各国民众的不安。原联邦德国格仑南苏制药厂生产了一种用于治疗妊娠反应的镇静药 Thalidomide（又称沙利度胺、反应停），实际上，这是一种 100% 的致畸胎药。该药出售后的 6 年间，先后在原联邦德国、澳大利亚、加拿大、日本以及拉丁美洲、非洲的 28 个国家，发现畸形胎儿 12000 余例（其中西欧就有近 8000 例，日本约有 1000 例）。患儿呈海豹肢畸形，临床表现为无肢或短肢，肢间有蹼，心脏畸形等先天性异常。这种畸婴死亡率约 50%。造成这场药物灾难的原因，是由于"反应停"未经过严格的临床前药理试验，而生产该药的格仑南苏制药厂竟将 100 多例有关"反应停"毒性反应的报告隐瞒不报，最后导致经过改头换面的"反应停"在 17 个国家里继续造成危害。

美国、法国、原捷克斯洛伐克等少数国家幸免遭此药难事件。当时的美国"食品药品管理局"（Food and Drug Administration，以下简称为美国 FDA）官员在审查此药时，发现该药缺乏足够的临床试验数据而拒绝进口，从而避免了此次浩劫（由于私人旅游从国外携药，只造成 9 例畸形胎儿）。这场灾难虽没有波及美国，但在美国社会激起了公众对药品监督和药品法规的普遍关注，并最终促使美国国会对《联邦食品、药品和化妆品法》进行了一次重大修改。

1962 年美国《联邦食品·药品·化妆品法》的修正案对制药企业提出了以下三个方面的具体要求：

1. 要求制药企业对出厂的药品提供相应证明材料，不仅要证明药品是有效的，而且要证明药品是安全的；

2. 要求制药企业向美国 FDA 报告药品的不良反应；

3. 要求制药企业实施 GMP。

在此社会背景下，药品生产应有管理规范和质量保证的想法日趋成熟。GMP 最初由美国普渡（Purdue）大学的 6 名教授编写，经讨论修订，1962 年 10 月美国首版 GMP 被批准并立法。同年，美国 FDA 在《食品·药品·化妆品法（修正案）》的基础上开展了GMP 工作，对不合格的药品实施回收，对出现的事故彻底追查，对包括原辅料进厂、生产、检验、包装直到出厂为止的生产全过程都建立了严格的规定。GMP 实施后，在改善制药企业生产条件与设施、加强管理和保证质量方面均收到了实效，GMP 的理论在此后多年的实践中经受了考验，并获得了长足的发展。1976 年美国 FDA 在广泛征集国内医药行业意见的基础上对 GMP 进行修订，于 1978 年再次颁布药品制剂生产质量管理规范（以下简称 cGMP）。cGMP 规定，按规范要求生产是法定的要求，如果制药企业不按 cGMP 要求组织生产，不管样品抽检是否合格，FDA 都有权将这样生产出来的药品视为劣药不予认可。

美国开展 GMP 工作引起了世界各国的广泛注意。世界卫生组织（以下简称 WHO）根据美国实行 GMP 的经验，于 1969 年第 22 届世界卫生大会上建议各成员国实施 GMP 管理，并责令其专门设置的专家委员会草拟文件，于 1975 年提出 WHO 的 GMP，至 1977 年第 28 届世界卫生大会召开时，多数会员国表示赞许，同意按 GMP 条款从事药品生产。WHO 提出的 GMP 制度是药品生产全面质量管理的一个重要组成部分，是保证药品质量并把发生差错事故、混药、各类污染的可能性降低到最低程度的最可靠的办法。

70 年代末，英国、日本及大多数欧洲国家开始宣传、起草本国的 GMP。随着社会的发展，科技的进步，各国在执行 GMP 的过程中不断地对其进行修改和完善，并制订了各项详细规则和各种指导原则。如英国 1985 年已经出版第四版 GMP 指南，对实施 GMP 做出具体规定；日本 1988 年制订了原料药 GMP。1992 年 WHO 在《国际贸易中药品质量认证制度》中指出，出口药品的生产企业必须提供有关生产和监控条件的书面文件，说明生产系统按 GMP 的规定运行。从此，按照 GMP 要求生产，成为药品进入国际市场的前提，受到各国政府的高度重视。目前，世界上已有 100 多个国家实行了 GMP 制度。

我国 GMP 产生于 20 世纪 70 年代末，其背景是对外开放政策和出口药品的需要，首先在一些有国际贸易的制药企业和某些出口产品生产中试行。1982 年由当时负责行业管理的中国医药工业公司制订了《药品生产管理规范（试行本）》，并于 1985 年修订为《药品生产管理规范》。1988 年由卫生部颁布了我国国家级的《药品生产质量管理规范（草案)》，以后在对部分药品生产企业调研后作了较大的修订，颁布了 1992 年修订版。1998年国家药品监督管理局在总结了实施《药品生产质量管理规范（草案)》方面的经验，参照 WHO 和一些国家颁布的 GMP 有关规定，对 92 版《药品生产质量管理规范》的部分章节、条文作了修订和补充，颁布了《药品生产质量管理规范（1998 年修订)》和《药品生产质量管理规范（1998 年修订）附录》。

在长期的实践过程中，人们对药品生产及质量保证手段的认识逐步深化，GMP 的内容不断更新。如果对这类规范的各个版本作一历史的回顾，可以看出两个倾向：一是规范的标准"国际化"，即国家的规范向国际性规范的标准靠拢；二是"规范"朝着"治本"的方向深化，验证概念的形成和发展则是 GMP 朝着"治本"方向深化的一项瞩目成就。

二、GMP 分类

（一）按 GMP 适用范围分类

1. 国际组织颁布的 GMP

如 WHO 的 GMP（1992 年版）、欧洲自由市场贸易协会制订的药品生产检查互相承认公约（即 PIC - GMP，1971 年）、欧洲经济共同体（以下简称 EEC）的《GMP 指南（1989 年版)》等。这些国际组织颁布的 GMP 一般原则性较强，内容较为概括，无法定强制性；

2. 各国政府颁布的 GMP

如美国 FDA 发布的 cGMP（1993 年版）、英国卫生和社会福利部（DHSS）于 1983 年制订的英国 GMP、日本厚生省制订的 GMP、我国食品药品监督管理局颁布的 GMP。政府颁布的 GMP 内容较为具体，有法定强制性；

3. 制药行业组织制订的 GMP

如英国制药工业联合会制订的 GMP，瑞典制药工业协会制订的 GMP，中国医药工业公司制订的 GMP 实施指南等。制药行业制订的 GMP 一般指导性较强，内容较为具体，无法定强制性。

（二）按 GMP 的性质分类

1. 将 GMP 作为法典规定，如美国、日本、中国的 GMP；

2. 将 GMP 作为建议性的规定，起到对药品生产和质量管理的指导作用。如联合国WHO 的 GMP；

3. 跨国医药公司制订本公司的 GMP，如美国一些跨国医药公司在 cGMP 的基础上，为特殊制剂制定的大输液 GMP、非最终灭菌制剂的 GMP 等。

三、实施 GMP 目标的要素

实施 GMP 的目标是要建立和健全完善的质量保证体系，把影响药品质量的人为差错减少到最低程度；防止一切对药品的污染和交叉污染，防止产品质量下降的情况发生。质量保证系统应包括良好的生产环境及完善的设备设施、确保达到预期质量目标的各种工艺规程和管理标准以及经过 GMP 培训的人员等要素。

1. 生产环境及设备设施

良好的生产环境及完善的设备设施是实施 GMP 的根本条件。所谓良好的生产环境是指能够控制微粒及微生物、合理布局的洁净厂房，现行 GMP 对各种不同药品和不同的生产部位，都规定有一定的空气洁净度级别。完善的设备设施是指药品生产企业应具备与生产规模相适应的装备，包括生产和检验的设备、仪器、仪表、量器、衡器。对直接参与药品生产的制药设备应符合 GMP 的要求，即符合易于清洗、消毒和灭菌，便于生产操作和维修、保养，并能防止差错和减少污染的指导性原则。如对于粉针剂生产线来说，由于粉针剂产品对微粒和微生物控制这二方面有特殊要求，因而在与药粉直接接触的设备（分装机）、内包装材料的清洁消毒设备（洗瓶机、洗胶塞机、隧道烘箱及运送轨道等）应不脱落微粒、毛点，并易清洁、消毒；在产品暴露的操作区域（无菌室）其空气洁净级别要符合工艺规定，不产生交叉污染等。

2. 工艺规程和管理标准

药品质量是设计和制造出来的，并通过遵循各种工艺规程和管理标准来保证。在制药企业，各类工艺规程、技术标准、管理标准是在长期的生产过程及质量检验、质量评价中逐步建立的，随着 GMP 实践的不断深入，一些沿用已久的工艺规程、管理标准需要不断地补充、完善。有案例表明，某些工艺规程在经过 GMP 验证后证明达不到预期质量目标，必须进行修订。标准操作规程（以下简称 SOP）就是经过验证的由标准和记录组成的文件系统。每个制药企业都应建立一套涉及药品生产、质量控制、营销活动所必需的书面标准、规程、办法、程序、职责，健全实际生产活动中执行标准的每一项行为的记录，以便操作者能正确有效地使用。

3. 经过 GMP 培训的员工

具有高素质的员工是实施 GMP 目标的关键要素。优良的硬件设备要由员工来操作，各类工艺规程和管理标准也要由员工来制订和执行，因此，员工的 GMP 培训工作是十分必要的。全员培训工作应有序开展，培训计划应包括各类人员应受到的培训时间和培训内容、考核方法等条款，并以岗前考核和定期考核相结合的措施来保证。例如，对冻干粉针无菌分装岗位的操作人员定期进行的培养基无菌灌装考核，就是建立在科学培训基础上的工作质量"再验证"，以调动员工学习的积极性，使质量意识深入人心，确保产品的质量。

第二节 中国 GMP 的主要内容

中国现行 GMP 为 1998 年修订版，GMP 的中心指导思想是：任何药品质量的形成是设计和生产出来的，而不是检验出来的。GMP 强调了只有训练有素的人员，在符合药品生产条件的厂房设施中，使用合格的原辅料和生产设备，采用经过验证的生产方法，通过可靠的检验，所生产的产品质量才是可信的。

现行 GMP 共分为 14 章 88 条（全文详见本书附录 1），内容简介如下：

第一章 总则。本章共 2 条，明确了《药品管理法》是制定 GMP 的法律依据；明确 GMP 是药品生产企业管理生产和质量的基本准则。总则规定了 GMP 的适用范围：药品制剂生产的全过程、原料药生产中影响成品质量的精制、烘干、包装等关键工序。

第二章　机构与人员。人员管理是 GMP 实施和管理的重点。本章共 5 条，强调了药品生产企业应建立生产和质量管理机构，要求各级机构和人员的职责应明确。在人员方面，分别对企业领导人、生产管理和质量管理部门的负责人、各级技术和管理人员的素质和能力做了相应的规定。关于人员培训，不仅要求对各类人员进行 GMP 培训、对从事药品生产操作和质量检验的人员进行专业技术培训，而且强调了对从事高生物活性、高毒性、强污染性、强致敏性及有特殊要求的药品生产操作和质量检验人员进行专业技术培训的重要性。

第三章　厂房与设施。厂房与设施是药品生产的根本条件。本章共 23 条，对药品生产企业制剂生产全过程与原料药生产中影响药品质量的关键工序所需要的厂房与设施做了比较细致的原则性规定，在阐述厂房通则的同时，对辅助区、贮存区、生产区、质量控制区分别做出相应洁净级别要求的规定。

第四章　设备。设备是药品生产中物料投入到转化成产品的工具或载体。本章共 7 条，着重对药品生产和检验的设备、仪器、仪表、量器、衡器等提出了管理要求。

第五章　物料。药品生产的控制必须从物料开始。本章共 10 条，强调避免物料混淆，保证生产中所用的原料、辅料及包装材料都已经过检验，符合质量标准。进出库均要有记录可查。

第六章　卫生。卫生管理是 GMP 管理的重要保证，是防污染、防混淆、防差错、确保药品质量的一个重要指导思想。本章共 9 条，根据我国的实际情况，强调了环境卫生、工艺卫生、个人卫生管理的要求和重要性。

第七章　验证。验证是证明系统、设备及工序能够按照预定的标准，始终进行正常工作并生产合格产品的手段。它贯穿于药品开发研究、工厂设施建设、设备安装、仪器测试、生产等活动中。98 版 GMP 为验证专辟一章，说明验证在 GMP 中起着极其重要的作用。本章共 4 条，对验证的范围、内容，验证的程序以及验证文件的管理做了明确的规定。具体内容如下：

（1）药品生产验证应包括厂房、设施及设备安装确认、运行确认、性能确认和产品验证。

（2）产品的生产工艺及关键设施、设备应按验证方案进行验证。当影响产品质量的主要因素，如工艺、质量控制方法、主要原辅材料、主要生产设备等发生改变时，以及生产一定周期后，应进行再验证。

（3）应根据验证对象提出验证项目、制定验证方案，并组织实施。验证工作完成后写出验证报告，由验证工作负责人审核、批准。

（4）验证过程中的数据和分析内容应以文件形式归档保存。验证文件应包括：验证方案、验证报告、评价和建议、批准人等。

第八章　文件。文件是 GMP 中软件建设的重要环节，是科学的生产管理和质量管理的工作准则。本章共 5 条，对文件的内容以及建立文件的起草、修订、审查、批准、撤销、印制及保管的管理制度做了规定，对制订文件的要求也做了相关规定。

第九章　生产管理。生产管理是药品生产过程中执行 GMP 最重要的环节。本章共 8

条，强调了对生产工艺规程、岗位操作法、标准操作规程（SOP）、物料平衡、批生产记录、生产批号、防止污染和混淆措施、工艺用水、批包装记录、清场记录的严肃性，并对其执行提出了明确规定。

第十章 质量管理。药品生产企业的管理都是围绕质量管理展开的，质量管理是GMP管理的核心。本章共3条，对药品生产企业的质量管理部门的归属、职责以及人员、仪器设备等要素作了规定，重点对质量管理部门的主要任务和权限作了规定。

第十一章 产品销售与收回。药品销售和售后服务是药品生产的最后环节，也是实现利润的环节，药品质量将最终得到消费者的验证。本章共3条，强调批销售记录，要求"根据销售记录能追查每批药品的售出情况，必要时应能及时全部追回"。也对退货记录作了规定。

第十二章 投诉与不良反应报告。由于药品在人体中的代谢过程复杂，而且人体对药品的反应存在个体差异，因此药品生产企业必须对药品质量投诉和药品的不良反应引起高度的重视。本章共3条，规定企业应建立药品不良反应监察报告制度，对用户的药品质量投诉和药品不良反应需详细记录和调查处理，特别是药品生产出现重大质量问题时，应及时向当地药品监督管理部门报告。

第十三章 自检。本章共2条，强调了药品生产企业应定期对人员、厂房、设备、文件、生产、质量控制、药品销售、用户投诉和产品回收等项目进行自我检查，以证明实施GMP的严肃性和准确性。

第十四章 附则。共3条，对GMP用语的含义作了法定的解释。对附录进行了说明。明确了GMP的修订、解释权。

第三节 GMP 验 证

验证是涉及药品生产全过程的基础性和常规性的质量活动，是证明实施GMP的手段。和GMP产生的社会背景相似，验证也是在药品频繁出现质量事故的背景下诞生的。20世纪60年代，在GMP的产生、发展之中，并没有"验证"的概念，判断药品质量与否合格一直沿用成品分析方法。70年代初，欧美国家相继出现了多起静脉注射剂导致败血症的案例，美国FDA在对静脉注射剂受细菌污染的跟踪调查中发现，这些药品的检验结果及其中间体的抽样检验情况，均符合规定标准，但其中大部分产品不能提供生产和控制各环节始终能保证产品质量的佐证资料。经过数年的GMP管理和实践，美国FDA官员认识到：把判定药品合格与否的立足点放在质量检验上，而不去认真研究生产工艺过程的做法，至少是不完善的。因此，不仅需要把好成品质量检验关，而且必需把生产全过程监控作为药品是否合格的立足点，才是切实可行的。这就是所谓的由现场检验发展起来的过程验证概念。

早期的过程验证重点放在灭菌工序上。工艺验证的概念直到1978年才出现于FDA公布的《药品工艺检查验收标准》中。所谓工艺验证，是指特殊监控条件下的试生产，通过试生产性的工艺验证过程，可以获得工艺重现性及可靠性的证据。

随着验证工作在药品生产过程中的实施，验证技术得到了快速的发展，验证理论不断走向成熟和完善。欧共体的 GMP 指南（1997 年版）中收载的"参数放行法"就是一例。所谓"参数放行法"，系指最终灭菌产品可以根据工艺运行的参数，即根据生产中获得的数据资料而不是样品无菌检查的结果来决定一批产品是否达到无菌要求。"参数放行法"有利于企业更加灵活地采用新技术和新方法，从而取得更好的社会效益和经济效益。

一、验证的定义

我国 GMP（1998 年修订）第八十五条对验证的定义是：证明任何程序、生产过程、设备、物料、活动或系统确实能达到预期结果的有文件证明的一系列活动。

美国生产工艺验证的一般原则指南（1990 年）中对验证的定义是：一个有文件和记录的方案，它能使一项专利的工艺过程确实始终如一地生产出符合其预定的规格标准和质量性能的产品。

定义中提及的所谓"预期结果"，就灭菌而言是指使每一个单位产品中的微生物残存数降到原微生物污染数的 10^{-6} 以下。所谓"文件证明"，是指按照预定验证计划实施验证，验证的结论也以文件形式表达，从而评价验证计划、验证结论的正确性。

二、验证的意义

现代制药企业积极开展验证活动具有以下几个方面的意义：

1. 实施验证是贯彻《药品管理法》等法律和法规的需要。

2. 实施验证是不断完善质量保证体系，保证产品质量的需要。例如，实施工艺验证可使药品生产始终处于受控状态。

3. 实施验证是提高企业经济效益的需要。企业在追求产品质量的同时必须追求经济效益，否则就不能发展。验证活动使产品质量得到了保障，减少了生产中返工和复检次数，并使用户投诉事件大为减少，从而实现降低产品生产成本和社会成本的目的。

4. 实施验证是产品进入国际市场的需要。实施验证不仅使产品在国内拥有一定的市场，而且为产品打进国际市场创造了必要的条件。

三、过程验证的内涵

根据验证的定义，可以把过程验证的内涵概括为：保证药品的生产过程和质量管理以正确的方式进行，并证明这一生产过程是准确和可靠的，且具有重现性，能保证最后得到符合质量标准的药品。过程验证包括：

（一）新药开发过程验证

新药开发阶段需要验证的内容有：新产品的规格和起始原料、工艺条件、成品质量要求；起始原料以及成品的鉴定、纯度、药效、均一性等的分析方法等。这些验证可以达到为新药报批提供一份可靠的申报资料、为药品正式生产提供确认的工艺标准、为药品生产工艺验证提供基础条件的目的。

（二）药品生产过程验证

药品生产过程验证是指在完成厂房、设备的验证后，对生产线所在生产环境及装备的局部或整体功能、质量控制方法及工艺条件的验证。

我国 GMP 实施指南（2001 版）强调指出，药品生产过程验证的内容必须包括：

1. 空气净化系统；
2. 工艺用水系统；
3. 生产工艺及其变更；
4. 设备清洗；
5. 主要原辅材料变更。

无菌药品生产过程的验证内容还应增加：

1. 灭菌设备；
2. 药液过滤及灌封（分装）系统。

（三）药品检验过程验证

药品检验过程验证的对象包括检验方法和实验室 SOP。检验方法验证包含了大型精密仪器的确认、检验方法适用性验证等内容，目的是确认检验方法的可靠性与重现性。实验室 SOP 验证包含了实验室中所有与实验研究有关的活动，如样品接收、登记、保管、试剂配制、仪器保养与校正、分析测定、质量保证与质量控制、数据复审、结果报告等。

总之，验证是企业制定标准及达标运行的基础。企业的运行必须以质量保证体系为手段，有明确的"标准"，而"标准"的确立又必须以生产过程验证的结果为基础。企业员工在实施 GMP 时，必须按标准对各种过程进行控制，实现过程确实受控的目标。

第二章 验证管理

验证是制药企业的基础性工作，又是常规性的工作。为了有序地开展验证工作，必须实施有效的验证管理。制药企业的验证管理包括确定适当的验证组织机构，设定各级组织机构的职能，选择必需的验证对象，建立实施验证的基本程序以及验证文件的形成、归档，通过验证管理，掌握验证工作的科学规律。

第一节 验证的组织机构及其职能

制药企业应根据本企业的具体情况及验证的实际需要来确定适当的组织机构。一个已运行多年的制药企业，其药品生产及质量管理全过程均建立有明确的"运行标准"，验证工作的重点是考核"运行标准"制订的合理性及有效性，一般由常设的验证职能机构来完成。对于一个新建制药企业或者一个大型技术改造项目，验证工作的目的是确立生产及质量管理的运行标准，有大量的验证工作须在较短时间内完成，因此，就需要成立一个临时性的兼职验证组织机构。

一、常设验证机构及其职能

制药企业的验证需要协调各职能部门的活动，通常由分管生产、技术、质量管理的企业负责人或总工程师分管验证工作。在厂一级可组成由各部门负责人参加的验证指导委员会，下设一个常设的职能部门来负责验证管理。主管验证的负责人应有一定验证管理经验，对实施 GMP 验证负责；验证部的工作人员应由生产、技术、质量、工程或其他专业技术人员组成。验证项目的具体实施通常由若干验证小组承担，组长一般由验证部经理指定验证部的某一成员担任，其他组员则来自验证对象的使用部门。常设验证组织机构见图 2-1。

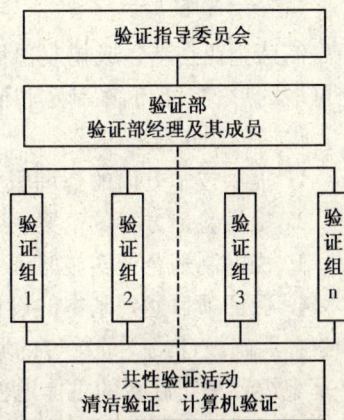

图 2-1 验证组织示意图

1. 验证指导委员会的职责

验证指导委员会从宏观上进行领导、在技术上指导本企业的验证工作。主要负责验证的总体策划与协调、验证文件的审核批准，并为验证提供足够的资源。

2. 验证部的职责

（1）负责验证管理及操作规程的制订与修订。

（2）负责日常的验证管理工作，其中包括：日常验证计划、验证方案的制订和监督实施，日常验证活动的组织、协调。

（3）参加企业新建和改进项目的验证及新产品生产工艺的验证。

（4）验证文档管理。

3. 验证组的职责

验证项目实际上由数个验证子项目组成，由数个验证组共同实施完成。不同的验证小组按照经过批准的验证方案，承担不同的子系统或设备的验证实施、验证资料收集工作。例如，制药用水处理系统各项目的验证则由设备验证小组、工艺验证小组等共同实施完成。

二、临时验证机构及其职能

临时验证机构一般是根据不同的验证对象而设立的。如对一个大型的技术改造项目，有大量的验证工作须在较短时间内完成，就需要成立一个临时性的兼职验证组织机构。又如常规生产中的故障调查及分析也是由临时验证机构组织实施完成的。

临时验证机构可称为验证领导小组，在人员安排上，主任委员由生产副总经理或总工程师来担任，验证管理部门的负责人兼秘书长，设计或咨询单位的专家为顾问，验证领导小组的成员由各车间主任、工程部主管、仓储部主管以及质量管理部负责人组成。

临时验证机构的职能可概括为：制订并审核验证方案、落实验证实施计划、组织员工技术培训、协调企业各部门完成各自的验证计划。

三、设计咨询单位及其职责

制药企业在新建或技改项目上，聘请设计或咨询单位的资深专家作为工艺验证顾问也是可取的形式，他们在制定和协作实施验证方案时比较切合实际。

他们的职责是：

1. 提供技术方面的咨询服务；

2. 提供验证方案的草案；

3. 协助制药企业实施验证；

4. 保证项目达到基本的设计要求。

在明确设计或咨询单位的职责的同时，制药企业应该意识到本身在验证管理中自始至终是组织者和实施者的主体地位。

四、制药企业各部门在验证中的职责

制药企业内各主要职能部门在验证中的职责简要概括如下。

1. 质量管理部门

制定验证总计划、起草验证方案、检验方法验证、取样与检验、环境监测、结果评价、验证报告、验证文件管理。

2. 生产部门

参与制订验证方案，实施验证，培训考核人员；起草生产有关规程；收集验证资料、数据；会签验证报告。

3. 工程部门

确定设备标准、限度、能力和维护保养要求，提供设备操作、维护保养方面的培训，提供设备安装及验证的技术服务。

4. 研究开发部门

对一个开发的新产品，确定待验证的工艺条件、标准、限度及检测方法；起草新产品、新工艺的验证方案；指导生产部门完成首批产品验证等。

5. 其他部门

环境监控、统计、培训、安全等部门的工作也需要进行验证。如环境监控部门负责监控厂区环境空气、水源的质量，而质量保证部门负责洁净室（区）的微粒与微生物的监控等。

第二节　验证的分类

验证一般按验证方式或按验证对象进行分类。

一、按验证方式分类

（一）前验证

前验证是指新产品、新设备以及新的生产工艺正式投入生产前，按照设定的验证方案进行的验证。前验证的目标主要是考察并确认设备、工艺的重现性及可靠性，一般适用于产品要求高，单靠生产控制及成品检查不足以确保重现性及产品质量的生产过程。例如，最终灭菌产品生产中所采用的湿热灭菌工艺、干热灭菌工艺以及除菌过滤工艺，无菌操作产品生产中采用的灌装系统在线灭菌程序应当前验证。

此外，产品的重要生产工序也需要前验证。表2-1列举了不同制剂关键工序的质量特性，前验证时可根据这些质量特性制订相关的验证方案。

表2-1　不同制剂关键工序的质量特性

剂型 ＼ 质量特性	无菌性	限菌性	含量均一性	溶出性
最终灭菌制剂	灭菌工序		配制工序 灌装工序	
无菌操作制剂	除菌过滤工序 无菌灌装工序 冷冻干燥工序		除菌过滤工序 无菌灌装工序 冷冻干燥工序	
固体制剂		生产过程	混合工序 制粒工序 压片工序 包装工序	制粒工序 压片工序
液体制剂		生产过程	配制工序 灌装工序	
软膏剂、栓剂		生产过程	配制工序 灌装工序	

（二）同步验证

同步验证是指在生产中运行某项工艺的同时进行的验证，实际上是特殊监控条件下的试生产，同步验证既可获得合格产品又可得到证明"工艺重现性及可靠性"的数据。如泡腾片的生产往往需要环境相对湿度低于20%，此时，空调净化系统是否符合环境设定的要求，可以选择同步验证的方式。

（三）回顾性验证

回顾性验证是以历史数据的统计分析为基础，以证实某一生产工艺条件适用性的验证。

同前验证的几个批或一个短时间运行获得的数据相比，回顾性验证积累的资料比较丰富，从对大量历史数据的回顾分析可以看出工艺控制的状况，因而可靠性也更好。

回顾性验证应具备以下条件：

1. 一般应有至少6批符合要求的数据；

2. 检验方法应经过验证，检验结果应当定量化以供统计分析；

3. 批生产记录应有明确的工艺条件。如以物料最终混合为例，如果没有设定转速，应明确设备型号、转速、混合时间等工艺条件，只有这样，相应批的检验结果才有统计分析价值；

4. 生产过程中的工艺变量必须标准化，并始终处于受控状态，如原料标准、生产工艺的洁净级别、分析方法、微生物控制等。

同步验证、回顾性验证一般用于限菌制剂（如片剂、胶囊剂）生产工艺的验证，二者通常可结合使用。例如在移植一个现成的限菌制剂时，如已有一定的生产类似产品的经验，则可以以同步验证作为起点，运行一段时间，然后转入回顾性验证阶段。经过一定时间的正常生产后，将生产中的各种数据汇总起来，进行统计及趋势分析。系统的回顾及趋势分析常常可以揭示工艺运行的"最差条件"，预示可能的"故障"前景。

（四）再验证

所谓再验证，系指经过验证的一项生产工艺、一个系统、一台设备或者一种原材料，在使用一个阶段以后而进行的证明其"验证状态"没有发生飘移的验证工作。

再验证主要包括以下几方面的验证：

1. 强制性再验证

指药品监督部门或法规要求进行的验证。如无菌操作的培养基灌装试验。

2. 改变性再验证

指生产过程中由于主客观原因发生变更时进行的验证。如原料质量标准的改变、产品包装形式的改变、工艺参数或工艺路线的改变、设备的改变等。

3. 定期再验证

指对产品的质量和安全起决定作用的关键工艺、关键设备，在生产一定周期后进行的验证。如无菌药品生产过程中使用的灭菌设备、关键洁净区的空调净化系统等。

二、按验证对象分类

（一）厂房与设施的验证

1. 厂房验证

厂房验证主要指厂房的性能认定。药品生产过程中的各个工序都可能有不同的厂房要求，例如生产无菌产品的房间内表面是否易于清洁、人流和物流是否避免交叉、工艺设备与建筑结合部位缝隙是否密封等都需要进行认定。此外，洁净室空气洁净度的确认也是厂房验证的主要对象。

2. 公用设施验证

公用设施验证的重点是净化空调系统、工艺用水系统。如净化空调系统的能力认定，可用光散射粒子计数器来监测高效空气过滤器（HEPA）的泄漏；制药用水处理系统应对原水水质、纯化水与注射用水的制备过程、贮存及输送系统进行验证。此外，惰性气体、压缩空气等也需要进行验证。

（二）设备验证

对药品生产中使用的设备进行验证，其目的是对这些设备的设计、选型、安装及运行的准确性和对产品工艺的适应性作出评价。验证所得到的数据可用以制订和修订设备操作和维护保养的规程。设备验证包括四个阶段：

1. 设计确认

通常指对拟订购设备的技术指标适用性的认定及对供应厂商的选定。该阶段应考察设备的性能、材质、结构、设备配置的标准化程度以及是否便于维修保养等内容。

2. 安装确认

指设备安装后进行的各种系统检查及技术资料的文件化工作。安装确认的主要内容包括对设备计量及性能参数、安装环境及安装过程进行确认。

3. 运行确认

为证明设备达到设定要求而进行的运行试验。运行试验过程中应考察标准操作规程草案是否适用、设备运行参数的波动情况、设备运行的稳定情况、仪表的可靠性等。

4. 性能确认

指通过模拟生产试验确定设备的适用性。在这个验证阶段，考虑因素有：

（1）验证批次可依据产品及设备的特点确定。一般应做梯度试验和重现性试验，每一参数重复三次；

（2）对产品物理外观质量的检测，如片面色泽、重量差异等；

（3）对产品内在质量的检测，如含量、溶出度、均匀度、水分含量等；

（4）挑战性试验也是一种检验方法，是指在正常设定的生产环境下，设计出运行该设备的最差条件（如压力、速度等），确认设备的稳定性，即在此条件下也能正常运转，生产出正常产品。

（三）计量验证

计量管理系统是验证工作不可缺少的重要环节，离开了计量和校准，验证的可靠性就失去了基础。设备、仪器仪表和测量装置的准确度是一个变量，这个变量是可以通过校准来加以控制的，验证意味着控制变量。

在日常生产活动中，计量和校准又是过程受控的重要保证因素。需要校准的仪器仪表有：温度计、湿度计、压力表、电导仪、定时器、报警装置等，一些在实验室里所用的仪器也要校准，如天平、色谱仪、质谱仪、pH 仪等。

（四）生产过程验证

1. 生产环境

生产环境的验证应按生产要求的洁净级别对室内空气中的尘粒和微生物含量、温度、湿度、换气次数等进行监测。对洁净室所使用的或交替使用的消毒剂也应进行消毒效果验证。

2. 生产设备

生产设备包括单机设备验证、生产联动线验证、设备清洗效果验证等，可以结合产品工艺选用运行确认、性能确认等验证方式。

3. 质量控制方法

质量控制方法的验证内容包括产品的规格标准和检验方法的确定。对检验方法验证的内容则包括对检验用仪器性能试验、精密度测定、回收率试验、线性试验以及排除辅料干扰的选择性试验。只有采用通过鉴定的可靠的质量控制方法检验才能证明生产过程的有效性和重现性。

4. 工艺条件

在药品生产过程中，凡可能对产品产生影响的关键工艺都应经过验证。验证的工艺条件要模拟实际生产中可能遇到的条件（包括最差条件），如混合、制粒工艺的湿度条件，大容量注射剂灌装工艺的洁净度条件等。验证应重复一定次数，以保证验证结果的重现性。

5. 清洗工艺

清洗工艺验证是指清洗工艺对设备或工具清洗有效性的验证。验证可通过目测、化学检验及微生物检验等方法来证实所有与药品直接接触的生产设备及容器的清洁程度，其清洁效果的评价标准有：

（1）接触药品的设备表面残留量少于日剂量的千分之一；

（2）接触药品的设备表面污染量少于 10ppm；

（3）不能有可见的残留痕迹。

6. 物料

物料的验证除确认物料质量标准应符合法定标准及企业内控标准外，还应对供应商的工艺、管理质量做出评估及确认。

（五）产品验证

产品验证是证实某一工艺条件是否能始终如一地生产出符合预定规格及质量标准的产品，并根据验证的结果制订、修订产品的工艺规程。

产品工艺变更，尤其重大生产工艺变更时必须取得药品监督管理部门的批准。申报产品工艺变更时必须上报产品工艺变更的验证材料，其内容包括：

（1）产品质量的均一性、稳定性；

（2）工艺参数设计的合理性、准确性；

（3）生产过程控制方法与手段的可靠性；

（4）设施、设备与物料的适用性。

（六）计算机系统的验证

计算机系统的验证，是指用于控制生产过程、监控质量的数据系统验证，验证目的是证实该系统运行的可靠性和重现性。计算机系统的验证内容包括硬件和软件两部分。硬件是指计算机主机、外围设备（处理机等）以及相关的生产设备或质量控制设备，软件是指计算机的输入输出过程和"数据处理"过程。

各项验证工作的相关性见图 2-2。在实际工作中，我们必须始终以产品质量为目标，以工艺参数为平台，在工艺和设备相结合的条件下，开展验证工作。

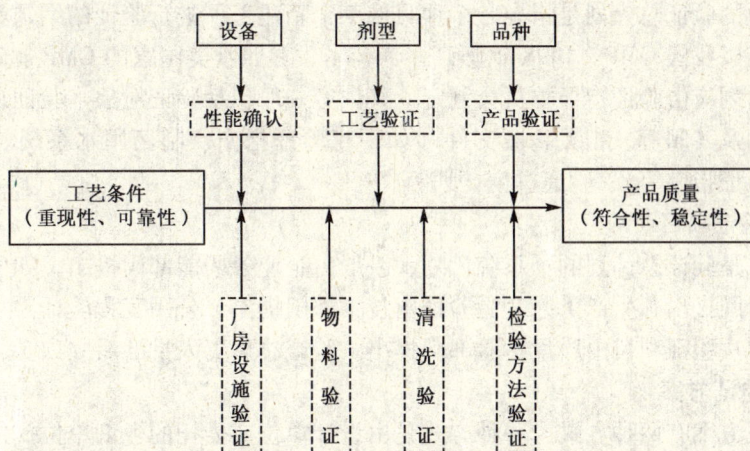

图 2-2 验证工作的相关性

第三节 实施验证的程序

我国 GMP（1998 年修订）第五十九条规定："应根据验证对象提出验证项目、制定验证方案，并组织实施。验证工作完成后应写出验证报告，由验证工作负责人审核、批准。"明确阐明了实施验证的程序。

一、实施验证的必要条件

1. 企业必须具备 GMP 基本条件

药品质量管理的实践证明，GMP 是保证药品质量最基本的管理标准。在人员、设备、环境等条件偏离了 GMP 的标准时，产品质量保证就失去了基础，企图用有限次数的验证试验去证明工艺的可靠性和重现性将没有任何实际意义。因此，GMP 是实施验证的必要条件，也就是说，不具备 GMP 基本条件的制药企业无法进行有效的验证。

2. 不能用反证法

按照统计学的原理，在对产品无菌要求高、污染品所占比例小的情况下，无菌检查存在极大的局限性。因此，灭菌工艺、无菌灌装工艺验证必须按前验证的要求做，而不能采用成品无菌检查的结果来反证灭菌工艺和无菌灌装工艺的可靠性。同样，固体制剂关键工序也不宜只用最终成品含量测定结果来反证工艺的合理性和可靠性。

3. 回顾性验证应用的条件

回顾性验证应以相对稳定的工艺作为它的先决条件。只有相同工艺条件下获得的各种数据才可以使用，其批数一般应超过 20 批，不得少于 6 批。

二、验证的基本程序

1. 制定验证总计划

制药企业的验证总计划是指导一个项目或某个新建工厂进行验证的纲领性文件。制定验证总计划应以我国 GMP（1998 年修订）为蓝本，参照欧美国家的 GMP 制定。

验证总计划应由验证指导委员会制定，其内容一般包括验证对象、验证目标及合格标准、组织机构及其职责、相关验证文件（如厂房验证指南、制药用水系统验证指南、湿热灭菌程序验证指南等）、验证进度计划等。

2. 提出验证项目

验证项目是验证总计划的子系统计划，一般由企业各职能部门提出，如生产设备验证项目由生产车间提出，生产工艺变更验证由技术部门提出，公用工程验证项目由工程部门提出，检验方法验证项目由质量检验部门提出。验证总负责人批准后立项。

3. 制定验证方案

制定验证方案有两种方式：一种方式是由设计单位或委托的咨询单位提供草案，经制药企业的验证委员会讨论、修订后会签。另一种方式是由提出验证项目的部门起草，由质量保证部门及项目相关部门会签。

不同的验证对象应制定不同的验证方案，如设备验证方案、环境验证方案、介质确认方案、生产过程验证方案、产品确认方案等。验证方案的内容有验证范围、验证目的、实施验证的人员、测试方法、实施验证所需要的条件（人员、设备、仪器、物资等）、合格标准、漏项和偏差等。

4. 组织实施

验证组是验证方案的实施者，其成员来自几个相关职能部门、并事先经过验证培训。验证组应严格按验证方案分工实施，验证的原始记录应及时、清晰并有适当的说明。验证过程中必然会出现一些没有预计到的问题、偏差，甚至出现无法实施的情况，这种情况称为漏项。漏项应作为验证的原始记录在记录中详细说明，并作为验证方案的附件，附在验证报告中。

5. 验证报告

验证报告是一份由验证实施记录所组成的文件。当某一系统（项目）的所有验证活动完成后，应同时完成相应的验证报告。一份验证报告的内容包括：

（1）简介　简要描述验证对象概况、验证的目的及内容。

（2）验证文件　将相关的验证计划、验证方案、验证报告列一索引。

（3）验证人员及职责　说明参加验证的人员及各自的职责。

（4）该验证方案依据的合格标准　说明该验证方案依据的参考资料，如药典标准或通用标准（如洁净区的级别），应注明标准的出处。

（5）验证的实施情况和结果　说明验证试验的实施情况和主要结果（附验证原始记录）。

（6）偏差及措施　总结验证实施过程中所发现的偏差情况以及所采取的措施。它们是制订常规生产操作规程的重要背景资料。

（7）验证结论　明确说明验证对象是否通过验证并能否交付使用。

三、设定验证合格标准

实施验证必须设定适当的验证合格标准，它是企业质量定位的基础。在设定标准时，应遵守以下几个原则：

1. 凡是我国有法定标准的应选用法定标准。如注射用水的细菌内毒素、化学指标、注射剂的澄明度、片剂的片重差异等；

2. 国内尚无法定标准可选用国际通用标准。如国际制药行业公认，非最终灭菌注射剂 3 批通过 3000 瓶培养基的灌装试验，每批染菌率必须低于 0.1%（置信度 95%），可作为本企业设定验证标准的参考依据；

3. 对既无国内法定标准，又无公认的国际标准可参照时，应慎重地从全面保证质量的观念出发，选定合理的标准。如大容量注射剂灭菌前的微生物污染限度、管路在线清洗剂的残留量等。

第四节　验证文件

验证文件是在验证过程中形成的，是记录验证活动全过程的技术资料，也是确立生产运行各种标准的客观证据。验证文件包括验证规划、验证计划、验证方案、各种生产标准操作规程、验证原始记录、验证结果出现偏差时的调查结论及必要时对生产标准操作规程的修订内容、验证总结及其他相关文档。其中生产标准操作规程是进行验证的基础文件，既是验证对象，又是验证时需遵循的操作步骤。

一、验证文件的分类

文件按其属性来分，可分为指令性文件和记录两类，前者称为标准，后者则为实施或执行标准的结果。指令性文件是指可重复使用的标准类文件，它以"如何去完成某项工作"为中心，阐述管理的标准或操作的指南，如：标准操作规程、生产方法、批记录（空白）、内控标准、验证工作基本程序、验证方案等。记录是指历史性文件，阐述"完成了什么工作"。如批记录（已完成）、验证原始记录、验证报告等。

二、验证文件的标识

验证文件的标识是验证资料具备可追溯性的重要手段。

同其他技术文件一样，每一验证文件应有文件名称、编号和具有专一性的版本号，修订的文件应同时标明前版文件的编号和版本号，以便标识、追溯和查询。标识的方法可以验证总计划标识 001 – VMP – P1 为例说明。它由三部分组成：前一部分的三个数字是某一设备或系统的代号，可预先确定；中间部分的字母表示文件内容，如 VMP 表示 validation master plan 即验证总计划，第三部分第一个字母表示文件的性质，如 P 表示计划（plan）或方案（protocol），最后的阿拉伯数字表示文件的版本号，依此类推。文件的编号标识由项目部或主管验证的机构统一制定。

三、验证文件的管理程序

验证文件的一般管理程序如下：

1. 起草

文件起草人按文件管理员给定格式及文件登记号起草文本，并确定文件分发名单。作为文件起草人，应明确此份文件最终有哪些岗位的人需要使用，从而在文件起草过程中加以考虑。文本定稿后，签名并提请复核人及批准人签名。应该强调，所有文件的签名同时应签上日期，这是基本要求。

2. 复核

复核人需有相应的资历，主要是复核文件中其专业领域的内容无差错，并签名。

3. 批准

一般文件由文件涉及到的相应部门负责人批准，质量标准、生产方法、批记录（空白）、验证文件等则须经质量保证部负责人批准，若一份文件涉及多个部门，则需由涉及部门的负责人会签后由质量保证部负责人批准。

4. 复印

文件管理员在收到批准后的文件原件及电子文件后，按分发目录复印相应份数。

5. 分发

文件管理员按分发目录将各复印件分发至相应人员，文件接收人需在文件分发登记表上签名。指令性文件在发出新版本的同时应收回旧版本，这是保证文件受控的重要措施。

6. 归档

分发结束后，文件管理员需将原件归档。归档后的文件应便于查找。文件保存期限根据文件种类不同而异。对于批记录原件，一般保存至产品有效期后一年；对于标准操作规程原件，一般应保存六年。电子文件应存贮于专用目录中，作为电子备份。

四、验证文件举例

下面以过筛机验证方案举例说明验证文件的基本格式。

（一）验证目的和范围

1. 验证目的

确认××过筛机的安装、运行性能以及配套设施的配置能够满足×××过筛工艺的要求。

2. 验证范围

安装确认主要对设备组成部分的组装，对传动系统、电气部分、工艺物料管线等进行确认；运行确认是在设备运行状态下，对过筛机的传动系统、电气部分、工艺物料管线等进行检查，并通过实际检测数据与工艺要求、设备设计参数进行对比，确认该设备的运行状况。

（二）验证进度计划

验证进度计划样式如表2-2。

表2-2 验证进度计划表样式

时间	内容	负责人
	起草设备安装、运行验证方案	
	审批方案，按照方案进行验证	
	起草验证报告，审批验证报告	

（三）验证人员及职责

验证人员及职责可以表2-3格式填写。

表2-3 验证人员及职责

姓名	部门	职务	职责
×××	生产部	管理员	起草方案，实施验证，起草报告
××	生产部	电工	检测电气线路、电动机运转状况
×××	设备处	管理员	审核验证方案、报告，审阅验证评价
×××	设备处	处长	会签验证方案、验证报告
×××	质量处	科员	审核验证方案、验证报告
××	质量处	处长	会签批准验证方案、验证报告

（四）设备概述

1. 设备工作原理

该过筛机以立式减振器为激振源，筛体产生复旋型振动。此振动曲线的水平投影为圆，垂直投影为椭圆。

2. 设备组成

由振荡电机、机座、筛框、筛网、夹箍，密封圈，橡胶减震块、振动器压块、挠性联轴器、上盖等组成（设备图略）。

3. 设备工艺用途

该过筛机适用于制药化工、食品等行业多种物料的筛分，可视粒度要求更换不同规格的筛网（筛网规格为200~325目）。

4. 设备主要技术参数

过筛机主要技术参数见表2-4。

表2-4 过筛机主要技术参数

序号	参数名称	规定要求	序号	参数名称	规定要求
1	电机功率	1.5kW	6	有效面积	
2	振荡频率	1400次/分	7	制造厂家	
3	振幅	1~4mm	8	安装单位	
4	最大入料粒度	<Φ16mm	9	安装时间	
5	筛网规格	200~325目			

（五）设备安装确认

过筛机的安装确认应根据表2-5的检查项目要求逐项检查，并认真记录验证获得的数据。任何影响过筛机正常工作的异常情况应立即改正，并作为偏差进行分析。

表2-5 过筛机安装确认项目与验证数据

序号	检查项目	规定要求	实际结果	检查人日期	复查人日期
1	安装位置	水平放置			
2	安装型式	水平安装			
3	设备材质	1Cr18Ni9Ti			
4	电机功率	1.5kW			
5	电气线路	接线正确 连接可靠			
6		连接牢固 无松动			

评价人：_____ 日期：_____

（六）设备运行确认

过筛机的运行确认应根据表2-6的检查项目要求逐项检查，将验证获得的数据填入实际结果栏中，并在验证报告中对验证结果予以说明。

表2-6 过筛机运行验证要求

序号	检查项目	规定要求	实际结果	检查人	复查人
1	设备润滑	润滑部位润滑良好			
2	点动试车	无异常			
3	转向	逆时针			
4	振荡频率	$1400 \pm 10r/min$			
5	空车运转	振荡平稳无异常声音			
6	噪音上限	不超过80db			
7	运转4小时后电机温升	65℃			
8	负载运转	振荡平稳无异常声音			
9	机体	无泄漏			
10	电机运转	$3800 \pm 5\%$			

评价人：_____ 日期：_____

（七）偏差分析

按照设备验证方案对过筛机进行安装及运行确认，在确认的过程中若出现不符合设计要求、工艺要求的情况（偏差），应进行分析，找出原因，进行纠正直至达到使用要求，否则该设备不能投入使用。

（八）验证用计量器具

将过筛机验证中所用的计量器具列表如表 2 – 7 所示。计量的鉴定和校准工作应统一归口市（区）一级以上的计量部门管理。

表 2 – 7 验证用计量器具

序号	器具名称	规格型号	计量编号	鉴定单位	有效期限
1	电流表				
2	电压表				
3	测温表	数字式测温笔	××××	计量处	×××
4	测速仪	HY – 441	××××	××计量技术监督所	×××

（九）相关规程

1. 设备操作维护规程：过筛机操作维护规程
2. 本设备有关的标准操作规程（SOP）应予以审核并列入表 2 – 8。

表 2 – 8 过筛机标准操作规程

项目	登记号	标题	生效日期
一般操作 SOP		过筛机操作维护 SOP	
卫生清理 SOP		过筛机清洗 SOP	

（十）验证结论

依照设备安装确认以及运行确认的结果，对该设备的安装及运行性能进行总结。

第三章　灭菌工艺验证

灭菌工艺系指以适当的物理或化学手段，将一定数量的微生物（包括繁殖体和芽孢）完全杀灭，并使其生命活动产生不可逆转的灭活过程。细菌的芽孢具有较强的抗热力，不易杀死，因此灭菌效果应以杀死芽孢为准。在无菌、灭菌制剂生产过程中，灭菌效果与灭菌设备的性能、污染物的特性、被灭菌品的性质、受污染的程度等因素有关，因此对具体的产品（包括最终容器及包装）来说，选择哪一种灭菌方法最合适、最有效，必须在实际应用以前对其灭菌效果进行验证。

中国药典 2005 年版通则附录 X Ⅶ中收载了灭菌法。药典中灭菌法的收载，为长期以来灭菌的半定量控制纳入定量控制轨道确立了法定依据。

第一节　灭菌与无菌保证

一、灭菌法分类

（一）物理灭菌法

1. 湿热灭菌法

湿热灭菌法是指用高压饱和蒸汽、流通蒸汽、沸水等热力学灭菌手段杀灭细菌的方法。

2. 干热灭菌法

干热灭菌法是指在非饱和湿度下进行的热力学灭菌手段杀灭细菌的方法。干热灭菌的机理是使微生物氧化而不是蛋白质变性，因此与湿热灭菌相比，干热灭菌需要较高的温度和较长的时间才能达到灭菌目的。

3. 辐射灭菌法

辐射灭菌法是选用适宜放射源（通常用^{60}Co）辐射的 γ 射线杀灭微生物和芽孢的方法，辐射灭菌剂量一般为 $2.5 \times 10Gy$（戈瑞）。γ 射线穿透力强，灭菌效率高，不升高产品温度，适用于热敏物料和制剂的灭菌。

4. 微波灭菌法

微波灭菌法是采用频率在 300MHz（兆赫）到 300kMHz（千兆赫）之间的电磁波照射产生的热效应和生物效应杀灭微生物和芽孢的方法。

5. 紫外线灭菌法

紫外线灭菌法是指用紫外线照射杀灭微生物的方法。一般用于灭菌的紫外线波长是 200～300nm，灭菌力最强的波长是 254nm。紫外线灭菌法属于表面灭菌方法，适合于照射物表面灭菌、无菌室空气及蒸馏水的灭菌。

（二）化学灭菌法

化学灭菌法是用化学药品直接作用于微生物而将其杀灭的方法，包括气体灭菌剂与液体灭菌剂。在药品生产过程中，常用的气体灭菌剂有环氧乙烷气体、气化双氧水、臭氧等几种。

1. 环氧乙烷气体灭菌法

环氧乙烷灭菌方法是将产品暴露在带适量惰性气体的环氧乙烷混合气体中，气体靠吸附或吸收与被灭菌物品作用，使之达到灭菌的目的。

2. 臭氧灭菌法

臭氧分子式 O_3，是氧的同素异构体，很不稳定，半衰期为 $22\sim25min$，在常温、常压下，分子结构易变，很快自行分解为氧（O_2）和单个氧原子，后者通过其极强的氧化作用杀灭细菌芽孢。臭氧灭菌具有广谱、高效、高洁净性等特点，被灭菌物品上没有危害性的残留物。

3. 气化双氧水灭菌法

气化双氧水（VHP）为气化过氧化氢，具有很好的杀灭细菌芽孢的作用。在灭菌过程中，气化双氧水被还原成水与氧气，与其他灭菌方式相比，没有危害性的残留物，对操作人员及环境无危害，类似于臭氧灭菌。

二、灭菌方法的选择

制剂生产中，灭菌工艺的基本目的是在保证药物的稳定性、有效性及用药安全的前提下除去或杀灭微生物。因此，选择灭菌方法时应优先考虑灭菌的对象、目的和条件，同时也要考虑各种灭菌方法杀灭微生物的机理、操作参数和对灭菌产品（包括最终容器及包装）的效果。

1. 无菌产品的灭菌可采用湿热灭菌、干热灭菌、环氧乙烷灭菌、过滤灭菌以及辐射灭菌等方法，有可能时宜首先选择加热灭菌法。耐湿、耐热物品的灭菌宜选择湿热灭菌法。

2. 耐热物品的灭菌和去除热原（如设备、玻璃容器），以及不宜用湿热灭菌的物品（如油、粉末）可选择干热灭菌法；如甘油、油类、凡士林、石蜡。干热灭菌法也可用于某些粉状的药物组分如滑石粉、磺胺类药物以及玻璃和不锈钢设备的灭菌。

3. 产品应尽可能在最终容器中使用热力学方法进行灭菌。有些热不稳定、不能最终灭菌的药液可采用孔径为 $0.22\mu m$（或更小）的无菌过滤器进行除菌过滤。这类过滤器能够滤除绝大多数细菌和霉菌，但不能全部滤除病毒或支原体，必要时应同时考虑采用热力学方法来弥补过滤除菌法的不足。

4. 氮气、压缩空气等气体的净化、除菌宜选择过滤除菌法。

5. 热敏性包装材料、对热不稳定的药品及对前述灭菌方法不适宜的容器均可选用辐射灭菌法。采用本法必须经实验确认射线对灭菌物无破坏作用。

6. 玻璃、金属、橡胶、塑料等固体表面的灭菌可选用环氧乙烷气体灭菌法。但由于环氧乙烷本身有毒性、与空气混合后易爆性以及使用后的残留量问题，只有确认其对产品或材料无破坏作用，并与所灭菌的材料不形成有毒物质后方可采用。

在选择灭菌方法时，灭菌方法对产品外观的影响也应加以考虑。例如，塑料内包装用瓶可用环氧乙烷灭菌法或辐射灭菌法灭菌，但某些塑料暴露在高剂量的射线中会导致外观表面的变色，所以环氧乙烷灭菌法就成为可以选择的方法。

三、热力灭菌的有关参数

在对灭菌机理的研究中，人们发现细菌孢子，尤其是芽孢杆菌和梭状芽孢具有耐热性，因此灭菌温度和灭菌时间是评价热力灭菌工艺的两个重要参数。

灭菌过程中，微生物的死亡速度符合一级动力学过程，用下式表示为：

$$N_t = N_0 e^{-kt}$$

或

$$\lg N_t = \lg N_0 - \frac{kt}{2.303} \tag{3-1}$$

式中 N_0——原始的微生物数；

N_t——灭菌 t 时间后残存的微生物数；

k ——致死速度常数。

以 $\lg N_t$ 对 t 作图得一残存曲线，直线的斜率为 $-k/2.303$。可见灭菌 t 时间后残存的微生物数是给定灭菌方法的某些参数的函数，对热力灭菌而言，残存数是在固定灭菌条件下（如加热温度、介质环境等）暴露时间的函数。

（一）D 值

微生物耐热参数。微生物的热耐受性可用微生物残存曲线求得，以 D 表示。D 值定义为：在一定灭菌温度下，被灭菌物品中微生物数减少 90% 所需的时间，单位为分（钟）。更简捷地说，D 值是一定灭菌温度的杀死速率，D 值愈大，表明微生物的抗热性愈强。

根据 D 的定义，当 $t = D$，则 $N_t = N_0/10$，由式（3-1）可以推导出式（3-2）、（3-3）。

$$D = t = \frac{2.303}{k}(\lg N_0 - \lg N_t) \tag{3-2}$$

$$D = \frac{2.303}{k} \tag{3-3}$$

从式（3-3）可知，不同的微生物在不同环境条件下具有各不相同的 D 值（见表3-1）。

表 3-1 生物指示剂在不同环境条件下的 D 值

生物指示剂	灭菌工艺	温度（℃）	样品或介质	D 值（min）
嗜热脂肪芽孢杆菌	饱和蒸汽	105	5% 葡萄糖水溶液	87.8
嗜热脂肪芽孢杆菌	饱和蒸汽	110	5% 葡萄糖水溶液	32.0
嗜热脂肪芽孢杆菌	饱和蒸汽	115	5% 葡萄糖水溶液	11.7
嗜热脂肪芽孢杆菌	饱和蒸汽	121	5% 葡萄糖水溶液	2.4
嗜热脂肪芽孢杆菌	饱和蒸汽	121	注射用水	3.0
嗜热脂肪芽孢杆菌	饱和蒸汽	121	葡萄糖乳酸林格氏液	2.1
梭状芽孢杆菌	饱和蒸汽	105	5% 葡萄糖水溶液	1.3
梭状芽孢杆菌	饱和蒸汽	105	注射用水	13.7

下列因素将会对 D 值产生一定影响。

（1）药液的配方及性质，如 pH；

（2）用作生物指示剂的微生物种类；

（3）微生物所接触的表面的性质（如玻璃、钢材、塑料、橡胶、干燥粉末、溶液等）；

（4）具体灭菌工艺及其参数。

（二）Z 值

灭菌温度系数。系指使某一种微生物的 D 值下降一个对数单位，灭菌温度应升高的度数。在一定温度范围内，$\lg D$ 与温度 T 之间呈线性关系，用式（3-4）表示。

$$Z = \frac{T_2 - T_1}{\lg D_1 - \lg D_2} \tag{3-4}$$

即

$$\frac{D_2}{D_1} = 10^{\frac{T_2 - T_1}{Z}} \tag{3-5}$$

式中 D_2——温度为 T_2 的 D 值；

D_1——温度为 T_1 的 D 值。

D 值与 Z 值之间的关系可按式（3-4）计算得出：

设 $Z = 10℃$，$T_1 = 110℃$，$T_2 = 121℃$

$D_2 = 0.079\, D_1$，即 110℃ 灭菌 1min 与 121℃ 灭菌 0.079min 的灭菌效果相当。

不同的微生物孢子在不同的溶液中有各不相同的 Z 值，同种孢子的 Z 值在不同溶液中亦有差异（见表 3-2 所汇数据）。

表 3-2 嗜热脂肪芽孢杆菌在不同溶液中的 Z 值

溶液	Z 值	溶液	Z 值
葡萄糖水溶液	10.3	磷酸盐缓冲液	7.6
注射用水	8.4	平均 Z 值	9.4
葡萄糖乳酸林格氏液	11.3		

为简化计算，在没有特定要求时，Z 值通常取 10。

Z 值可被用于定量地描述微生物对灭菌温度变化的"敏感性"。Z 值越大，微生物对温度变化的"敏感性"就越弱，通过升高灭菌温度的方式加速杀灭微生物的效果就越不明显。

（三）F_T 值

F_T 值系指在一定恒定温度 T、给定 Z 值时，某一灭菌程序的灭菌效果，以分（钟）表示，亦称"T 灭菌值"。

数学表达式：

$$F_T = D_T \times (\lg N_0 - \lg N_t) \tag{3-6}$$

式中，D_T 为在温度 T 下微生物的 D 值；$\lg N_0 - \lg N_t$ 为在温度 T 下灭菌程序使微生物数下降的对数单位数；

当药液灭菌前微生物总数为 N_0 时，则在温度 T 下将其全部杀灭至 10^0 所需要的时间为：

$$F_T = D_T \times \lg N_0 \tag{3-7}$$

由于 D 值是随温度的变化而变化，所以不同温度下达到相同的灭菌效果，F_T 值将会随 D 值的变化而变化。灭菌温度高时，F_T 值变小；灭菌温度低时，F_T 值就大。

（四）F_0 值

F_0 值是指在一定灭菌温度 T、Z 值为 10℃ 时，某一灭菌程序产生的与 121℃、Z 值为

10℃相同灭菌效果的等效灭菌时间，亦即 $T=121℃$、$Z=10℃$ 时的 F_T 值，以分（钟）表示。因为121℃是湿热灭菌的标准灭菌温度状态，所以 F_0 值亦称标准灭菌时间。F_0 值目前仅限于验证热压灭菌的效果。

物理 F_0 值的数学表达式为：

$$F_0 = \Delta t \sum 10^{\frac{T-121}{10}} \tag{3-8}$$

（五）F_H 值

F_H 值是指在一定灭菌温度 T、Z 值为20℃时，某一灭菌程序产生的与170℃、Z 值为20℃相同灭菌效果的等效灭菌时间，以分（钟）表示。F_H 值目前仅限于验证干热灭菌的效果。

物理 F_H 值的数学表达式为：

$$F_H = \Delta t \sum 10^{\frac{T-170}{20}} \tag{3-9}$$

（六）灭菌率 L

L 值系指在某温度条件下灭菌1分钟所相应的标准灭菌时间（分钟）数，即 F_0 和 F_T 的比值（$L=F_0/F_T$）。

F_0 和 F_T 之间的关系可由以下推导得出：

由式（3-6）知，$F_T = D_T \times (\lg N_0 - \lg N_t)$，则

$$F_0 = D_{121} \times (\lg N_0 - \lg N_t) \tag{3-10}$$

要求达到同样灭菌效果时，式（3-6）、（3-10）中 $\lg N_0 - \lg N_t$ 等值。

所以，灭菌率 $L = F_0 / F_T = D_{121} / D_T = 10^{(T-121)/Z}$ (3-11)

当 $Z=10℃$ 时，不同温度下的 L 值是不同的（见表3-3）。不同温度不同 Z 值下的灭菌率 L 亦不同（见表3-4）。

表3-3 不同温度下的灭菌率和所相当的 T 灭菌时间对照表

温度（$T/℃$）	灭菌率（L）	灭菌时间（F_T/分）
121	1.00	1.00
120	0.794	1.259
118	0.501	1.995
116	0.316	3.162
115	0.251	3.984
114	0.199	5.012
112	0.126	7.943
110	0.079	12.600
108	0.050	20.000
106	0.032	31.250
105	0.025	40.000
104	0.020	50.000
102	0.013	76.923
100	0.008	125.00
备注	$L = F_0/F_T$ L 在数值上等于 T（℃）下灭菌1分钟所相当的 F_0	本表中 F_T 系指在温度 T（℃）时相当于 $F_0=1$ 时的灭菌时间；Z 值设定为10℃

表 3－4　不同温度和 Z 值下的灭菌率

温度（℃）	灭菌率 L					
	$Z=7℃$	$Z=8℃$	$Z=9℃$	$Z=10℃$	$Z=11℃$	$Z=12℃$
100	0.001	0.002	0.006	0.008	0.012	0.018
102	0.002	0.004	0.008	0.013	0.019	0.026
104	0.004	0.007	0.013	0.020	0.028	0.038
106	0.007	0.013	0.022	0.032	0.043	0.056
108	0.014	0.024	0.036	0.050	0.066	0.083
110	0.026	0.042	0.060	0.079	0.010	0.121
112	0.052	0.075	0.100	0.126	0.152	0.178
114	0.100	0.133	0.167	0.200	0.231	0.261
115	0.139	0.178	0.215	0.251	0.285	0.316
116	0.193	0.237	0.278	0.316	0.351	0.383
117	0.268	0.316	0.359	0.398	0.433	0.464
118	0.373	0.422	0.464	0.501	0.534	0.562
119	0.518	0.562	0.599	0.631	0.658	0.681
120	0.720	0.750	0.774	0.794	0.811	0.825
121	1.00	1.00	1.00	1.00	1.00	1.00
122	1.39	1.33	1.29	1.25	1.23	1.21
123	1.93	1.78	1.67	1.59	1.52	1.47
124	2.68	2.37	2.15	2.00	1.87	1.78
126	5.18	4.22	3.59	3.16	2.85	2.61
128	10.0	7.50	6.00	5.01	4.33	3.83
130	19.3	13.3	10.0	7.94	6.58	5.62

四、生物指示剂

生物指示剂是一个标准的对灭菌条件稳定的微生物，用于监测灭菌工艺的灭菌效果。在使用生物指示剂对各种灭菌方法验证时，可以用任何方式放置于指定的位置，但应避免接触到被灭菌物质。

常用生物指示剂有：

1. 用于湿热灭菌法的生物指示剂

（1）嗜热脂肪芽孢杆菌孢子（如 NCTC 10 007、NCIMB 8157、ATCC 7953）

（2）生孢梭菌孢子（如 NCTC 8594、NCIMB 8053、ATCC 7955）

2. 用于干热灭菌法的生物指示剂

枯草芽孢杆菌孢子（如 NCIMB 8058、ATCC 9372）

D 的定义与湿热灭菌类似，但参照温度取 170℃，Z 取 20℃。如应用于去热原计算时，则参照温度取 170℃，Z 取 54℃。

3. 用于滤过灭菌法的生物指示剂

（1）粘质沙雷菌（ATCC 14 756）

（2）缺陷假单胞菌

4. 用于辐射灭菌法的生物指示剂

短小芽孢杆菌孢子（如 NCTC 10 327、NCIMB 10 692、ATCC 27 142）

活孢子数在 $10^7 \sim 10^8$ 的生物指示剂，置于放射剂量 25kGy 条件下，D 值约 3kGy。

5. 用于环氧乙烷灭菌法的生物指示剂

枯草芽孢杆菌孢子（如 NCTC 10 073、ATCC 9372）。

本方法 D 值表示在特定灭菌条件下的时间（分）。

市售的生物指示剂有多种形式。活的细菌孢子既可以滤纸、玻璃纤维或不锈钢等为载体，也可直接接种到产品中去。当孢子接种到液体产品时，孢子的耐热性有时会出现增强或减弱现象；有时所用耐热孢子甚至与产品完全不相容。在后一情况下，可用生理盐水或其他溶液来代替产品进行试验，但所用的替代品与产品必须具有相似的物理和化学性质（如黏度和pH），此外，耐热孢子在替代品中的 D 值不得低于其在产品中的 D 值。

五、无菌保证

从理论上讲，无菌产品应当是没有任何微生物污染的产品，但是，这种绝对的定义无法建立可以应用的技术标准，也无法用科学的方法来验证。对于一个批的产品，无菌检查不是也不可能百分之百地检查，而仅以抽样检查的结果作为判别批的无菌，含有少量微生物污染产品的批也有可能被误判为合格。批产品的染菌率越低，这种根据无菌检查的结果来判定批无菌的风险也就越大。灭菌产品无菌保证概念的引入则是人们努力探索确保注射剂无菌可靠性所获得的成果之一。

（一）无菌保证值（SAL）

无菌保证值（SAL）为产品经灭菌后微生物残存机率的负对数值，用于表示某一灭菌程序赋予产品无菌保证的程度。欧洲药典 1997 年版和 USP24 版药典在论述一项灭菌工艺的无菌保证水平时指出，当用灭菌柜对无菌产品或关键性设备进行最终灭菌时，通常要求灭菌工艺赋予产品的无菌保证值达到 10^{-6}，即在一百万个已灭菌品中活菌的数量不得超过一个。按国际标准，中国药典 2005 年版规定湿热灭菌法的无菌保证值不得低于 6，即灭菌后微生物残存概率不得大于百万分之一。

无菌保证值的数学表达式：$SAL = -\lg$（微生物残存机率）

（二）灭菌效果的评价

正确评价灭菌效果，需计算微生物的残存数或残存概率。在灭菌过程中，F_0 值可作为比较参数，将产品灭菌全过程中不同灭菌温度下的灭菌率计算到相当于 121℃ 热压灭菌时的灭菌效力。

假设灭菌过程中药液的升温和降温能在瞬间完成，灭菌温度恒定不变，此时利用式（3—6）即能满足灭菌程序和无菌保证等有关参数计算的需要。当药液灭菌前微生物总数为 N_0 时，则在温度 121℃ 下将其全部杀灭至 10^0 所需要的时间为：

$$F_{121} = D_{121} \times \lg N_0$$

然而，灭菌过程不可能始终在恒定温度下完成。通常，根据物品的性质可选择如下条件进行湿热灭菌：

$T = 115℃，30min$

$T = 121℃，20min$

$T = 126℃，15min$

根据 $L = 10^{(T-121)/Z}$ 或查表 3-4，可以获得不同温度 T 下的灭菌率 L，并把图 3-1 的温度时间曲线转换成灭菌率——灭菌时间曲线。

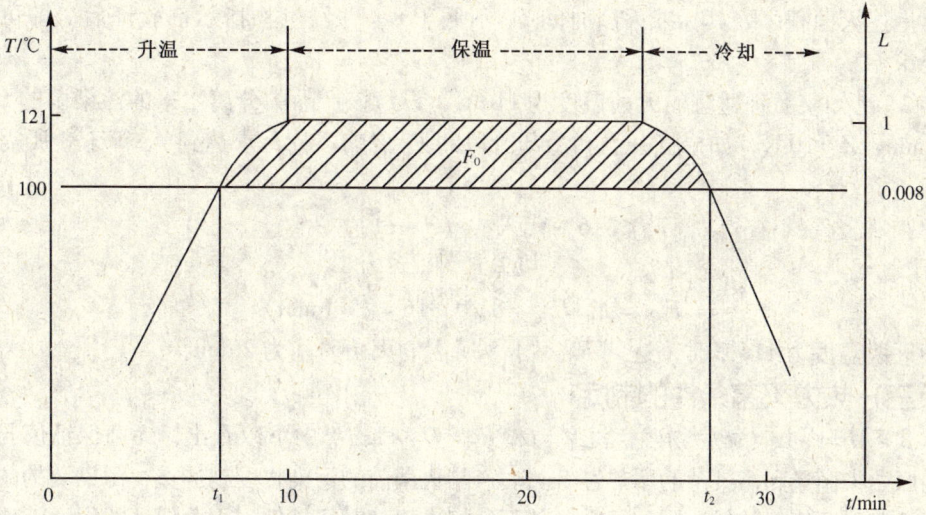

图 3-1 湿热灭菌的温度-时间曲线

一个灭菌程序的总的标准灭菌时间 F_0（$L-t$ 曲线所围的面积）可以用灭菌率对时间求积分的方法计算而得（式 3-12）。

$$F_0 = \int_{t_1}^{t_2} L \cdot \mathrm{d}t = \int_{t_1}^{t_2} 10^{(T-121)/Z} \mathrm{d}t \tag{3-12}$$

式中：t_1、t_2——灭菌过程的起止时间；

L——灭菌率。

例 1：设 10% 葡萄糖溶液采用湿热灭菌法灭菌，当灭菌温度达到 100℃（药液温度）以后以每分钟上升 2℃ 的速度升温。第 8 分钟时药液温度达 115℃，保温至第 38 分钟，然后以每分钟平均下降 3℃ 的速度均匀地降至 100℃。已知 $Z = 10℃$，求产品在此灭菌过程中获得的标准灭菌总值。

解：列表，查表 3-4 的 $Z = 10℃$ 栏下数据，并填入表 3-5 中 L 值项内，然后按式（3-12）计算。

表 3-5 升温及降温过程中不同温度下的 L 值

阶段	升温								冷却				
时间	0	1	2	3	4	5	6	7	39	40	41	42	43
温度	100	102	104	106	108	110	112	114	112	109	106	103	100
L 值	0.008	0.013	0.020	0.032	0.050	0.079	0.126	0.200	0.126	0.063	0.032	0.016	0.008

保温阶段 $F_0^{\circ} = 0.251 \times 30 = 7.53\mathrm{min}$

升温阶段 $F_0' = 0.008 \times 1 + 0.013 \times 1 + \cdots\cdots + 0.200 \times 1 = 0.328\mathrm{min}$

冷却阶段 $F_0'' = 0.126 \times 1 + 0.063 \times 1 + \cdots\cdots + 0.008 \times 1 = 0.245 \text{min}$

因此，产品灭菌全过程获得的标准灭菌时间：

$F_0 = F_0^\circ + F_0' + F_0'' = 8.103 \text{ min}$

对上述灭菌程序，其标准灭菌时间 F_0 不低于 8，并经生物指示剂验证后，即可认为符合要求。

例 2：已知某品种适宜的灭菌温度为 116℃，设从该产品中分离出来的污染菌的 D_{121} 不超过 1min，$Z = 10$℃，如果将升温和冷却阶段的 F_0 忽略不计，求达到 F_0 等于 8 所需的灭菌时间。

解：从表 3-4 查得 $L_{116} = 0.316$，代入式（3-11），

$$L = F_0 / F_T$$

$$F_{116} = F_0 / L_{116} = 8 / 0.316 = 25 \text{（min）}$$

即灭菌温度为 116℃时，达到 F_0 等于 8 所需的灭菌时间为 25min。

（三）热力灭菌条件的制定

从式 $SAL = -\lg$（微生物残存机率）和 $F_T = D_T \times \lg N_0$ 中可以看出，无菌保证值与被灭菌品的原始染菌量和污染菌的耐热性有关。产品灭菌前的污染程度越严重，污染菌的耐热性越高，无菌保证值就越低。同一污染条件下，标准灭菌时间越低，无菌保证的程度就越差。

因此在制药工业实践中，制定热力灭菌条件必须以强化工艺过程监控、降低产品灭菌前的污染程度为前提，兼顾无菌保证、产品降解、容器/密封完好性及整个贮存有效期内的稳定性要求。

1. 热稳定产品的灭菌条件

对于热稳定产品，可考虑适当提高标准灭菌时间 F_0，以保证产品的安全性。但由于提高 F_0 时可能会给产品的降解、贮存稳定性或密封系统带来不良影响，应当在处方及工艺上下功夫，采用充氮保护或采用多腔室袋将在灭菌过程中容易发生化学变化的组分分隔开等措施。

2. 热不稳定产品的灭菌条件

对于热稳定性较差的产品，可允许湿热灭菌的标准灭菌时间 F_0 低于 8，但对 F_0 低于 8 的灭菌条件，要求采取特别的措施以确保获得足够的无菌保证值。以小容量注射剂来说，其标准湿热灭菌的条件是 121℃、15 min，而实际上有些品种只能在 105℃ 灭菌 30min，有些品种甚至不能接受大于 100℃ 的灭菌温度，只能采用流通蒸汽灭菌，这些灭菌条件存在着灭菌不完全的风险。因此对这类产品的灭菌工艺而言，灭菌前产品的污染水平及其耐热性是获得必须的无菌保证值的决定性因素。采取的措施有：规定灭菌前产品微生物污染的内控限度标准；对非无菌操作条件下生产的每批产品，在灌装作业前后取样，严格监控灭菌前微生物污染的水平；按 GMP 要求对制药用水、灌装区洁净度、与药液接触的包装材料实施动态监控等。

3. 物品去热原的灭菌条件

对于热稳定的包装材料和生产设备去热原的灭菌条件，可以采用过度杀灭工艺。过度杀灭是指能使 D 值不小于 1.0min 的耐热微生物（常指嗜热脂肪芽孢杆菌）至少下降 12 个对数单位的灭菌工艺。按此计算，过度杀灭的 F_0 值应不低于 12。采用过度杀灭程序，通常不

需要考虑产品灭菌前的污染问题，但这并不意味着生产过程中对污染可以不加控制。如果用干热灭菌工艺去热原，其标准灭菌条件为 170℃、120min，采用其他温度 − 时间组合的干热灭菌条件（如 250℃，45min）时，其灭菌工艺赋予产品的无菌保证值应达到 10^{-12}。

第二节　湿热灭菌工艺的验证

湿热灭菌工艺的验证是对产品、灭菌设备和装载方式的验证。验证活动包括：

1. 对照灭菌设备设计的灭菌参数来校核灭菌器的性能；
2. 建立某产品灭菌程序及装载方式的有效性和重现性；
3. 估计灭菌过程中产品可能发生的变化。

一、湿热灭菌工艺

目前，国内已开发应用的湿热灭菌工艺有：采用附加排气系统的饱和蒸汽灭菌工艺、采用附加真空系统的饱和蒸汽灭菌工艺、采用附加空气加压系统的饱和蒸汽灭菌工艺。

1. 采用附加排气系统的饱和蒸汽灭菌工艺

该灭菌工艺适用于能耐受高温、高压饱和蒸汽的产品，因为从待灭菌产品结构和产品空隙中去除空气的程度难以确定，所以主要用作表面接触灭菌。

其灭菌周期包含三个阶段：

（1）加热期：以一定压力的饱和蒸汽通入灭菌柜腔体，置换柜内空气，同时加热待灭菌产品，直至达到所需的暴露温度和相应的饱和蒸汽压力。

（2）保温期：以饱和蒸汽保持腔体内灭菌温度及压力至规定的保温时间。

（3）冷却期：停止通入饱和蒸汽，供入空气或经过滤的压缩空气，使灭菌柜内压力缓慢下降，当舱内压力降至大气压时，该时期即告完成。

该工艺存在明显缺陷，一是采用饱和蒸汽难以驱除产品结构和产品空隙间的空气，降低传热性能；二是无论无菌柜内采用何种装载方式，待灭菌产品对蒸汽流动的阻力始终存在，而且阻力也不一致。因此灭菌器内的高温区、低温区的差别以及换热的温度梯度不能得到有效控制

2. 采用附加真空系统的饱和蒸汽灭菌工艺

该工艺主要针对待灭菌产品结构和产品空隙中的空气不易驱除而设计的，用于对具有多孔物质的产品和（或）具有空气不易驱除空隙的物件的灭菌。其灭菌周期包含：

（1）空气驱除期：采用真空脉冲或真空或空气的混合脉冲驱除灭菌柜腔体内和装载物内的空气。

（2）供汽期：供应饱和蒸汽进入腔体内，直至达到灭菌温度及压力。

（3）保温期：继续供应饱和蒸汽保持腔体内灭菌温度及压力至规定的时间。

（4）排汽期：蒸汽从腔体内排出，并抽真空至预定的水平。

（5）冷却期：导入一定温度梯度的预热水冷却。

（6）干燥期：产品如需要干燥，则使柜体夹层温度和舱内真空度保持一个预定的时间。

（7）真空释放期：空气经净化处理后进入腔体内，直至达到大气压。

3. 采用附加空气加压系统的饱和蒸汽灭菌工艺

某些产品不能耐受灭菌温度的蒸汽压，因此可在灭菌周期的保温期内或在部分加热期和冷却期内，通入经净化处理的压缩空气，以保证产品外面的压力等于或大于内部压力。采用此方法可克服如塑料瓶（袋）包装的产品灭菌时，因升温或降温可能产生产品变形的缺陷。

该灭菌工艺又可分为水喷淋工艺和水浸渍工艺。水喷淋工艺灭菌周期包含以下几个期：

（1）预热期：将定量的水导入灭菌器系统成为蒸汽产生的冷凝水，然后喷在产品上；

（2）升温和保温期：通过热交换器对循环水逐渐加热，直至达到所需灭菌温度。循环水喷淋待灭菌产品，最终实现升温和保温过程。

（3）冷却期：以压缩空气保持灭菌柜腔体内的压力，并在一个控制的速度下降低循环水温度，使产品冷却至一个安全的温度时，腔体内降压。

水浸渍工艺与水喷淋系统相同，所不同的是产品全部浸入水中，用于保持产品的形态。

二、湿热灭菌器的类型

制药企业可根据产品设定的灭菌工艺选用不同的灭菌器。湿热灭菌器的类型有：蒸汽灭菌器、快冷式灭菌器、脉动真空灭菌器、水浴式灭菌器等。

1. 蒸汽灭菌器

是采用附加排气系统的饱和蒸汽灭菌工艺设计而成的。蒸汽灭菌器是我国用得最早和最普遍的一种，灭菌柜外形为矩形双扉门，由碳钢或不锈钢制作，饱和蒸汽作为加热介质直接通入柜体上部加热待灭菌物，冷凝水及余汽由柜体底部排出。升温、保温阶段靠人工控制蒸汽进口阀门产生的节流作用来调节进入柜内的蒸汽量和蒸汽压力，降温阶段则截断蒸汽，随灭菌柜冷却到一定温度值，开启柜门自然冷却。

蒸汽灭菌器的主要缺点是柜内空气不能完全排净，因此传热慢，使柜体内温度分布不均匀，尤其是柜体的上下死角部分温度相对较低，极易造成灭菌不彻底。

2. 快冷式灭菌器

是在蒸汽灭菌器的基础上研制开发的。加热保温仍与蒸汽灭菌器方式相同。它的特点是以冷水喷淋冷却，快速降温以缩短待灭菌产品的受热时间；灭菌柜门为移动式电动双门，并设置有互锁及安全保护装置；柜内设置有测温探头，可测任意两点灭菌物内部的温度，并由双笔温度记录仪反映出来；全自动三档程序控制器能预选灭菌温度、时间、压力，并能自动检测、补偿完成升温、灭菌、冷却等全过程。喷淋水冷却20min，瓶内药液温度可冷却到50℃。

快冷式灭菌器的缺点是，这种设备仍未解决柜内温度不均匀的问题；灭菌程序进入冷却阶段时，由于自来水或纯化水进入柜室底部，和底部的水混合后喷淋产品，存在二次污染的危险。

3. 脉动真空灭菌器

是采用附加真空系统的饱和蒸汽灭菌工艺设计而成的。该灭菌设备一般采用饱和蒸汽为灭菌介质，附有脉动真空设施强制排除灭菌柜内空气，灭菌冷却系统还有防二次污染功能。在大容量注射剂生产中，通常用于过滤器、胶塞、铝盖、灌装机可拆洗部件、灌装区内用的手套、口罩、无菌灌装用工作服等的灭菌。

4. 水浴式灭菌器

是采用附加空气加压系统的饱和蒸汽灭菌工艺设计的。水浴式灭菌器由矩形柜体、旋转内筒、热水循环泵、热交换器及计算机控制系统等装置组成（图3-2），采用注射用水作为加热、灭菌及冷却介质，避免了快冷式灭菌器使用自来水或纯化水直接接触被灭菌产品，可以有效防止产品灭菌后的二次污染问题。它以过热水在腔室内循环对产品不断地进行均匀的喷淋来达到灭菌目的，并借助于洁净压缩空气的作用保持腔室内的压力而防止水的气化，在保证被灭菌产品受热均匀性的同时，又通过自动控制系统确保产品受热时内外压力的基本平衡，减少产品容器灭菌过程中的破损。它可适用于玻璃瓶装输液、塑料袋装输液和塑料瓶装输液等产品的灭菌。

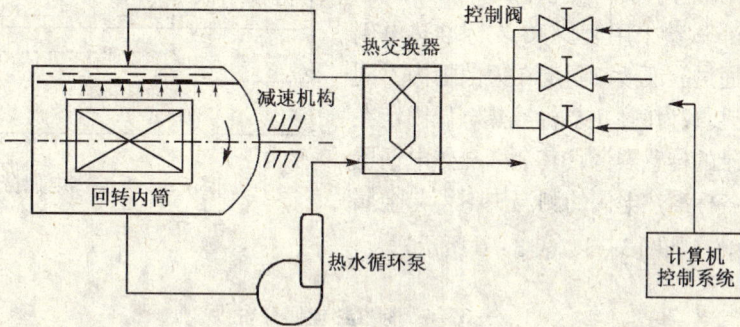

图3-2 水浴式灭菌器工艺流程

三、湿热灭菌设备的验证

一台湿热灭菌设备在安装确认及运行确认后，需要进行性能验证。安装确认及运行确认一般由设备供货商与使用单位共同完成，供货商通过运行确认，将灭菌设备调至适当的工作状态，同时培训企业的人员。湿热灭菌设备的性能验证则由使用单位完成。验证试验应根据设定的灭菌程序，证实待灭菌品灭菌运行的可靠性及灭菌程序的重现性。验证试验包括：灭菌柜的热分布试验、各种待灭菌品在满载方式下的热穿透试验、确认蒸汽灭菌的效果试验等。

（一）热分布试验

根据设定的灭菌工艺，对瓶内药液进行升温、保温、降温的整个灭菌过程中，灭菌柜内部任何一点的温度都应达到工艺规定的温度。局部药液温度过高，将会导致药液变色、有效成分降解；局部药液温度过低或静止时间过长，可产生颗粒沉淀或灭菌不彻底等不良效果。

热分布试验分两步进行，即空载热分布试验和装载热分布试验。试验中采用的各个参数（如灭菌条件121℃ 15min 或 115℃ 35min）及装载方式应与正常生产相同。

1. 热电偶校正

校正的目的是通过测量标准热电偶的误差值，修正热分布试验的结果。用于校正的主要仪器有温度干井、基准水晶温度计、标准热电偶、多点温度记录仪、中心工作站等。连接上述仪器,将基准水晶温度计、标准热电偶放入温度干井内,并向温度干井中加入适量的专用油;根据灭菌温度设定温度干井的加热温度,一般可设定为灭菌温度、灭菌温度 −10℃、灭菌温度 +10℃ 等三点;设定中心工作站的测量记录的时间间隔为 10 秒,测量记录时间为 5 分钟;当温度干井的温度达到灭菌温度 −10℃ 时开始测量并记录基准水晶温度计和标准热电偶的显示值;依次将温度干井的加热温度调至灭菌温度、灭菌温度 +10℃,并按同样的方法测量;精度测定误差控制应 ≤0.5℃。

2. 空载热分布试验

灭菌柜内不放置灭菌产品,即为空载。空载热分布试验的目的是检查并确认灭菌器在预定的灭菌条件下,空载运行时灭菌柜内的温度均匀性符合产品工艺要求,确认灭菌器控制用传感器位于灭菌柜内的冷点位置。

空载热分布试验采用至少 10 支标准热电偶作温度探头,通过验证接口固定在灭菌柜内不同位置。以 10 支装载为例,1 支标准热电偶固定在温度控制和记录的传感器旁,其余标准热电偶置于腔室各处,各标准热电偶的测温头不得与金属及其他表面接触(如图 3−3、表 3−6 所示)。

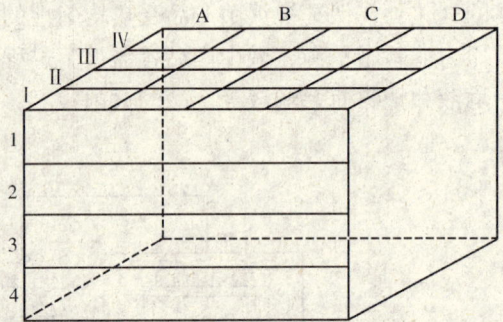

图 3−3 标准热电偶分布图

表 3−6 标准热电偶分布

探头号	探头位置	探头号	探头位置
1	4 − B − Ⅱ	6	2 − B − Ⅲ
2	4 − C − Ⅲ	7	2 − A − Ⅰ
3	4 − A − Ⅰ	8	1 − B − Ⅱ
4	3 − A − Ⅰ	9	1 − C − Ⅳ
5	3 − D − Ⅳ	10	1 − A − Ⅰ

在空载状态下按预定的灭菌条件连续灭菌 3 次,记录空载热分布结果(表 3−7)。空载灭菌过程的温度均匀性分析,主要观察灭菌室达到设定的灭菌温度并稳定后(一般 3min 后)至灭菌计时结束期间灭菌室的温度分布情况,在"最高温差、最低温差"栏中找出最大的 5 个数值,并将最高值、最低值与平均值相比较,温度差应 ≤ ±1℃。

表 3−7 空载热分布结果分析

灭菌温度:　　　　　　　　灭菌时间:

试验次数	最高温差	最低温差	要求	结论
第一次				
第二次			≤ ±1℃	
第三次				

空载热分布结果分析:

3. 装载热分布试验

待灭菌产品的规格和包装容器各异，如装量有 100ml、250ml、500ml 等，包装容器有玻璃瓶、塑料瓶、塑料袋等，因此药品在灭菌柜内的装载方式也不同。装载热分布试验的目的是保证药品在灭菌柜内的热分布均匀性和合理的产量。

装载热分布试验是将待灭菌产品以不同装载方式装在灭菌柜中，采用至少 10 支标准热电偶作温度探头，通过验证接口固定在灭菌柜内不同位置，其中 1 支标准热电偶固定在温度控制和记录的传感器旁，其余标准热电偶置于腔室各处（同图 3-3），并要求各支标准热电偶的感温点悬空。在不同装载状态下按预定的灭菌条件连续灭菌 3 次，记录装载热分布结果（表 3-8）。对不同装载灭菌过程的温度均匀性分析，主要观察灭菌室达到设定的灭菌温度并稳定后（一般 3min 后）至灭菌计时结束期间灭菌室的温度分布情况，在"最高温差、最低温差"栏中找出最大的 5 个数值，并将最高值、最低值与平均值相比较，温度差应 ≤ ±1.5℃。

表 3-8　装载热分布结果分析

试验次数	最高温差	最低温差	要求	结论
第一次				
第二次			≤ ±1.5℃	
第三次				

空载热分布结果分析：

（二）热穿透试验

热穿透试验的目的是确定灭菌柜装载中的"最冷点"，并确认该点在预定的灭菌条件中获得足够的无菌保证值。

热穿透试验是将待灭菌产品以满载方式装在灭菌柜中，标准热电偶插于待灭菌产品中心部位，按装载热分布试验规程进行。在预定的灭菌条件下连续灭菌 3 次，按表 3-9 格式记录不同位置的标准灭菌时间 F_0 值，将每次试验中的"最低 F_0 值"与平均 F_0 值相比较，差值应 ≤2.5。通过热穿透试验结果的分析，确定灭菌柜装载中的"最冷点"以及"冷点位置"是否能获得足够的无菌保证值。

表 3-9　热穿透试验结果分析

试验次数	最低 F_0 值		平均 F_0 值	要求	结论
	位置	F_0 值			
第一次				最低 F_0 >8;	
第二次				最低 F_0 值与平均	
第三次				F_0 值的差值≤2.5	

热穿透试验结果分析：

热敏性产品往往采用热穿透试验来了解某一灭菌条件的适用性，从而选择合适的灭菌方法和灭菌程序。

（三）确认蒸汽灭菌的效果试验

确认蒸汽灭菌的效果试验往往使用生物指示剂法，又称微生物挑战性试验。该试验是将一定量脂肪嗜热芽孢杆菌或生孢梭菌的耐热孢子接种入待灭菌产品中，在设定灭菌条件下进行灭菌。如对输液剂的蒸汽灭菌效果试验，接种的样品不少于 20 瓶，样品置于"冷点"，随同生产品种一起在稍低于设定 F_0 值下进行灭菌。样品在 30～35℃或 50～60℃条件下培养、计数，如微生物残存率小于 10^{-6}，则证明该灭菌条件可满足产品的 F_0 值。以上试验至少进行 3 次。

试验操作步骤如下：

1. 生物指示剂纸上活菌数和活芽孢数的确认

（1）使用无菌操作方法打开 5 个生物指示剂小瓶，将 5 条芽孢纸片转移至一个无菌研钵中，加入 0.5ml 生理盐水，研碎纸片，制成芽孢混悬液。

（2）分别吸取 1ml 芽孢混悬液，加入已有 9ml 盐水的试管中，将试管标明 1 号和 2 号。

（3）将 1 号试管放置于 80℃水浴中加热处理 15min。

（4）用盐水分别将上述两管作连续 10 倍稀释（10^{-1}，10^{-2}，10^{-3}）。

（5）吸取热处理组（1 号）和未处理组（2 号）后两个稀释度（10^{-2}，10^{-3}）的混悬液 1ml，分别加入两个无菌平皿中，然后倒入 15～20ml 冷却至 50℃左右的 TSA（胰蛋白胨大豆琼脂）培养基，混合后冷却。

（6）倒置平皿，在 56℃下培养 48h。

（7）培养结束后，计数每个平皿碟上的菌落数，然后算出生物指示剂纸片上平均实际活菌数和活芽孢数。

（8）如果每条纸片上的平均活菌数不小于制造商标明的平均数的 95%，同时纸片上的活芽孢数也不小于活菌数的一半，则该生物指示剂可以使用。

2. 将各生物指示剂置于热电偶旁。

3. 按照灭菌柜验证规程运行一个灭菌周期。

4. 灭菌结束后，待灭菌柜冷却，打开柜门，立即取出所有生物指示剂送微生物实验室培养。

5. 压碎生物指示剂中的安瓿瓶，按同样操作方法将一个未经灭菌处理的生物指示剂作为阳性对照，56℃下培养 48h。

6. 结果观察及分析

（1）分别在培养 24h 后及 48h 后检查生物指示剂是否有颜色变化，如果呈黄色（阳性显示）则表明有细菌生长，如果没有颜色变化，则表明已获得了足够的无菌保证值。

（2）阳性对照生物指示剂必须在 24h 内出现颜色变化。

四、验证示例　快冷式灭菌器的验证

1. 概述

本灭菌柜是大容量注射剂产品的通用灭菌设备，被灭菌产品的规格为生理盐水 250ml 及 10% 葡萄糖 500ml。

　　灭菌腔室满载能力　250ml　　2000 瓶

　　　　　　　　　　　　500ml　　1000 瓶

　　本灭菌柜使用饱和蒸汽灭菌，灭菌工艺控制使用×××计算机控制系统，温度控制系统使用 3 个 Pt100 探头。2 个探头悬挂在灭菌腔室中，1 个探头在冷却水"贮槽"中。灭菌过程用一台多点数显温度记录仪记录温度。

　　灭菌条件设定为 116℃、30min，基本灭菌程序为：装载→升温，进蒸汽置换空气→保温灭菌→排气→预热水冷却→卸瓶。在升温阶段先进行蒸汽置换空气的过程。置换结束后，冷却用水预先充入柜腔室底部"贮槽"。随后腔室继续升温至预定的灭菌温度。灭菌至设定的时间后，开始排气。排气结束后利用底部贮槽预热过的冷却用水进行循环喷淋，并不断补充冷却水，加速降温。

　　快冷式灭菌器工作原理见图 3 - 4。

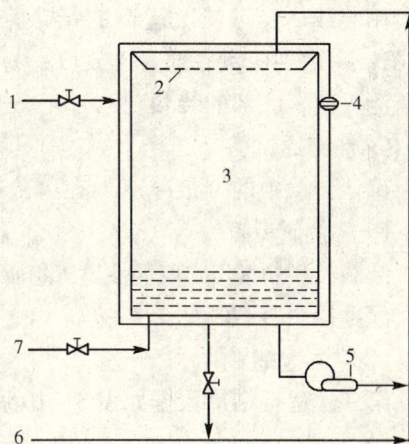

图 3 - 4　快冷式灭菌器工作原理

1. 蒸汽进口；2. 冷却喷淋网板；3. 灭菌腔室；
4. 验证接口；5. 循环泵；6. 进水口；7. 排水口

2. 验证目的

　　确定灭菌过程中冷点位置，设定灭菌程序有关参数，证实灭菌运行的可靠性及灭菌程序的重现性，以确保灭菌后产品的污染概率低于 10^{-6}。

3. 安装确认

　　安装确认的目的是检查该设备主体、仪器仪表、蒸汽、冷却水、压缩空气的安装是否符合设计和 GMP 管理的要求（内容略）。

4. 运行确认

　　运行确认的目的是调查并确认该设备的运行性能，包括各气动阀、安全连锁装置的功能是否达到设计要求，灭菌柜的最冷点是否能够保证 $F_0 > 8$ 的灭菌效果。

5. 热分布测试

　　热分布测试是检查灭菌柜腔室内的热分布情况，调查腔室内可能存在的冷点。

　　（1）空载热分布

　　测试时，将 1 支标准热电偶置于蒸汽进口处，1 支标准热电偶置于冷凝水排放口，1 支标准热电偶置于灭菌柜温度控制和记录探头旁，其余均匀分布在腔室各处。开启灭菌程序按×××程序运行，运行过程中记录仪记录各点温度。连续运行 3 次，以检查其重现性。标准热电偶分布图：（略）

　　用空载热分布三次运行的结果来评价，腔室各处温度分布应较均匀，腔室底部温度与腔室平均温度之差应小于 0.9℃。

　　（2）装载热分布

　　测试时，将 1 支标准热电偶置于蒸汽进口处，1 支标准热电偶置于冷凝水排放口，1 支标准热电偶置于灭菌柜温度控制和记录探头旁，其余均匀分布在腔室装载各处。标准热电偶安装时须悬空放置,不要与玻璃瓶接触。开启灭菌程序按×××程序运行,运行过程中记录仪记录各点温度。连续运行3次,以检查其重现性。标准热电偶分布图:(略)

用装载热分布三次运行的结果来评价,腔室底部温度与腔室平均温度之差应小于1.1℃。考虑到腔室底部为排放口,易形成"冷点",在下一步热穿透验证试验时,应着重监测灭菌柜底部的装载。

6. 热穿透试验

确认装载中的"最冷点"在灭菌过程中应获得充分的无菌保证值。

(1) 验证步骤

装载类型:500ml 玻璃瓶,968 瓶;灭菌程序:116℃,30min

温度探头装载图见图3-3。

(2) 运行结果

第一次运行结果数据如表3-10所示。第二次、第三次运行结果数据从略。

表3-10 热穿透试验运行结果数据

时间/标准热电偶号	1	2	3	4	5	6	7	8	9	10	控制探头
10:00	80	82	90	94	97	98	98	99	97	108	108
10:01	84	85	94	96	100	101	102	102	100	110	110
10:02	89	91	97	100	103	103	105	104	104	112	112
....	...	...	...	...	...	...	...	...	...	...	...
10:22	116	115	116	116	116	116	116	116	116	118	118
10:23	115	115	116	116	116	116	116	116	116	118	118
....	...	...	...	...	...	...	...	...	...	...	...
10:43	103	102	105	104	103	103	102	102	103	99	96
10:44	100	100	98	101	99	98	99	97	100	86	86
F_0 值/min	9.12	9.34	9.85	10.3	10.5	10.3	10.6	10.6	10.5		

(3) 结果分析及评价

从三次热穿透试验结果分析,灭菌柜腔体内各点均能够达到 $F_0 > 8$ 的验证要求。

7. 生物指示剂验证

生物指示剂验证的目的是调查并确认在 (121 ± 1)℃、15min 条件下分布于设备最冷点的产品能够保证无菌。本试验采用的生物指示剂为非致病性嗜热脂肪杆菌芽孢 *ATCC* 7953 制成的蓝紫色液体,芽孢含量为 5×10^6/支。

试验步骤如下:

(1) 在灭菌柜热分布、热穿透合格的基础上将满载模拟产品的灭菌车推入灭菌柜内。

(2) 在灭菌柜最冷点位置放入至少 2 支生物指示剂,按照大容量注射剂灭菌岗位操作法操作。

(3) 灭菌后将生物指示剂取出,另取 1 支未灭菌生物指示剂作为阳性对照品,统一编号后在 56～60℃培养 48h，观察生物指示剂颜色变化。

（4）连续运行三次以检查其重现性。

8. 再验证周期

快冷式灭菌器再验证周期为半年。

第三节　干热灭菌工艺的验证

在药品生产中，干热灭菌主要用于内包装用的玻璃容器或金属制品的灭菌和去热原，所使用的灭菌程序应通过验证试验。由于干热空气对微生物杀灭的效果远低于湿热蒸汽，所以，干热灭菌需要更高的温度或较长的时间。

评价干热灭菌程序的相对能力时，灭菌效果必须保证 F_H 值大于 60min，去热原效果必须保证 F_H 值大于 120min。

干热灭菌程序的标准灭菌时间可由式 3－13 计算：

$$F_H = \int_{t_1}^{t_2} 10^{(T-T_0)/Z} \cdot dt \tag{3-13}$$

式中　　F_H——参比温度 T_0 等于 170℃的标准干热灭菌时间；

　　　　Z——温度系数，干热灭菌时，Z 值取 20；去热原时，Z 值取 54；

　　　　t_1——物品升温至 100℃的时间；

　　　　t_2——物品降温至 100℃的时间；

　　　　T——物品温度。

《中国药典》2005 年版通则中提议的干热灭菌条件有：

160～170℃、2h 以上；170～180℃、1h 以上；250℃、45min 以上；

干热灭菌也可采用其他温度－时间的干热灭菌条件，灭菌效果验证应能证明无菌保证值优于 10^{-6}，去热原效果验证应能证明无菌保证值优于 10^{-12}。

一、干热灭菌设备

干热灭菌设备按对流方式设计可分为二类：一类是对流间歇式，即干热灭菌烘箱；另一类是对流连续式，即隧道式干热灭菌器。

（一）干热灭菌烘箱

干热灭菌烘箱适用于热稳定材料的灭菌或去热原，如玻璃容器、金属容器、某些不适合湿热灭菌的物品（如油和粉末等）。干热灭菌烘箱以电加热为主，主体结构由不锈钢制成的保温箱体、电加热丝、隔板、风机、空气过滤器等组成。这种设备的工作原理是将新鲜空气经过加热并经耐热的空气过滤器过滤后形成干热空气，在加热风机的作用下形成均匀的分布气流向灭菌腔室内传递（180℃，保持 1.5h），干热空气吸收灭菌物品表面的水分，通过排气通道排出，并在风机的作用下定向循环流动，达到灭菌干燥的目的。

（二）隧道式干热灭菌器

连续式干热灭菌器按加热方式可分为以红外线辐射加热为主的热辐射式和以对流加热为主的净化热空气式，主要用于玻璃瓶的灭菌及去热原。它们的共同特点是：设备设计的灭菌温度在 250～350℃ 之间，灭菌时间在 4～15min 内可调节。工作原理是将高温热空气流经高效空气过滤器过滤，获得洁净度为 100 级的平行流空气，然后直接对玻璃瓶进行加热灭菌。这种灭菌方法具有传热速度快，加热均匀，灭菌充分，温度分布均匀，无尘埃污染源等优点。

图 3－5 为隧道式干热灭菌器示意图。本机为整体隧道式结构，由机架、过滤器、加热装置、风机、不锈钢传送带等部件组成，分为预热区、高温灭菌区、层流冷却区 3 部分。玻璃瓶从入口进入干燥机隧道，由一条水平安装和二条侧面垂直安装的网状不锈钢传送带输送通过预热区预热，然后进入 300℃ 以上的高温灭菌区灭菌干燥，最后在冷却区风冷后由出口处输出。玻璃瓶在出口处的温度应不高于室温 15℃。

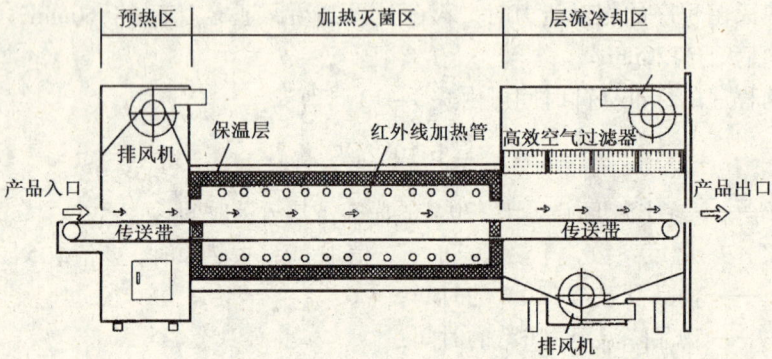

图 3－5　隧道式干热灭菌器示意图

二、干热灭菌设备的性能确认

干热灭菌烘箱的验证方法与湿热灭菌柜验证相似，在不低于 250℃ 空载运行时，腔室内各点的温差范围应不超过 ±15℃。

隧道式干热灭菌器与干热灭菌烘箱比较，隧道式干热灭菌器灭菌和去热原处理的持续时间要短得多，因此要想获得等效的热效应，隧道腔室的温度就必须相当高，通常可高达 300～350℃。在小容量注射剂、大容量注射剂生产中，隧道式干热灭菌器的出口往往与无菌灌装线相连接，这就要求玻璃瓶在较短的时间内冷却到室温左右，这种特殊性要求必须在隧道式干热灭菌器的性能确认和工艺验证中证明。

隧道式干热灭菌器的性能确认需进行空载热分布试验、装载热分布试验、热穿透试验和灭菌、去热原验证等项目。

（一）空载热分布试验

空载热分布试验的目的是证明腔室内各点的温度值均高于预定温度值，且腔室内各点温度差应小于 ±1℃。

（二）装载热分布试验

装载热分布试验是将待灭菌物品以典型装载方式运行，测定空气热分布状况和"冷点"、"热点"位置。这里指的典型装载方式包括极端状态下的装载量（即最大装载）和极端状态下的物品（即最难被热穿透的物品）。

在装载试验的过程中应同时记录空气和被灭菌物品在升温、降温过程中的温度变化速度，因为灭菌物品达到最低灭菌温度的时间将滞后于腔室内灭菌用热空气达到最低灭菌温度所用的时间，而滞后值在最大装载时最为明显。

（三）热穿透试验

热穿透试验可与装载热分布试验同时进行。为了正确反映被灭菌物品的温度，标准热电偶的探头必须接触到待灭菌物品内部，同时在"冷点"区域安放一定数量的标准热电偶，以证明"冷点"区域的 F_H 值也能达到要求。

（四）灭菌、去热原验证试验

干热灭菌工艺的灭菌、去热原验证试验，是在最大装载和"冷点"区域，采用枯草杆菌黑色变种芽孢和大肠杆菌内毒素进行的微生物及内毒素挑战性试验，以证明灭菌、去热原的有效性。枯草杆菌黑色变种芽孢用于灭菌程序验证，大肠杆菌内毒素用于除热原程序验证。

除热原程序验证试验可用国产 9000E. U. /安瓿或 10^8 E. U. /瓶的工作对照品，操作时可将 1000 个单位（或以上）的内毒素接种入待去热原处理的物品中，放置于热电偶附近。物品经去热原处理后，用鲎试剂检查，内毒素含量应下降 3 个对数单位。

三、隧道式干热灭菌器的验证

（一）基本描述

隧道式干热灭菌器工作原理见图 3 - 5。整个设备可安装在 10000 级区内。

隧道式干热灭菌器按其功能设置，可分为彼此相对独立的三个组成部分：预热、灭菌及冷却段，它们分别用于已最终清洁玻璃瓶的预热、干热灭菌、冷却。灭菌器的前端与洗瓶机相连，后端通过百级层流保护下的传送带与灌装机连接。

预热段设置一台抽风机，目的是去除湿气并形成合理的气流方向。玻璃瓶在预热过程中处在经高效过滤器过滤空气的洁净环境中，使已清洁的玻璃瓶免遭再次污染。设备运行时，传送带将已清洁的玻璃瓶从洗瓶机送入预热段，在预热段徐徐向灭菌段移动，来自灭菌段的热空气预热瓶体并将瓶内残存的水蒸发成水蒸气，由排风机抽走。

灭菌段设置红外加热管并由温度传感器控制干热灭菌的温度范围。传送带将玻璃瓶送入灭菌段后，在红外加热管的作用下，辐射热使瓶温迅速上升，由于灭菌段设有保温层，以致在传送过程中瓶内的温度可升至 340℃，并达到预期的干热灭菌及去热原效果。

冷却段设置高效过滤器，已经干热灭菌及去热原的玻璃瓶继续向洁净区传送，在经高效过滤器过滤空气的作用下，逐渐降温并被传送至灌装机上。

（二）验证项目与标准

隧道式干热灭菌器的验证是确认该设备在设定的运行条件下，能否达到预期的要求，因此验证包括设备设计性能及生产中实际使用的干热灭菌程序。

本验证示例只讨论与隧道式干热灭菌器功能相关的项目。

1. 隧道腔室的压差

隧道腔室的层流热空气风速均应大于 0.25m/s，自净时间约为 1min。

2. 装载方式验证

本机日常生产用干热灭菌条件为：280～340℃。干热灭菌器在空载时、满载时的验证项目与标准见表 3-11。

表 3-11　干热灭菌器装载方式验证项目

装载方式	验证项目	可接受标准	相关要求	测试次数
空载	热分布温差	≤ ±15℃	标准热电偶校验误差应 ≤ ±0.5℃	3
满载	热分布温差	≤ ±15℃		
	热穿透	玻瓶温度：280～340℃		
	澄明度	符合注射剂澄明度标准		
	细菌内毒素	鲎试剂凝胶法显阴性或按 USP 法降低 3 个对数值		
	菌检试验	符合《中国药典》2005 年版标准		

（三）验证程序

1. 标准热电偶分布　10 只标准热电偶探头位置如图 3-6 所示，也可排成一行分两层放置铂电阻的探头，其间隔距离为玻瓶高度。

2. 空载热分布试验　将 10 支标准热电偶探头按图 3-6 位置用铜丝固定在不锈钢网带上，然后按干热灭菌程序进行预热，待达到控制温度时，开动网带（以最快速度），这时探头随不锈钢网带进入红外线隧道灭菌器。探头测得的温度由电脑屏显示，每分钟记录一次，待最后一只探头进入冷却段时，程序结束，停止试验。根据试验数据确定冷点位置。

$$\begin{array}{cccc} \overset{\circ}{T_1} & \overset{\circ}{T_2} & \overset{\circ}{T_3} & \overset{\circ}{T_4} \\ \overset{\circ}{T_5} & \overset{\circ}{T_6} & \overset{\circ}{T_7} & \\ \overset{\circ}{T_8} & \overset{\circ}{T_9} & & \\ \overset{\circ}{T_{10}} & & & \end{array}$$

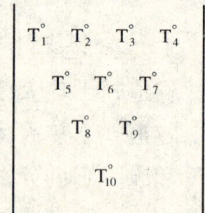

图 3-6　标准热电偶探头位置

3. 热穿透试验　将 10 支标准热电偶探头按图 3-6 的位置固定在瓶底处测定瓶温，操作方法同空载热分布试验。统计瓶温 280～340℃ 的持续时间。

4. 灭菌及去热原效果确认

在每列瓶中各加入 1000 单位的细菌内毒素，经干热灭菌后，检查瓶内细菌内毒素的残存量。通过计算，确认干热灭菌达到使细菌内毒素降低 3 个对数单位的要求。

由于干热灭菌的效果直接与传送带的走速相关，试验应包括下列干热灭菌条件，如 330℃、80mm/min；340℃、100mm/min。每一程序的试验瓶数通常不少于 3 列，试验的次数每一程序不应少于 3 次。

5. 验证数据汇总

（1）隧道腔室的标准热电偶校验数据；

（2）隧道干热灭菌器空载热分布测试数据；

（3）隧道干热灭菌器满载热分布测试数据；

（4）隧道干热灭菌器热穿透测试数据；

（5）细菌内毒素试验或菌检数据。

（四）验证结果

将验证结果记录在事先设计的表式上，操作人员及复核人员均应签名并注明日期。

（五）漏项及偏差说明

因故无法进行的试验、试验中发生的偏差、措施及后果应予记录并经批准。附件××略。

（六）验证报告

以总结的形式报告所进行的主要试验的条件、合格标准及验证结果。试验如达到了预期的目的，应做出验证结论。

（七）讨论

1. 在本例中，干热灭菌用于去热原。由于去热原的条件比灭菌要求更为苛刻，达到了去热原的要求，也就自然解决了灭菌的问题。如需要把干热灭菌的重点放在灭菌上，也可采用药典推荐的生物指示剂来验证，如采用美国药典收载的160℃下 D 值为1.9 或121℃下 D 值为5.0 的枯草芽孢杆菌来验证时，验证的合格标准应为污染菌的存活概率小于 10^{-12}。

2. 在干热灭菌中，常常使用标准干热灭菌时间 F_H 来描述干热灭菌程序的去热原效果。现举例说明：标准的干热灭菌去热原条件为170℃、2h，Z 取54℃。当选用340℃为去热原温度时，相应的去热原时间可通过以下计算确定。

根据物理 F_H 的数学表达式：

$$F_H = \Delta t \sum 10^{\frac{T-170}{z}}$$

可得到：

$$120 = 10^{(340-170)/54} \times t_{340}$$

$$\lg 120 = 3.148 \times \lg t_{340}$$

$$t_{340} = 4.5min$$

计算的结果表明，在340℃下灭菌4.5min即能达到170℃、2h同样的去热原效果。

第四节 环氧乙烷灭菌工艺验证

一、环氧乙烷的特性

环氧乙烷（EtO）又名氧化乙烯，分子式为 CH_2OCH_2，沸点为10.9℃，室温下为无色气体，具乙醚气味，在水中溶解度很大，可溶解聚乙烯和聚氯乙烯。本品具较强的穿透能力，易穿透塑料、纸板及固体粉末等物质；作用于菌体后，使菌体细胞的代谢产生不可逆的破坏，灭菌作用快，对细菌芽孢、真菌和病毒等均有杀灭作用，属高效灭菌剂。本品具可燃性，与空气混合时，当空气含量达2.0%（V/V）即可发生爆炸，所以，应用时需用惰性气体 CO_2 或氟利昂稀释。环氧乙烷商品有环二氧化碳合剂（含环氧乙烷10%、二氧化碳90%)、环氟合剂（含环氧乙烷12%、氟利昂88%）。

环氧乙烷液体接触人体皮肤会引起刺痛、冷感、产生红肿、水泡甚至灼伤；吸入过量的环氧乙烷气体可发生急性中毒，可引起头晕、头痛、恶心和呕吐，严重者可引起肺水肿。因此，在工作环境中应控制环氧乙烷气体的残留浓度，容许残留浓度为$2mg/m^3$。

二、环氧乙烷灭菌的应用范围

环氧乙烷气体灭菌是将待灭菌物品暴露在充有环氧乙烷气体的环境中，使之达到灭菌的目的。在药品生产中，环氧乙烷气体灭菌工艺主要应用于以下几个方面：

1. 某些物品的无菌制造工艺。如塑料瓶或管、橡胶塞、塑料塞和盖。
2. 有最终包装的成品灭菌。如胶囊剂等。
3. 工艺设备的灭菌。如冻干粉针剂所使用的冻干机的无菌处理。

三、环氧乙烷灭菌程序

1. 影响灭菌效果的因素

环氧乙烷气体的灭菌效果与气体浓度、温度、湿度、压力、暴露时间以及待灭菌物质的性质有关。

（1）环氧乙烷浓度大，灭菌所需时间短。如浓度为850~900mg/L（45℃）时，灭菌时间为3h；浓度为450mg/L（45℃），灭菌时间为5h。

（2）环氧乙烷灭菌的效果与灭菌环境的温度、湿度和压力相关。温度为55~65℃，相对湿度为30%~60%时，灭菌效果最好。相对湿度小于25%，对芽孢不起作用，小于20%或大于80%，灭菌效果减弱。灭菌器内压力较大时，灭菌效果较好。

2. 灭菌条件

环氧乙烷灭菌程序的控制具有一定难度，在选用环氧乙烷灭菌器时，要求灭菌器具有自动调节温度、相对湿度和进气量的功能。环氧乙烷的典型灭菌条件如表3-12所示。

表3-12　环氧乙烷的典型灭菌条件

项目	灭菌条件	项目	灭菌条件
灭菌温度	(54±2)℃	灭菌压力	$8×10^5Pa$
相对湿度	(60±10)%	灭菌时间	90min

3. 灭菌程序

将待灭菌的物品置于环氧乙烷灭菌器内（图3-7），按选择的灭菌条件，用注射用水润湿待灭菌物的表面并放置10min，以达到适当的相对湿度，减压排除灭菌器内的空气，预热至55℃，当器内真空度达到要求时，充入计算量的环氧乙烷混合气体，灭菌适当时间。灭菌结束后，将抽真空排除的残余环氧乙烷通入水中，生成乙二醇（可回收利用或排放掉），然后送入无菌空气置换环氧乙烷气体直到完全驱除。

灭菌后的物品应存放在受控的通风环境中，以使残留气体及反应产物降至规定限度。

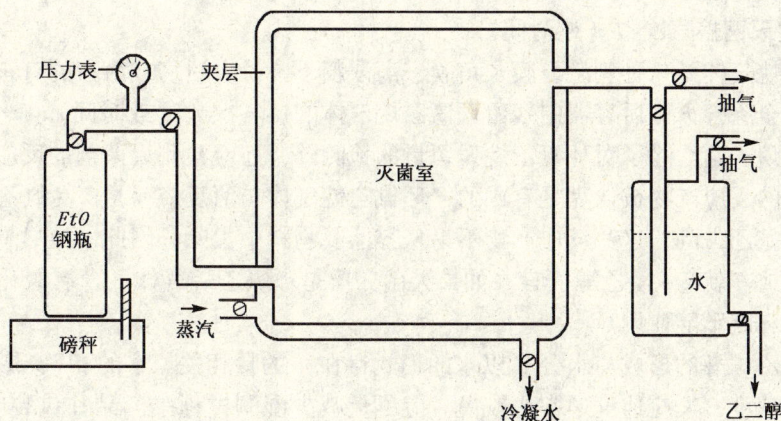

图 3 – 7 环氧乙烷灭菌器示意图

四、环氧乙烷灭菌装置的性能确认

环氧乙烷气体灭菌装置的性能确认项目如下：

1. 空载状态的温度分布测定

测试时，将 10 支标准热电偶均匀置于灭菌腔室空间内各处，监测灭菌周期内腔室各处温度上升状态、到达设定温度的时间和温度的变动状态，以确认空载状态下温度的均匀性和重现性。

2. 装载状态的温度分布测定

测试时，将 10 支标准热电偶均匀置于灭菌腔室空间内各处，监测灭菌周期内腔室各处温度上升状态、到达设定温度的时间和温度的变动状态，以确认不同类型被灭菌品及其装载方式下腔室内的"冷点"位置、保温阶段各点的平均温度。

3. 设定加湿用注射用水量

由于环氧乙烷气体灭菌主要是灭菌气体黏附在待灭菌物品表面产生灭菌作用，因此灭菌操作前待灭菌物的表面最好是湿润的。灭菌柜内相对湿度范围一般设定在 40% ~ 60% 之间。加湿用注射用水量的计算如下：

设灭菌柜内相对湿度为 50% 时，水蒸气分压力 p_1 可由式（3 – 14）确定：

$$p_1 = 0.5 p_0 \tag{3 – 14}$$

式中，p_0 为设定温度下的饱和水蒸气压力，mmHg，1mmHg = 133.322Pa。

加湿用注射用水量则由式（3 – 15）计算：

$$w = p_1 M_1 V / p_0 RT \tag{3 – 15}$$

式中 w ——加湿用水量；

M_1 ——水的相对分子质量，18；

R ——摩尔气体常数；

T ——灭菌柜内温度，设定值；

V ——灭菌柜容积，m^3。

4. 设定灭菌换气次数（或时间）

环氧乙烷气体是一种刺激黏膜及角膜、高浓度下会诱发溃疡或溶血的有害气体，因此必须设定完全除掉灭菌后容器中残留环氧乙烷气体的换气次数（或时间）。

环氧乙烷灭菌后除了对环氧乙烷残留量的检测外，还应检测灭菌剂的反应产物。有两种环氧乙烷的反应产物被认为是有毒的，环氧乙烷气体与氯反应生成 2 - 氯乙醇、与水反应生成次乙基乙二醇。这些反应产物不易从容器及物料中去除。因此，要尽量减少这些反应产物的形成。就 2 - 氯乙醇而言，如果灭菌介质是环氧乙烷气体，含有氯化化合物的产品及包装材料就不能使用。

次乙基乙二醇的形成与水分（以水的形式存在）的量相关。水的 pH 会影响次乙基乙二醇的形成速度，反应速度通常比较慢。应尽量减少湿润过程中产品和包装内积聚的水，并且在完成灭菌后用排空腔体来除去湿气及环氧乙烷气体，以有效地减少产品中次乙基乙二醇的量。

测试方法一般采用高效气相法。限量：环氧乙烷 $\leq 1 \times 10^{-6}$（体积分数）；2 - 氯乙醇 $\leq 20 \times 10^{-6}$（体积分数）；次乙基乙二醇 $\leq 60 \times 10^{-6}$（体积分数）。

5. 泄漏试验

（1）正压试验 将环氧乙烷气体供气管路与压缩空气连接，在正常运转状态下，进行升压操作，然后确认保压阶段压力是否变化，同时可用肥皂液检查管路连接部位有无泄漏，以确认灭菌柜的密闭性。

（2）真空试验 将环氧乙烷气体供气管路与真空泵连接，在正常运转状态下，进行抽真空操作（真空度参数设定在 $9.3 \times 10^5 Pa$），然后确认保压阶段有无升高变化，以确认灭菌柜的密闭性。

五、灭菌程序的生物指示剂试验

中国药典 2005 年版规定环氧乙烷灭菌法的生物指示剂为枯草芽孢杆菌孢子。市售有含孢子的菌膜纸条（每条含 1×10^6 个枯草芽孢杆菌，如 NCTC 10073、ATCC 9372）。每次灭菌时，可将盛有两片菌膜的培养皿放置于灭菌柜内的适当位置，并放入经过校验并带记录装置的温、湿度计。灭菌完成后，从灭菌柜内取出培养皿密封，培养。将其中一片菌膜作无菌检查，以判别枯草芽孢杆菌灭活的情况，若无菌检查呈阳性结果时，则说明灭菌不完全，应另取一片作微生物计数试验，以检查菌膜片中细菌的残存数目；若无菌检查呈阴性结果，则说明灭菌完全，微生物计数检查可以不做。每一灭菌过程的记录内容应包括：完成灭菌过程的时间、压力、温度和湿度、环氧乙烷的浓度及总耗量，可用图表将记录内容归入相应的批记录。

第四章 过滤除菌工艺验证

过滤除菌工艺又称为无菌过滤工艺、过滤灭菌工艺，是利用细菌不能通过致密具孔过滤介质的原理，除去对热不稳定的药品溶液或气体中的细菌与杂质，从而达到无菌要求的方法。过滤除菌工艺广泛地使用在可最终灭菌药品和非最终灭菌药品的工艺过程、制水系统及气体处理中。

第一节 过滤介质与过滤器

一、过滤机制

过滤是利用过滤介质，通过深层截留和表面截留方式捕获待滤液体中不溶性固体微粒的过程。把不溶性固体微粒截留在过滤介质深层称为深层截留，把大于介质孔隙的微粒截留在过滤介质表面称为表面截留。截留捕获的过滤机理是把较小的颗粒截留在过滤介质深层，而把大于介质孔隙的微粒截留在过滤介质表面。因此，过滤器的过滤效率将随着介质表面上被截留微粒量的增加而减小。

1. 垂直截留过滤

垂直截留过滤是将待过滤液体的流动方向与过滤介质的设置方向相垂直。在一定的过滤压力下，这种过滤方式随着过滤介质表面和深层中颗粒的逐渐增多，孔隙被逐渐堵塞而变小，有效的过滤面积及流量也随之减少，需要频繁更换过滤介质。因此，使用垂直截留过滤方式的过滤器主要使用于间歇式作业。

2. 水平截留过滤

水平截留过滤又称十字流过滤。这种过滤方式是将待过滤液体的流动方向与过滤介质的设置方向相平行。用这种布置的方法，能够消除由于孔隙堵塞带来的大部分流量的衰减。

利用平行于过滤介质的较大流量的循环流动，使颗粒在过滤介质上的堆积降低到最小的程度。即流动中的液体能以颗粒在过滤介质表面沉积相等的速度把颗粒带走时，过滤就可以稳定的进行（图4-1）。

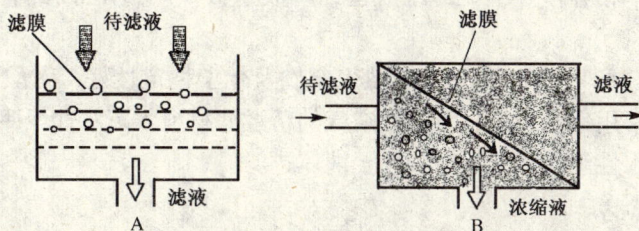

图4-1 垂直截留过滤与水平截留过滤
A. 垂直截留过滤；B. 水平截留过滤

大多数水平截留过滤系统不再受到截留颗粒的影响，可较大的增加过滤效率和流量，在出现堵塞的时候，可以通过对系统进行反冲洗或者利用化学清洗的方法来恢复其最初具有的过滤状态。因此水平截留过滤方式多使用于连续化作业。

二、过滤介质与过滤器

（一）过滤介质

过滤介质通常有多孔介质、微孔介质等。多孔介质系用硅藻土、垂熔玻璃或金属钛粉末等材料制成；微孔介质大多采用高分子纤维素酯材质制成，种类较多，如醋酸纤维素、硝酸纤维素、聚四氟乙烯、聚醚砜、尼龙等。

1. 多孔介质

多孔介质滤芯的厚度通常在 3～20mm 之间，介质材料呈不规则的交错堆置，孔隙形状极不整齐，过滤孔径分布较宽，孔隙率约为 20%～30%。介质对颗粒的捕获是以深层截留作用为主，过滤时液体中难免有少量大颗粒物质进入滤液，特别在压力波动情况下更易如此。在过滤系统中设置深层过滤，可延长预过滤设备的寿命。

2. 微孔介质

大部分采用高分子纤维素酯材质，过滤时不会有纤维和碎屑脱落。常用的滤芯材料有：

（1）混合纤维素酯　常为一定比例的醋酸纤维素酯与硝酸纤维素酯混合制成的平板式滤膜，可耐 121℃ 湿热灭菌，在 125℃ 干热空气中稳定，125℃ 以上逐渐分解。这类滤膜在 pH3～10 范围内使用稳定性好，广泛适用于液体、气体的过滤，但磺胺嘧啶钠溶液不宜选用此类介质。

（2）聚偏二氟乙烯（PVDE）为亲水性介质，能够耐受反复洗涤和多次湿热灭菌，广泛用于制药用水的过滤。

（3）聚丙烯（PP）孔径较大，可制成滤网状筒式滤器。该介质化学耐受性好，可采用高压湿热灭菌和在线蒸汽灭菌。主要用于过滤液体中的粗大杂质，常作为粗滤器的介质材料。

（4）聚醚砜　是一种亲水性材料，耐热，只能过滤液体，不能过滤空气，对蛋白质及微生物制剂的吸附比尼龙膜、醋酸纤维素与硝酸纤维素混合酯滤膜低。广泛用做水针剂、大输液、血清、生物制品、无菌水、抗生素等溶液的精过滤材料。

（5）尼龙　为亲水性介质，只能过滤液体，不能过滤气体，不需事先湿润，孔径均匀，强度高，化学相容性好，无纤维脱落，释放物极低。适用于果汁、酒精等物料的精过滤。

（6）聚四氟乙烯（PTFE）该介质热稳定性及化学稳定性好，耐酸耐碱抗腐蚀，可承受较高的温度，常用作水、无机溶剂及空气的精过滤材料。疏水性聚四氟乙烯材料用于气体过滤，改良亲水性聚四氟乙烯材料用于液体过滤。

（二）过滤器

过滤器按滤材结构分类，可分为深层过滤器、表面过滤器和膜过滤器三种类型。按滤膜微孔大小及截留原理分类，可分为微孔过滤器、超滤器、反渗透器等类型；按过滤器结构分类可分为平板式过滤器和筒式过滤器两种形式。

1. 按滤膜结构分类

（1）深层过滤器　深层过滤器的过滤介质厚度通常在 3～20mm 之间，介质材料呈不规则的交错堆置，过滤孔径分布较宽。此时，膜对颗粒的捕获是以吸附作用为主，捕获能力强，可延长预过滤设备的寿命，一般用于澄清过滤。

（2）表面过滤器　表面过滤器的过滤介质厚度大多在 1mm 左右。介质材料呈比较规则的高聚物结构，被介质材料截留的颗粒是借助筛分和吸附机理完成的，因其捕获能力很强，能够适用于大多数过滤要求，可以延长终端过滤器的寿命，一般用于预过滤。

（3）膜过滤器　膜过滤器的过滤介质很薄，一般厚度小于 $10\mu m$，介质材料呈非常有规则的高聚物结构，固体颗粒被介质借助筛分作用截留在膜的表面。其特点是过滤过程中不会有纤维脱落，截留能力最强，但需在前级对其进行保护，且成本也较高。一般用于终端过滤。

在制药过程中，过滤器的选择可依据待过滤的液体中颗粒的特性来判断究竟使用哪一种过滤器较适用。当待过滤液体中主要是软性的颗粒时（如胶体状颗粒、凝胶状颗粒和微生物），宜选用深层过滤器和表面过滤器的组合形式。当待过滤液体中主要是硬性颗粒时（硅藻土、尘埃和活性炭），可选用多层的表面过滤器。采用上述两种过滤器的组合结构作为膜过滤器的终端保护，可有效地发挥滤膜的过滤作用。

2. 按滤膜微孔大小及截留原理分类

（1）微孔过滤器　按滤膜微孔大小可分为 $0.1\mu m$、$0.22\mu m$、$0.45\mu m$、$0.65\mu m$、$0.8\mu m$、$1.0\mu m$ 等数种。$0.1\mu m$ 微孔过滤器用于去除病原体，$0.22\mu m$ 微孔过滤器用于去除细菌，$0.45\mu m$ 及以上微孔过滤器用于去除微粒。

（2）超滤器　滤膜孔径约为 5nm，主要用于分子分离、病毒分离、胶质分离和水质纯化。

（3）反渗透器　滤膜孔径约为 0.5nm，主要用于脱盐、水质纯化、抗生素浓缩等。

3. 按过滤器结构分类

（1）平板式过滤器　常做成圆形，由底盘、底盘圆圈、多孔筛板（支撑板）、微孔滤膜、板盖垫圈及板盖等部件所组成。平板滤膜常用混合纤维素酯材料。滤膜安装时，反面朝被过滤液体（微孔滤膜的正反面孔径大小不一，正面孔径小，反面孔径大，如正面为 $0.45\mu m$，反面为 $1\mu m$ 左右），有利于防止膜的堵塞。安装前滤膜应放在注射用水中浸渍 12 小时（70℃）以上。

（2）筒式过滤器　在使用平板滤膜过滤时，由于膜的筛网状阻留作用只限于膜的表面，极易受到大于孔径的微粒或凝胶物质所堵塞，故需要经常更换新膜。为解决这个问题，往往将滤膜做成折叠式（百褶裙）的筒式过滤芯，筒式过滤器由数根筒式滤芯组成，过滤面积大，适用于注射剂大生产。筒式过滤器滤膜的材料主要是尼龙、聚醚砜、聚丙烯及聚四氟乙烯，其中聚丙烯材料属于粗过滤，其余均为精过滤。

（三）除菌过滤器

除菌过滤器是在无菌制造过程中用于除去液体或气体中细菌的过滤器。由于一般增殖型微生物的直径大小约 $1\mu m$，芽孢约 $0.5\mu m$，最小直径的细菌缺陷假单胞菌在 $0.3\mu m$ 的附近呈正态分布，因此，除菌用滤膜过滤器的孔径通常控制在0.22μm级。

评价除菌过滤器除菌过滤性能的定量指标是细菌对数减少量，用L_{RV}（log reduction value）来表示。

$$L_{RV} = \lg\left(\frac{\text{过滤前细菌的浓度}}{\text{过滤后细菌的浓度}}\right)$$

上式表示在规定条件下，指定菌液通过滤器后截留在滤膜上的孢子数的对数值。对0.22μm级的滤器而言，其每平方厘米有效过滤面积的L_{RV}应不小于7。即每平方厘米过滤器表面上缺陷假单胞菌数不少于10^7的条件下能够产生无菌过滤液。换句话说，L_{RV}值反映过滤除菌器所应达到的药品的无菌保证水平。选择这一L_{RV}值的理由是因为滤膜单位面积的膜孔数也处于这一数量级，一个过滤器可能有若干个大于标示等级的孔隙，这些孔隙可以使微生物通过，而这样通过的可能性随着待滤物料中微生物数目的增加而增加，即通过滤膜大一些孔的概率高，能经受用每平方厘米最低浓度为10^7缺陷假单胞菌挑战水平的过滤器，其孔径必然小于0.3μm。

三、过滤除菌系统的配置

在配置过滤除菌系统时，应结合待过滤液体的性质、每批过滤液体的数量等因素来选择系统的配置。在此基础上，首先确定各级过滤器的介质材料，选择恰当的过滤器结构。在选用介质材料时，应考虑到对被过滤成分无吸附作用，并不能释放物质或有纤维脱落。通常，深层过滤器的介质材料多采用聚丙烯和玻璃纤维；表面过滤器的介质材料多采用聚丙烯和纤维素；而膜过滤器介质材料可选用的范围则较宽，聚丙烯、纤维素、聚偏氟乙烯、聚醚砜和聚四氟乙烯都可以作为膜过滤器的介质材料。过滤器结构可根据连续过滤或间歇过滤工艺的要求选用平板式过滤器或筒式过滤器。

以下是溶液型输液过滤除菌系统的配置情况。

首先应选择预过滤器，可设置一级或两级预过滤器，如设置1.2μm级预过滤器做为脱炭澄清过滤，0.8μm级预过滤器做为保护终端过滤器；其次是选择终端过滤器，终端过滤器的选择主要考虑除菌过滤的要求，滤膜孔径采用0.22μm级。为保证过滤除菌效果，应使用两个0.22μm级的终端过滤器串联过滤，或在灌装前再用已灭菌的无菌过滤器进行过滤。

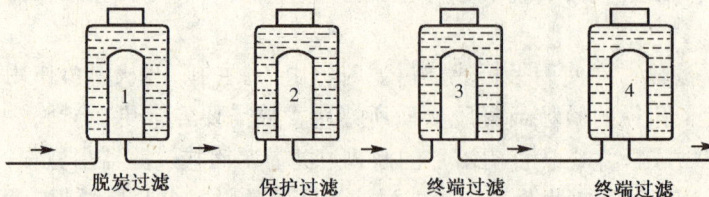

图4-2 过滤工艺的组合设计

1.1.2μm级膜滤器；2.0.8μm级膜滤器；3，4.0.22μm级膜滤器

如待滤液体的黏度较高或呈胶体状物时，终端过滤器采用 0.22μm 级则不易过滤，此时可以选择串联 0.45μm 级过滤器进行除菌过滤。但在此种情况下，最好选用比过滤法具有更高无菌保证水平的其他灭菌方法。

第二节　过滤除菌系统的验证

过滤除菌工艺是最终灭菌产品和非最终灭菌产品生产中的关键工艺步骤。过滤除菌系统在投入生产使用前应当进行前验证。

过滤除菌的验证和热力灭菌的验证有很大区别。热力（灭菌的温度）、时间及压力参数均可以进行全过程监控。然而，过滤除菌全过程中关键设备无菌过滤器的参数，如孔径的大小、孔径的分布、滤膜在使用过程中的完好性及除菌效率尚无法进行全过程的监控。

无菌过滤器去除微生物的能力只有用诸如平均直径为 0.3μm 的缺陷假单胞菌这类标准菌进行挑战性试验来证实。但是，挑战性试验本身是一项破坏性试验，这项工作往往由过滤器制造商来完成。用户应在制造商提供各种过滤器参数的基础上选择合适的过滤器。过滤器参数包括细菌截留试验、溶出物量及抗氧化能力、滤膜对蒸汽灭菌的耐受性和最大承受压力等。用户在使用过滤系统时亦需做若干验证工作，如起泡点试验、保压试验等。通过这些物理测试方法来保证系统的安装正确和监测滤膜的完整性。

一、微孔滤膜过滤器的完整性试验

过滤器的完整性测试系指对滤芯（膜）、滤器以及过滤器进出端的管道（例如硅胶管）等组件组合在一起的过滤器进行的一系列试验，通过对试验得出的数据进行分析判断，来证明安装是否正确，膜是否破损，密封是否良好，孔洞率是否正确。目前，生产中已采用全自动过滤器完整性测试仪对过滤材质及过滤器进行起泡点和保压测试，此种设备可离线测试又可在线测试，既可以判断滤材精度是否合格又可以检查滤壳以及密封件是否完好。为防止污染，同一过滤装置的使用以不超过一个工作日为宜，否则应再验证。

（一）验证原理

假设滤膜由许多互相平行且孔径相同的毛细孔组成，这些毛细管垂直于滤膜表面。当滤膜湿润时，产生了毛细管现象。在一个密闭系统中，加大滤膜一侧的气体压力，空气在通过推动被液体饱和的毛细管时，必须克服液体的表面张力。设毛细孔的直径为 D，液体的表面张力为 γ，液体和毛细孔壁之间的夹角为 θ。此时，根据拉普拉斯等式，圆周任何一点表面张力的分力 f_γ 为：

$$f_\gamma = \gamma\cos\theta$$

总的表面张力 F_γ 为：

$$F_\gamma = \pi D\gamma\cos\theta$$

当在毛细孔上面施加的气体压力逐渐增加至临界压力时，毛细孔内的液体刚能被排出，于是毛细孔内液面两侧的力相平衡（图 4-3）：

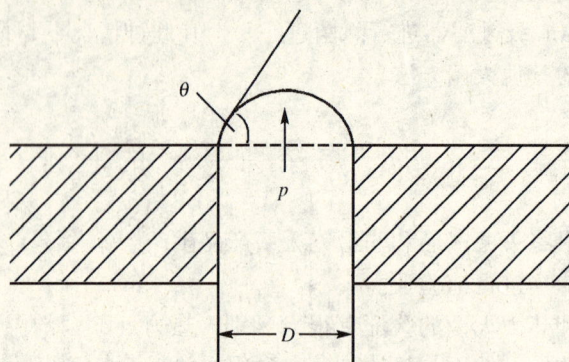

图 4-3 起泡点压力法原理

$$p\pi(D/2)^2 = \pi D\gamma\cos\theta$$

设在毛细孔内液体是完全浸润的，达到临界压力时 $\theta = 0$，即 $\cos\theta = 1$，化简后得到：

$$p = 4\gamma/D$$

从上式可以看出，使液体通过滤膜毛细孔所需的临界压力反比于它的孔径并取决于液体表面张力的大小。从下面某一筒式过滤器不同滤膜孔径下以纯水测定的起泡点试验及压力保持值数据可以看出三者的关系（表 4-1）。

表 4-1 滤膜孔径与起泡点压力对照表

滤膜孔径 μm	孔隙率%	厚度 μm	最低起泡点压力 MPa	压力保持值 MPa
0.1	70		0.67	0.48
0.22	75		≥0.34	0.24
0.45	79	100~150	≥0.24	0.17
0.65	81		≥0.15	0.15
0.80	82		≥0.12	0.15

应当看到，上面的公式是以若干假设为依据的。尽管滤膜结构的功能和毛细孔在一定程度上相似，但滤膜实际上并不具有互相平行而且孔径相同的毛细孔结构。因此，公式 $p = 4\gamma/D$ 并不能用于准确地计算滤膜的孔径，也无法确认对微生物的滤除能力。如将除菌滤膜的孔径 0.2μm 及蒸馏水的表面张力 $7.2 \times 10^{-4} N/cm$ 代入 $p = 4\gamma/D$，可从理论上计算出该滤膜起泡点的临界压力为 1.44MPa，实测值约为 0.31MPa。由于理论计算值与实测数相差较大，所以当某种滤膜过滤器在给定的药液和工艺条件下确定了起泡点试验的临界压力后，还应用生物指示剂对其进行挑战性试验。只有在通过挑战性试验的条件下，临界压力才能成为该条件下起泡点的判断标准。

（二）起泡点压力测定方法

以筒式过滤器为例，测定装置如图 4-4 所示。先将滤膜用纯水或异丙醇湿润，亲水性滤膜用纯水完全湿润，疏水性滤膜用 60% 异丙醇以及 40% 纯水的混合溶液完全湿润，然后根据膜孔径大小选用表面张力系数不同的液体进行测定。测定时，在多孔板上加 3~5mm 深的被测液体，由过滤器进口处通入压缩空气，并按 34.3kPa/min 的速度加压，将过滤器出口用软管连接浸入水中，当压力升到一定值，滤膜上的水层开始有连续气泡逸出，记录气泡第一次出现时的压力，此压力即为起泡点压力，亦称起泡点临界压力值。

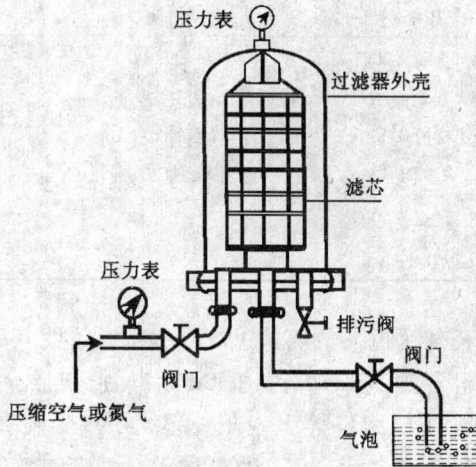

图 4-4　微孔滤膜起泡点压力试验

一定的临界压力值可以用来判断滤膜的完好性。如滤器在使用过程中受损，孔径变大，临界压力就会降低，如在使用前、使用后均处在完好的状态，则起泡点试验中的临界压力值应保持不变。

（三）保压试验

保压试验与起泡点试验的原理相同，均以溶液表面的毛细管现象为基础。该试验仍使用起泡点压力试验装置，将微孔滤膜过滤器用液体充分浸湿后，逐步加大气体的压力至起泡点临界压力的 80%，将系统密闭，在规定的时间内观察并记录压力的下降情况。

在正常情况下，气体会从滤膜的高压侧向低压侧扩散，造成高压侧压力的下降，这一现象与不同压力下气体在滤膜中液体的溶解度有关。因此在保压试验中规定了压力下降的范围。如在规定时间内压力下降值超过标准，则说明滤膜在使用过程中损坏，或过滤器出现其他漏点。保压试验的参考标准为 0.26MPa，10min 内压力下降应小于 5%。

过滤器完整性测试仪往往可以同时做起泡点测试和保压测试。如在保压试验结束后，继续升压直至过滤器下侧浸入水中的管道中有稳定的气流发生，就可以确定临界压力值。

二、气体除菌过滤器的完整性确认

对于采用非最终灭菌工艺制造的无菌制品，生产中不仅使用液体除菌过滤器，也使用气体除菌过滤器。如参与制造工艺的惰性气体（如 N_2、CO_2）、压缩空气等均应经过除菌过滤处理，其验证项目与可接受标准如表 4-2 所示。有些设备的内部也需要送入高品质的过滤空气,如注射用水或纯化水储罐的通气口、干热或湿热灭菌器的通气口、冻干机干燥箱上的真空解除口等均安装有不脱落纤维的疏水性除菌滤器(俗称呼吸过滤器)。这些气体除菌过滤器定期进行完整性试验是非常必要的。

表 4 – 2　气体除菌过滤的验证项目与标准

验证项目	可接受标准		
	压缩空气	N_2	CO_2
纯度	含氧 < 20%	99.9%	99.9%
微粒	$0.1mg/m^3$ (粒径 $0.1\mu m$)	$0.1mg/m^3$ (粒径 $0.1\mu m$)	$0.1mg/m^3$ (粒径 $0.1\mu m$)
菌检	< 1 CFU/m^3	< 1 CFU/m^3	< 1 CFU/m^3
干湿程度	露点 – 40℃		
含油量	< 0.1 mg/m^3		

　　下面以疏水性聚四氟乙烯为滤芯的筒式过滤器为例,说明其完整性确认过程。

　　将聚四氟乙烯筒式滤芯经蒸汽 121℃ 灭菌 30min 以后,与经过蒸汽灭菌的接受装置和 $0.2\mu m$ 滤膜组件、过滤筒、阀门组件等组装在一起。在接受装置内充入经过灭菌的生理盐水,然后将带有细菌的压缩空气或氮气经聚四氟乙烯滤芯过滤后注入接受装置内的灭菌生理盐水中,要求气体注入灭菌生理盐水的过程维持一段时间(10min 以上)。过滤后将位于接受装置进口端的 $0.2\mu m$ 孔径滤膜浸渍于培养基中,在 35℃ 恒温条件下培养 3 天后进行无菌检查,滤膜无菌检查的结果要求应为阴性。该试验需作阳性空白对照试验,另取一盛有灭菌生理盐水的接受装置通入未经过滤的氮气或压缩空气进行通气对照试验,对照试验的滤膜应统计其生菌数。试验装置参考图 4 – 5。

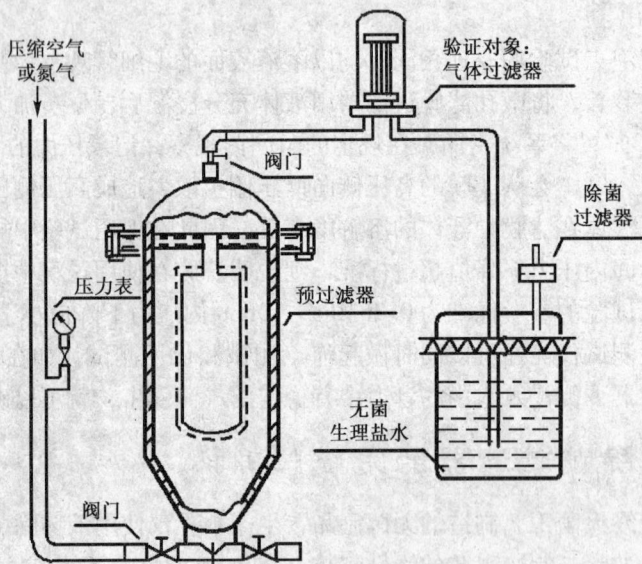

图 4 – 5　气体除菌过滤器性能验证试验装置

气体除菌过滤器的完整性也可以采用起泡点实验来判断，由于气体过滤器滤材多采用疏水性材料制造，因此，气体过滤器起泡点试验使用有机溶剂代替水来进行。

三、除菌过滤器截留微生物能力的验证

用来检测除菌过滤器去除溶液中微生物能力的方法是进行生物指示剂的挑战性验证试验。某种微孔滤膜过滤器在给定的药液及其他工艺条件下确定了起泡点的临界压力后，还必须应用生物指示剂进行挑战性试验，只有在通过挑战试验的条件下，临界压力才能成为该条件下起泡点试验的判断标准。

所谓生物指示剂的挑战性验证试验，是模拟药品实际生产条件下，用过滤器对缺陷假单胞菌 ATCC19146 的截留性能来判断除菌过滤器的截留能力。

1. 试验条件

（1）生物指示剂　采用缺陷假单胞菌 ATCC 19146 作为生物指示剂，它是一种革兰阴性杆菌，平均直径为 $0.3\mu m$。这种菌因其细胞小，总能透过 $0.45\mu m$ 的膜并污染已经过滤的蛋白质。在适当的培养条件下，它能在短时间内大量繁殖成单细胞形态。由于它的生化活性很小，因而用作验证试验的安全性好。

（2）菌液的浓度　应能保证每平方厘米有效过滤面积达到 10^7 个菌的挑战水平。之所以选择这个浓度进行挑战试验，一则是因为滤膜单位面积的微孔数目也处在这一数量级；二则因为这一浓度有相当的安全性。因为在过滤过程中，大一些的孔承担了过滤量的主体，即短小芽孢杆菌通过滤膜大一些孔的概率要高，能经受这一挑战水平的过滤器，其孔径必然小于 $0.3\mu m$。

（3）试验的压力　约为 $0.20MPa$。

（4）流量　对筒式过滤器而言，试验流量可达到 $2 \sim 3.86L/(0.1m^2 \cdot min)$。该试验要求滤膜上应加载的试验指示菌的数量为 10^7 个/cm^2。判断的标准是：除菌过滤器滤膜截获微生物要求对其直径在 $0.3\mu m$ 附近呈正态分布的缺陷假单胞菌的能力应达到 10^7 个/cm^2。

验证试验装置的示意图见图 4-6。此试验中，可以使用生理盐水或蛋白胨作阳性对照。

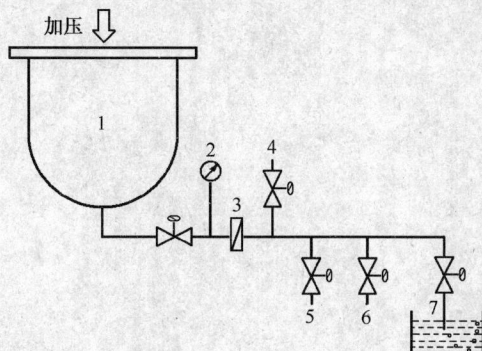

图 4-6　除菌过滤器微生物挑战试验示意图
1. 菌液罐；2. 压力表；3. 除菌过滤器；4. 放空阀；
5. 无菌空白对照；6. 无菌检查；7. 起泡点试验

2. 操作步骤

（1）将过滤系统灭菌；

（2）用无菌生理盐水或0.1%蛋白胨水湿润过滤器后，进行过滤器的完整性试验；

（3）将此溶液用一阴性对照用无菌过滤器压滤，培养并检查无菌；

（4）将事先标定浓度的微生物悬浮液装入适当容器，并对待试验的过滤器进行挑战性试验，操作同上；

（5）进行过滤器的完整性检查，确认试验过程中滤膜没有损坏；

（6）培养并观察结果。

3. 结果评价

如阴性对照过滤器获得阳性结果，则试验无效；

如挑战性试验的滤液中无菌落出现，则此过滤器合格，若长菌，则过滤系统不合格。

过滤除菌工艺验证除了上述验证内容外，可根据需要进一步考察过滤器对过滤介质的化学相容性以及过滤器对活性物质的吸附量。

四、除菌过滤器结构的灭菌验证

在过滤除菌系统中，除菌过滤器本身就是一个累积微生物的污染点，因此，除菌过滤器结构应定期进行清洗灭菌并实施验证。过滤器结构清洗灭菌的常用方法有在灭菌器内用蒸汽灭菌和在线蒸汽灭菌两种湿热灭菌方法。

选用蒸汽灭菌方法时，应将滤器及其组件用注射用水浸泡冲洗，用专用灭菌袋包好后置于高压蒸汽灭菌柜内，用121℃、清洁蒸汽灭菌30min，或按滤器生产厂家提供的灭菌条件灭菌，冷却后，在无菌状态下连接配管，使用该过滤器过滤注射用水，并按照设计取样频率定时抽取过滤后水样检测，应符合药典规定的注射用水质量标准。

在线蒸汽灭菌即整体联机灭菌，应在蒸汽压0.1MPa、121℃蒸汽灭菌30min，同时应在滤筒排气阀处及前后排气处排冷凝水。灭菌时还需监控过滤器前后的压差。

除菌过滤器结构的灭菌验证应通过过滤器的完整性试验来证明过滤结构本身没有受到损伤，每平方厘米有效过滤面积的L_{RV}值应不小于7。

第五章 洁净厂房环境验证

为了保证产品质量，现代医药工业对生产环境的要求越来越高，除了对生产环境提出温度、湿度、噪声等要求外，往往对室内空气也提出控制微粒与微生物污染的要求。药物制剂生产和原料药的精制、烘干、包装过程都必须在受控的洁净环境中生产，这个环境就是洁净厂房。

空气洁净技术是建立洁净环境的综合性技术，其涉及的范围很广，如净化空调系统、环境消毒方法、无菌操作程序的运行及管理等。本章讨论的重点是以空气洁净技术为主体的洁净厂房受控环境的验证。

第一节 净化空调系统

净化空调系统由空气净化处理、空气输送和分配等设备组成，对空气进行冷却、加热、加湿、干燥、净化处理后，由送风口向室内送入，室内滞留的灰尘和细菌被洁净空气稀释后由回风口排出室外，或由回风口经空气过滤除去灰尘和细菌，再进入系统的回风管路。对于有特殊要求的房间（如无菌等），空调系统还能对空气进行消毒或离子化处理。空气净化处理包括空气过滤、组织气流排污、控制室内静压等综合措施。

一、空气过滤

空气过滤系统利用过滤器有效地控制从室外引入室内的全部空气的洁净度，是空气净化最重要的手段。在室内环境中，悬浮于空气中的尘粒粒径绝大多数小于 $10\mu m$，而且其粒度分布在 $1\mu m$ 以下的占 98% 以上，因此，空气过滤通常把粒径小于 $10\mu m$ 的粒子作为主要处理对象，在洁净室技术中以 $5.0\mu m$ 和 $0.5\mu m$ 作为划分洁净度等级的标准粒径。

（一）空气过滤器的性能

药厂洁净室的空气净化过程多采用各种空气过滤器。评价空气过滤器的主要性能指标有四项：风量、过滤效率、空气阻力和容尘量。

1. 风量

通过过滤器的风量（m^3/h）= 过滤器面风速（m/s）× 过滤器截面积（m^2）× 3600（s）

2. 过滤效率

过滤效率是衡量过滤器捕获能力的一个特征指标，是过滤器的重要参数之一。它是指在额定风量下，过滤器前、后空气中的含尘浓度 C_1、C_2 之差与过滤前空气含尘浓度的百分比，η 表示过滤效率。当含尘浓度以重量浓度（mg/m^3）表示时，η 为计重效率；以大于或等于某一粒径（例如 $\geq 0.3\mu m$ 或 $\geq 0.5\mu m$ 等）颗粒计数浓度（个/L）表示时，η 为计数效率。计数效率中若按某粒径范围的颗粒浓度来表示，则为粒径分组计数效率。

对一个过滤器，其过滤效率为：

$$\eta_1 = \frac{C_1 - C_2}{C_1} \tag{5-1}$$

当第一个过滤器后串联第二个过滤器，则第二个过滤器的过滤效率为：

$$\eta_2 = \frac{C_2 - C_3}{C_2} \tag{5-2}$$

上述两个过滤器串联后的总过滤效率为：

$$\eta = 1 - (1 - \eta_1)(1 - \eta_2) \tag{5-3}$$

设有 n 个过滤器串联，则总过滤效率为：

$$\eta = 1 - (1 - \eta_1)(1 - \eta_2)\cdots(1 - \eta_n) \tag{5-4}$$

用穿透率来评价过滤器的最终效果往往更为直观。穿透率 K 是指过滤器后与过滤器前空气含尘浓度的百分比。即：

$$k = \frac{C_2}{C_1} = 1 - \eta \tag{5-5}$$

K 值比较明确地反映了过滤后的空气含尘量，同时表达了过滤的效果。例如：两台高效过滤器的过滤效率分别是 99.99% 和 99.98%，看起来性能很接近，实则其穿透率相差 1 倍。

3. 容尘量

容尘量是指在额定风量下达到终阻力时过滤器内部的积尘量。超过容尘量，已捕集的尘粒将会再次飞扬到洁净空气中，降低过滤效率。容尘量一般定为过滤器初阻力的两倍或过滤效率降至初值的 85% 以下。

4. 阻力

空气流经过过滤器所遇到的阻力由滤材阻力和过滤器结构阻力两部分组成。滤材阻力和滤速的一次方成正比，并随容尘量的增加而增大。一般将新过滤器使用时的阻力称为初阻力，把过滤器容尘量达到规定最大值时的阻力称为终阻力。一般中效与高效过滤器的终阻力大约为初阻力的 2 倍。

（二）空气过滤器的分类

空气过滤器按过滤效率高低分类可分为初效过滤器、中效过滤器、亚高效过滤器和高效过滤器等数种（见表 5-1）。初效过滤器主要用作对新风及大颗粒尘埃的控制，主要过滤对象是大于 10μm 的尘粒；中效过滤器主要用作对末级过滤器的预过滤和防护，主要过滤对象是 1~10μm 尘粒；亚高效过滤器用做终端过滤器或作为高效过滤器的预过滤，主要过滤对象是小于 5μm 的尘粒；高效过滤器作为送风及排风处理的终端过滤，主要过滤对象是小于 1μm 的尘粒。

由于污染空气中所含尘粒的粒度范围非常广，不宜只用一个过滤器同时除掉所有粒度范围的尘粒，因此过滤器的组合通常选用初效过滤器、中效过滤器、亚高效过滤器、高效过滤器中的两级或三级组合过滤方式。相连的两级过滤器的效率不能太接近，否则后级过滤器的负荷太小；相连的两级过滤器的效率也不能太大，否则会失去前级过滤器对后级过滤器的保护。一般组合方式：以初效过滤器、中效过滤器两级组合或初效过滤器、中效过滤器、亚高效过滤器三级组合用于 30 万级或 10 万级要求的洁净室。以初效过滤器、中效过滤器、高效过滤器三级组合用于 1 万级到 100 级要求的洁净室。

表 5 – 1　常用空气过滤器的分类

类别 　　性能指标	额定风量下效率 η（%）		额定风量下初阻力（Pa）
初效	粒径≥5.0μm	80 > η ≥20	≤50
中效	粒径≥1.0μm	70 > η ≥20	≤80
亚高效	粒径≥0.5μm	99.9 > η ≥95	≤120
高效	粒径≥0.3μm	A 级≥99.9	≤190
		B 级≥99.99	≤220

二、室内气流组织与换气

室内气流组织是指为了特定目的组织空气以某种流型在室内运行循环和进、出的形式，是保证空气洁净度的重要手段。通常，空气自送风口进入房间后首先形成射入气流，流向房间回风口的是回流气流，在房间内局部空间回旋的则是涡流气流。为了使工作区获得低而均匀的含尘浓度，洁净室内组织气流的基本原则是：最大限度地减少涡流；使射入气流经过最短流程尽快覆盖工作区，希望气流方向能与尘埃的重力沉降方向一致；使回流气流有效地将室内灰尘排出室外。

（一）气流组织形式

净化空调系统的初效过滤器一般采用易于清洗和更换的粗、中孔泡沫塑料或其他滤材，中效过滤器一般采用中、细孔泡沫塑料或其他纤维滤料（如无纺布），亚高效过滤器一般用玻璃纤维纸和棉短纤维纸制作，高效过滤器用玻璃纤维过滤纸和合成纤维滤纸制作。采用初效、中效、高效三级组合的净化系统，室内含尘浓度与换气次数有密切的关系，必需用相应的送回风方式来实现。

由末端过滤器送入洁净室内的洁净空气其流向安排直接影响室内洁净度。净化空调系统根据洁净室的要求不同，气流组织形式也有所不同。

目前对全室空气净化采用的主要气流组织有单向流、非单向流两类。

1. 单向流

单向流的特点是流线平行、单一方向、有一定的和均匀的断面流速、各流线间的尘粒不易从一个流线扩散到另一个流线上去。该气流方式类似于汽缸内的活塞动作，把室内发生的粉尘以整层气流形式推出室外，洁净室在净化空调系统启动后能在较短时间内达到并保持一定的洁净度。

单向流方式分为垂直单向流和水平单向流两种：

（1）垂直单向流　高效过滤器送风口布满顶棚，格栅地板做成回风口，气流在过滤器的阻力下形成送风口处均匀分布的垂直向下的洁净空气流，将操作人员和工作台面的粉尘带走（图 5 - 1）。实现垂直单向流的条件是必须提供足够的流速，以克服空气对流。垂直单向流的断面风速需在 0.25m/s 以上，故室内换气次数约为 400 次/小时。垂直单向流的自净能力强，在操作区保持无菌无尘，达到 100 级洁净度。

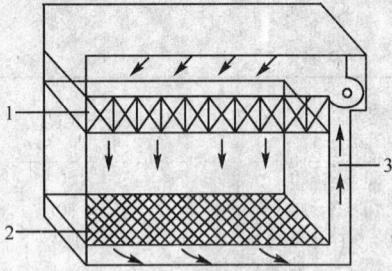

图5-1 垂直单向流气流组织
1. 高效空气过滤器 2. 格栅地板回风 3. 回风夹道

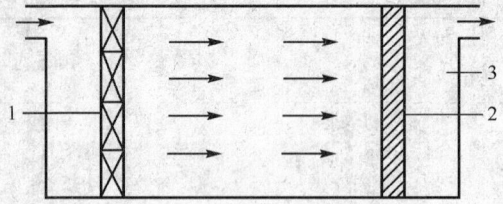

图5-2 水平单向流气流组织
1. 高效空气过滤器 2. 过滤器墙回风 3. 回风夹道

（2）水平单向流 高效过滤器送风口满布洁净室一侧墙面，对面墙上满布回风格栅作为回风墙，洁净空气沿水平方向均匀地从送风墙流向回风墙（图5-2）。在送回风过程中因尘粒沉降，含尘浓度逐渐增加，所以，空气操作面离高效过滤器越近，洁净度越高，可以达到100级洁净度。为克服尘粒中途沉降，断面风速不得小于0.35m/s，换气次数约为300～500次/小时。

2. 非单向流

非单向流形式包括乱流和辐流两种。

（1）乱流 乱流式是气流具有不规则的运动轨迹，也称紊流式。这种流动形式送风口只占洁净室断面很小一部分，送入洁净室的空气很快扩散到全室，含尘空气被洁净空气稀释后降低了室内的粉尘浓度，达到空气净化的目的。

室内洁净度与送回风的布置形式有关。图5-3表示乱流洁净室多种送回风布置形式。散流器顶送双侧下回形式适用于有空调恒温要求的洁净室，局部孔板顶送双侧下回形式适用于换气次数大的有空调恒温要求的洁净室，同侧送风同侧下回形式洁净度不如顶送形式，适用于无顶棚空间的洁净室。

乱流方式和单向流方式相比，由于受到送风口形式和布置的限制，不可能使室内获得很大的换气次数，而且不可避免地存在室内涡流，因而室内洁净度仅能达到1万级至30万级的水平。一般认为，图5-3中（a）、（b）形式可达到1万级，（c）形式只能达到10万～30万。

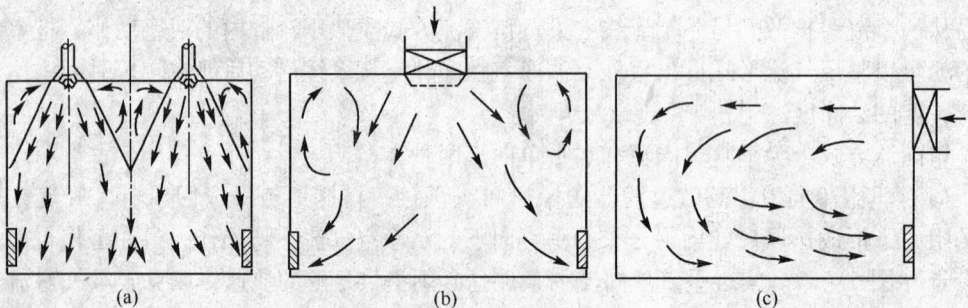

图5-3 乱流气流组织
（a）散流器顶送双侧下回 （b）孔板顶送双侧下回 （c）同侧送风同侧下回

（2）辐流 辐流也称矢流，是采用弧形送风口形式，侧上角送风，对侧下角回风（图5-4），这是一种新型的气流组织方式。该流线不平行但不交叉，它的净化功能不同于乱流方式的稀释作用，也不同于单向流方式流线平行的活塞作用，而是靠流线不交叉气流的推动作用，将室内尘粒排出室外，缺点是气流在障碍物后会形成涡流。辐流方式可以达到100级洁净度。

（二）送风方式与换气次数

1. 送风方式

垂直单向流的送、回风方式是顶送下回，水平单向流的送、回风方式是侧送侧回，乱流洁净室的送、回风方式是顶送（双）单侧下回，上侧送同侧下回。

2. 换气次数

换气次数是送风量与房间体积的比值，其单位是次/小时。如果一小时内送入的空气量和房间体积一样，换气次数就是1次/小时，以此类推。洁净室的送风量应根据自净时间确定洁净室换气次数，并对各项风量进行比较，取其中的最大值：

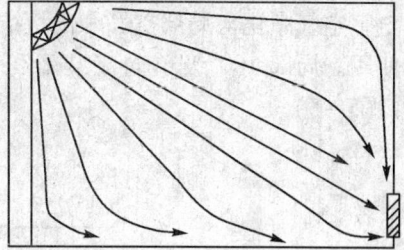

图5-4 辐流气流组织

（1）根据洁净要求所需的风量；

（2）根据室内热平衡和稀释有害气体所需的风量；

（3）根据室内空气平衡所需的风量。

三、静压控制

通常洁净室外空气的渗入是洁净室污染的原因之一。为防止免受邻室的污染或者污染邻室，在洁净室内维持一个高于或低于邻室的空气压力是必需的。洁净室内空气压力的调节，可通过在送回风干管及新风管上设风量调节阀，使送风量大于或小于排风量与回风量之和的办法来达到，送风量大于排风量与回风量之和则实现正的静压差，反之，则实现负的静压差。洁净室的压差原则是：系统设定洁净区与室外的静压差大于或等于10Pa，洁净区与非洁净区之间的静压差大于或等于5Pa，相邻两个不同洁净度级别的房间之间维持不小于5Pa的压差，且洁净级别高的房间呈相对正压。工艺过程中产生大量粉尘、有害物质、易燃易爆物质的工序，其操作室与其他房间之间应维持相对负压，如青霉素类高致敏性药品的分装室相对同一空气洁净度级别的邻室应保持相对负压。

四、综合净化措施

空气洁净技术是一项综合性的措施，解决交叉污染还必须从建筑、设备等方面考虑。如对容易产尘的工艺操作，应在设计、设备、管道和容器选用时强调密闭性能，建筑物内凡有缝隙的地方都要强调密封，对粉碎、过筛、混合、制粒、干燥、压片、包衣等产尘量大的设备应采用除尘措施，对工艺管道、公用工程管道均应采用技术夹层、管道竖井、技术夹墙等暗敷方式来减少积尘点。

生产激素类、抗肿瘤类化学药品应避免与其他药品使用同一台（组）设备和空气净化系统，无法避免时应采用有效的防护措施。如头孢类抗生素与其他非头孢类药品合用一个空调净化系统，两者交替生产时应对空调器进行去头孢类药品清洁处理。处理方法一般先用纯化水清洗，继而用 5% 的氨水溶液或 0.1mol/L 的氢氧化钠溶液擦洗空调器内的部件、盘管和风机，最后用热纯化水彻底清洗空调器，直至淋洗水 pH 与纯化水 pH 相同。末端高效过滤器和风管则采用通氨气熏蒸的办法来除去头孢类药品污染。

空调净化系统的基本形式有集中式空调净化系统、分散式（局部）空调净化系统及洁净隧道等多种型式。在制剂生产中，经常采用在低级别洁净室做全室空气净化处理和补充新风，再采用局部单向流净化装置进行二次处理，以达到局部高洁净度的目的。输液剂、水针剂的洗灌封联动线以及粉针分装线等部分要求高洁净度的操作区域，可采用上述全室空气净化与局部空气净化相结合的方式处理。如局部 100 级布置在 1 万级背景环境下使用。局部 100 级单向流装置可根据工艺操作需要，布置垂直单向流或水平单向流（图5－5）。

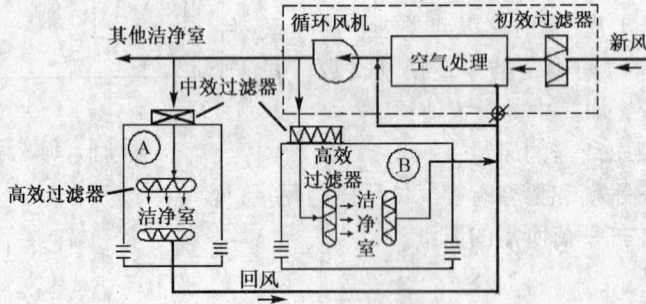

图 5－5 局部净化布置示意图
Ⓐ局部 100 级垂直单向流；Ⓑ局部 100 级水平单向流

第二节 洁净室环境控制参数

以洁净技术为主体的洁净室是通过从设计到管理的全过程来体现其质量的。洁净室环境具有多参数的要求，如空气洁净度、换气次数、工作区截面风速、静压差、温湿度、光照度、噪声、新风量等，各参数分别通过影响洁净度与人的舒适度而最终影响到产品的质量。

一、空气洁净度级别

药品生产洁净室（区）的空气洁净度按我国 GMP（1998 年修订）规定分为四个等级，分别为一百级、一万级、十万级和三十万级。洁净度级别用单位体积空气中最大允许含有的尘粒总数和微生物数来衡量，如一百级的衡量指标为每立方米空气中含有的 $\geqslant$ 0.5μm 尘粒数不超过 3.5×10^3 个、浮游菌不超过 5 个/m³、沉降菌不超过 1 个/皿（表5－2）。

表5-2　药品生产洁净室（区）的空气洁净度等级

洁净度级别	尘粒最大允许数/m³		微生物最大允许数	
	≥0.5μm	≥5μm	浮游菌/m³	沉降菌/皿
100级	3 500	0	5	1
10 000级	350 000	2 000	100	3
100 000级	3 500 000	20 000	500	10
300 000级	10 500 000	60 000	-	15

　　生产环境的洁净度主要影响到产品纯度、交叉污染和无菌程度。各药品生产环境的空气洁净度级别要求见表5-3。表中的无菌药品是指法定药品标准中列有无菌检查项目的制剂，非无菌药品则是指未列无菌检查项目的制剂。

　　洁净室（区）内有多种工序时，应根据各工序的不同要求，采用不同的空气洁净度等级。根据GMP的要求，应按照生产什么剂型、能否最终灭菌、是否需要无菌检查、产品容量的大小、有无过滤工序、工序是否暴露等准确定位。当然，根据工艺和批生产量，能用局部百级就不用全室百级，能用较小面积的局部百级就不用大面积的局部百级。

表5-3　药品生产环境的空气洁净度级别要求

级别	种类	工序
100级	无菌药品	非最终灭菌药品： ①灌装前不需除菌过滤的药液配制 ②注射剂（粉针、冻干剂）的灌封、分装和压塞 ③直接接触药品的包装材料经最终处理后的暴露环境
	生物制品	灌装前不经除菌过滤的制品，其配制，合并，灌封，冻干，加塞，添加稳定剂、佐剂、灭活剂等过程
万级背景局部百级	无菌药品	最终灭菌药品：大容量注射剂（≥50ml）的灌封
	原料药	药品标准中列有无菌检查项目的原料药精、烘、包及其暴露环境
	生物制品	灌装前不经除菌过滤的制品，其配制，合并，灌封，冻干，加塞，添加稳定剂、佐剂、灭活剂等过程
一万级	无菌药品	最终灭菌药品： ①注射剂的稀配、过滤 ②小容量注射剂的灌装 ③直接接触药品的包装材料的最终处理
		非最终灭菌药品：灌装前需除菌过滤的药液配制
		其他无菌药品：供角膜创伤或手术用滴眼剂的配制和灌装
	生物制品	①灌装前需经除菌过滤的制品，其配制，合并，精制，添加稳定剂，佐剂，除菌过滤，超滤等过程 ②体外免疫诊断试剂的阳性血清的分装、抗原-抗体分装
十万级	无菌药品	最终灭菌药品：注射剂浓配或采用密闭系统的稀配
		非最终灭菌药品：轧盖，直接接触药品的包装材料最后一次精洗

级别	种类	工 序
十万级	非无菌药品	①非最终灭菌口服液体药品的暴露工序、内包材最终处理的暴露工序 ②深部组织创伤外用药品、眼用药品的暴露工序及内包材最终处理的暴露工序 ③除直肠用药外的腔道用药的暴露工序、内包材最终处理的暴露工序
	生物制品	①原料血浆的合并、非低温提取、分装前的巴氏消毒、轧盖及制品最终容器的精洗等 ②口服制剂及发酵培养密封系统环境（暴露部分需无菌操作） ③酶联免疫吸附试剂的包装、配制、封装、干燥；胶体金试剂、聚合酶链反应试剂（PCR）、纸片法试剂等体外免疫试剂 ④深部组织创伤用制品和大面积体表创面用制品的配制、灌装
三十万级	非无菌药品	①最终灭菌口服液体药品的暴露工序 ②口服固体药品的暴露工序 ③表皮外用药品的暴露工序 ④直肠用药的暴露工序 上述药品内包材最终处理的暴露工序
	原料药	非无菌原料药精、烘、包的生产暴露环境

二、换气次数

我国 GMP（1998 年修订）及其附录对换气次数未作规定。

WHO（1992）、中国 GMP（1992）、中国兽药 GMP（2002）等推荐换气次数宜用以下数值（表 5-4）。

表 5-4 洁净室换气次数（次/小时）

空气洁净度级别	WHO（1992）	中国 GMP（1992）	中国 GMP（1998）	中国兽药 GMP（2002）
1 万级	≥20	≥20	—	≥20
10 万级	≥20	≥15	—	≥15
30 万级	—	—	—	≥10

三、工作区截面风速

工作区截面风速是单向流 100 级洁净室排除污染、保证洁净度级别的主要参数。通过工作区的截面风速应有一个最低限，即下限风速。当由于外界干扰，包括人的走动、仪器挪动、开门等的影响引起尘埃浓度上升时，能在较短时间内（一般在 2min 之内）达到自净。

WHO（1992）、中国 GMP（1992）、中国兽药 GMP（2002）等推荐工作区截面风速宜用以下数值（表 5-5）。

表 5-5 洁净室工作区截面风速（m/s）

空气洁净度级别		WHO（1992）	中国 GMP（1992）	中国 GMP（1998）	中国兽药 GMP（2002）
100 级	垂直	0.3	0.3	—	≥0.25
	水平	0.45	0.4	—	≥0.35

四、静压差

静正压差是洁净室抵挡外来污染，静负压差是防止洁净室内污染外溢的一个重要参数。我国人药和兽药 GMP 推荐静压差的数据见表 5 - 6。

表 5 - 6　洁净室静压差（Pa）

场合	中国 GMP（1992）	中国 GMP（1998）	中国兽药 GMP（2002）
不同级别洁净室之间	≥5	≥5	≥5
洁净区与非洁净区之间	-	-	≥10
洁净室（区）对室外	-	≥10	≥12

五、温度与湿度

洁净室的温度与湿度应满足两个要求，一是舒适度要求，即为操作人员提供舒适环境的要求；二是工艺要求，即工艺所要求的特殊的温度与湿度环境。

我国 GMP（1998 年修订）对洁净室的温度、湿度的控制条件为：生产工艺对温度和湿度无特殊要求时，100 级、1 万级的洁净室（区）温度为 20～24℃，相对湿度为 45%～60%；10 万级、30 万级洁净室（区）温度为 18～26℃，相对湿度为 45%～65%。生产工艺对温度和湿度有特殊要求时，应根据工艺要求确定。

六、照度

我国 GMP（1998 年修订）对洁净室照度的规定为：主要工作室的照度宜为 300lx；对照度有特殊要求的生产部位可设置局部照明。厂房应有应急照明设施。

七、新风量

洁净室（区）内应保证一定的新鲜空气量，其数值应取下列风量中的最大值：
（1）非单向流洁净室总送风量的 10%～30%，单向流洁净室总送风量的 2%～4%。
（2）补偿室内排风和保持室内正压值所需的新鲜空气量。
（3）保证室内每人每小时的新鲜空气量不小于 40m³。

八、噪声

动态测试洁净室（区）的噪声不宜超过 75dB（A 级）。当超过时，应采取隔声、消声、隔震等控制措施。

第三节　洁净室的受控环境验证

从上节讨论洁净室的环境参数中，可以看出受控环境的洁净度是靠净化空调系统来维持的。所以，受控环境的验证包括净化空调系统的验证和洁净度级别验证。

一、净化空调系统的性能确认

净化空调系统验证是证明该净化空调系统是否能达到 GMP 及生产的要求，药品生产企业在选型工作完成后，验证应包括安装确认、运行确认和性能确认等三个阶段。

净化空调系统是通过风管将空调设备、过滤器、送风口、回风口等末端装置连接起来，形成一个完整的空气循环系统。因此安装确认的主要内容有：空调设备的安装确认、风管制作、安装的确认，风管及空调设备清洁的确认，并按照随箱清单清点下列材料或数据的完整性：空调设备所用的仪表及测试仪器的一览表及检定报告，空气净化系统操作手册，标准操作规程（SOP）及控制标准，高效过滤器的检漏试验等。

净化空调系统的运行确认是通过空载运行试验证明该系统是否达到设计要求及生产工艺要求。在安装确认阶段，除做高效过滤器的检漏试验时需开动风机，其余设备可以不开，而在运行确认阶段，所有的空调设备都必须开动，与空调系统有关的工艺排风机、除尘机也必须开动，以利于空气平衡，调节房间的压力。运行确认的主要内容有：空调设备的测试，高效过滤器的风速及气流流向测定，空调调试和空气平衡，悬浮粒子和微生物的预测定等。

净化空调系统的性能确认是通过装载运行试验对洁净室的综合性能进行全面测试评定，以证明该系统的适用性。综合性能测试前必须已经通过安装确认和运行确认，并已进行足够的清洁、连续运行 24h 以上。综合性能测试时，洁净室环境控制的全部参数均为必测项目，必须全部测定，各单项测定或某几项测定结果都不能为洁净室环境的性能确认提供充分的依据。

（一）风量测定

净化空调系统风量的测定内容包括测定总送风量、新风量、排风量和系统风量等。验证所需要测定的是房间的风量，也就是送风口的风量，并以此来计算房间的换气次数。

1. 测定方法

送风口风量的测定方法是风量罩直接测定法。风量罩由套管及热球式微风速仪两部分组成。套管由合适的轻质材料制作，其截面应能正好套住风口或风口外的扩散板，不宜太大，其长度等于风口长边边长的两倍，但不宜大于 1.5m，房间净高大于 3m 时可再延长（图 5 - 6）。热球式微风速仪的最大量程为 10m/s。测量时，先将套管擦拭清洁，记录下口部净面积；然后在套管下口部垂直的两边作标记，如图 5 - 7 所示，分为长宽各 200～

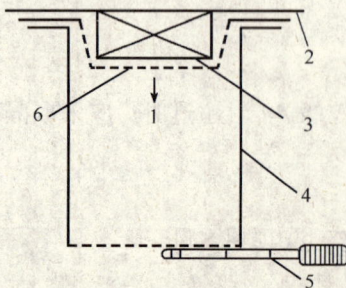

图 5 - 6　风量罩测定风量示意图

1. 气流；2. 顶棚；3. 过滤器；4. 套管；5. 测杆；6. 扩散板

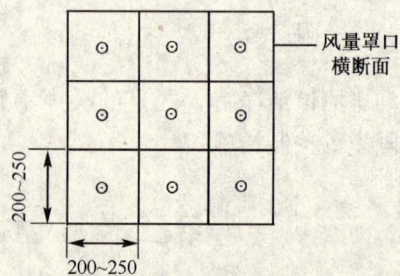

图 5 - 7　风量罩口横断面上测点位置

⊙测点位置

250mm 的若干等份，每一等份中心为测杆位置，作好标记，测杆长度位置按测点位置变换，如划分的测点少于六点，则最少取六点；最后将风速仪测杆头拉到图 5 - 7 所示的标记处，紧挨套管、平置测杆，记录测定值。

2. 计算

（1）每一个送风口的风量按下式计算：

$$L = 3600FV$$

式中：L——每个送风口的风量，m^3/h；

F——每个被测送风口的面积，m^2；

V——每个被测风口平均风速，m/s。

（2）每一间洁净室的换气次数按下式计算：

$$N = \frac{L_1 + L_2 + \cdots\cdots + L_N}{AH}$$

式中：N——洁净室换气次数，次/小时；

L_1，L_2，……，L_N——洁净室各送风口的风量，m^3/h；

A——洁净室面积，m^2；

H——洁净室高度，m。

3. 评定标准

（1）非单向流洁净室实测风量应大于各自的设计风量，但不应超过其 20%；

（2）非单向流、单向流洁净室实测新风量和设计新风量之差，不应超过设计新风量的 ±10%；

（3）非单向流洁净室室内各风口的风量与各风口设计风量之差均不应超过设计风量的 ±15%；

（4）洁净室换气次数应达到表 5 - 4 的规定。

（二）截面风速测定

1. 布点

在垂直单向流洁净室的地面上或局部垂直单向流送风面在地面上的投影区，等分不少于 20 个接近正方形的小块，小块每边不应大于 0.3m；洁净面积很小又不需要评价均匀度时，可等分不少于 10 个小块，在每个小块中央做上标记。

对于水平单向流洁净室，取距送风面 0.5m 的垂直截面，截面布点同上。

2. 测定

将热球式微风速仪测杆尽可能拉至最长，人伸直手臂，持杆将测头置于记号上方 0.8m 高处测定。遇到桌子等表面，应将测点抬高至表面上方 25cm 处，遇到大的障碍物则应避开。对于局部单向流投影区，应从投影区边缘向内 10cm 的四周边界上布置测点。

3. 评定标准

单向流洁净室实测工作区截面平均风速应大于设计风速，但不应超过其 20%。

（三）静压差测定

一般采用液柱式微压计（最小刻度 2Pa）测定风压，以判断洁净室与邻室之间是否保持必须的正压或负压。该测定项目应在风量测定之后进行。

测试前应把洁净区内所有的门关闭并开启室内的排风机或除尘机。测试应从级别最高的房间依次向外测定，凡是可相通的两间邻室都要测，一直测到可与室外相通的房间。测试操作应由两人共同完成，其中一人在待测房间手持伸入该房间的测定胶管，另一人操作仪器。测试时应注意测定管口的位置，一般可取 0.8m 高度，管口端面垂直于地面，避开气流方向和涡流区。

风压测定也可在需测静压的房间或走廊墙壁上安装微压表，可随时观察到压力变化的情况，此类表的量程一般为 0 ~ 49Pa（0 ~ 5mmH$_2$O）。

实测静压差应参考表 5 – 6，不小于我国 GMP 的规定值。

（四）温度与湿度测定

常用测量温度、湿度的仪器为不同精度要求的干湿球温度计或电阻式数字型测温仪。

温度与湿度测定应在风量、风压调整后，净化空调系统已连续运行 24h 以上进行。无恒温要求的房间，只在房间中心设定一个测点；有恒温要求的房间，测点设在恒温工作区内有代表性的地点（如沿着工艺设备周围布置或等距离布置）。

除工艺有特殊要求外，所有测点宜在同一高度布置，离地面 0.8m，距外墙内表面应大于 0.5m、小于 1m。有恒温要求的场合，测定时间宜连续进行 8 ~ 48h。

（五）照度测定

照度测定必须在室温稳定、光源输出稳定后进行。测定应在天黑以后进行，完全无窗的房间也可在白天进行，测量时应关闭局部照明。

测定采用便携式照度计，测点平均离地面 0.8m，按 1 ~ 2m 间距布置，测点距墙面 1m（15m^2 以下房间为 0.5m）。实测最低照度应不少于 GMP 规定值。

（六）噪声测定

噪声测定须测净化空调系统全部运行工况和全部停机的背景工况，有要求时，再区分局部净化设备开与不开的工况。背景工况测定应在晚上进行。

测定采用精密声级计，不足 15m^2 的房间在室中心一点测量，高度为 1.1m；超过 15m^2 的房间应测五点，除中心一点外，四角各一点，测点朝向角落。测量时房间的门应关上，禁止洁净区内人员走动和说话，保持安静。

实测房间平均噪声值应不大于 GMP 规定或《洁净厂房设计规范》的规定值。

二、洁净度级别验证

在生产环境验证中，洁净度级别验证是对空气净化系统是否能达到规定的洁净度做出判断，即合格还是不合格。医药工业洁净室（区）的洁净度指标包括悬浮粒子和微生物两个方面，因此洁净度级别验证主要进行悬浮粒子和微生物的测定，微生物的测定又包括浮游菌和沉降菌的测定。

（一）悬浮粒子的测定

悬浮粒子测定是通过测定洁净环境内单位体积空气中含大于或等于某粒径的悬浮粒子数，来评定洁净室（区）的悬浮粒子洁净度级别。

1. 悬浮粒子的测定方法

主要有自动粒子计数法及显微镜法。

（1）自动粒子计数法　是把洁净室内粒径大于或等于 0.5μm 的悬浮粒子，用光散射粒子计数器连续计数的方法。其原理是利用空气中的悬浮粒子在光的照射下产生光散射现象，然后用悬浮粒子的光散射量与相同光散射量的标准粒子球体直径比较。

（2）显微镜法　是把粒径大于或等于 5μm 的悬浮粒子，用滤膜显微镜计数的方法。其原理是用抽气泵抽取洁净室内的空气，把在测定用的滤膜表面上捕集到的粒径中大于 5μm 的粒子用显微镜进行计数。

2. 悬浮粒子洁净度监测

监测悬浮粒子洁净度时，要控制监测的条件。洁净室（区）的温度和相对湿度应与其生产工艺要求相适应，温度控制在 18～24℃，相对湿度控制在 45%～60% 之间为宜。空气洁净度不同的洁净室（区）之间的压差应≥5Pa。测定悬浮粒子洁净度应注意采样点数目及其位置、采样点的采样次数和采样量的设置。

（1）采样点数目及其位置

悬浮粒子洁净度监测的最少采样点数目可查表 5－7 确定。

表5－7　空气洁净度测定的最少采样点数目

面积 m²	洁净度级别			面积 m²	洁净度级别		
	100	10 000	100 000		100	10 000	100 000
<10	2～3	2	2	≥200～<400	80	20	6
≥10～<20	4	2	2	≥400～<1000	160	40	13
≥20～<40	8	2	2	≥400～<2000	400	100	32
≥40～<100	16	4	2	2000	800	200	63
≥10～<200	40	10	3				

注：表中的面积，对于单向流洁净室，指的是送风口面积；对于非单向流洁净室，指的是房间面积

采样点的位置应根据产品生产工艺中的关键操作区设置。一般对于高效过滤器装在末端（天花板）的空气净化系统及单向流罩，只需在工作区（离地面 0.8m 处）均匀布置测点即可；而高效过滤器装在空调器内及末端为亚高效过滤器的空气净化系统，除在工作区布置测点外，还需在每个送风口处（离开风口约 0.3m）布置一个测点。

（2）每个采样点的采样次数及采样量

对于任何一个房间工作区或局部净化区域，每个采样点至少需采样 1 次，总采样次数不得少于 5 次。不同洁净度级别的工作区每次最小的采样量可查表 5－8 确定。

表5－8　悬浮粒子测定时的最小采样量

洁净度级别	采样量（L/次）	
	≥0.5μm	≥5μm
100	5.66	—
10 000	2.83	8.5
100 000	2.83	8.5

3. 悬浮粒子洁净度级别的评定

（1）采样数据处理　悬浮粒子浓度的采样数据应按下述步骤作统计计算：

①采样点的平均粒子浓度

$$A = \frac{C_1 + C_2 + \cdots + C_i}{N}$$

式中：A 为某一采样点的平均粒子浓度，粒/m^3；

$\quad\quad C_i$ 为某一采样点的粒子浓度（$i = 1，2，\cdots n$），粒/m^3；

$\quad\quad N$ 为某一采样点上的采样次数，次。

②平均值的均值：

$$M = \frac{A_1 + A_2 + \cdots + A_i}{L}$$

式中：M 为平均值的均值，即洁净室（区）的平均粒子浓度，粒/m^3；

$\quad\quad A_i$ 为某一采样点的平均粒子浓度（$i = 1，2，\cdots，l$），粒/m^3；

$\quad\quad L$ 为某一洁净室（区）内的总采样点数，个。

③标准误差

$$SE = \sqrt{\frac{(A_1 - M)^2 + (A_2 - M)^2 + \cdots + (A_i - M)^2}{L(L-1)}}$$

式中：SE 为平均值均值的标准误差，粒/m^3。

④置信上限

置信上限（UCL）定义为：从正态分布抽样得到的实际均值按给定的置信度（此处为95%）计算得到的估计上限将大于此实际均值，则称计算得到的这一均值估计上限为置信上限。

$$UCL = M + t \times SE$$

式中，UCL 为平均值均值的95%置信上限，粒/m^3；

$\quad\quad t$ 为95%置信上限的 t 分布系数，见表5-9。

表5-9　95%置信上限的 t 分布系数

采样点数（L）	2	3	4	5	6	7	8	9	>9
t	6.31	2.92	2.35	2.13	2.02	1.94	1.90	1.86	—

注：当采样点多于9个点时，不需要计算 UCL。

（2）评定标准　在计算出上述结果后，要对结果评定。判断悬浮粒子洁净度级别应依据下述两个条件：①每个采样点的平均粒子浓度必须低于或等于规定的级别界限，即 $A_i \leqslant$ 级别界限；②全部采样点的粒子浓度平均值均值的95%置信上限必须低于或等于规定的级别界限，即 $UCL \leqslant$ 级别界限。

4. 悬浮粒子洁净度级别评定示例

设某一百级单向流洁净室面积小于 $10m^2$，按表5-7规定采样点为3个，各点采样次数为3次，测得各采样点 $\geqslant 0.5\mu m$ 的粒子浓度如表5-10所列。

表5-10　某一百级单向流洁净室采样点粒子浓度

采样点		1	2	3
采样点粒子浓度（粒/升）	①	0	3	2
	②	1	2	2
	③	0	2	1

则　采样点的平均粒子浓度：

$$A_1 = \frac{0 + 1 + 0}{3} = 0.33 \text{ 粒／升}$$

$$A_2 = \frac{3 + 2 + 2}{3} = 2.33 \text{ 粒／升}$$

$$A_3 = \frac{2 + 2 + 1}{3} = 1.66 \text{ 粒／升}$$

该洁净室的平均粒子浓度：

$$M = \frac{0.33 + 2.33 + 1.66}{3} = 1.44 \text{ 粒／升}$$

$$SE = \sqrt{\frac{(1.44 - 0.33)^2 + (2.33 - 1.44)^2 + (1.66 - 1.44)^2}{3 \times (3 - 1)}} = \sqrt{\frac{2.07}{6}} = 0.59$$

查表5-9，$t = 2.9$，则　$UCL = 1.44 + 2.9 \times 0.59 = 3.15$ 粒/升

由此可判其悬浮粒子洁净度级别达到100级。

这里需要说明，我国GMP（1998年修订）附录对洁净室尘粒数与微生物浓度标准作了如下规定："洁净室（区）在静态条件下检测的尘埃粒子数、浮游菌或沉降菌数必须符合规定，应定期监控动态条件下的洁净状况"。也就是说，洁净室（区）空气洁净度的测定要求为静态测试，动态监控。所谓静态测试，是指洁净室（区）净化空调系统已处于正常运行状态，工艺设备已安装，但在洁净室（区）内没有生产人员的情况下进行的测试；动态测试是指洁净室（区）已处于正常生产状态下进行的测试。为了对静态下测得的含尘浓度和运行时（动态）测得的浓度关系进行比较，验证时可按动、静比取（3~5）:1判定。

空气洁净度级别以静态控制为先决条件、动态控制为监控条件是必要的，因为生产环境的污染控制，最终必然是正常生产状态下空气中悬浮微粒和微生物的控制。

（二）浮游菌的测定

细菌通常看不见，因此可将它们采集或沉降到培养基中培养。细菌培养时，由一个或几个细菌繁殖而成的一细菌团称为菌落形成间歇单元数（CFU），亦称菌落数。浮游菌用计数浓度表示（CFU/L或CFU/m³），沉降菌用沉降浓度表示［CFU/（皿·min）］。

浮游菌的测定应采用国家标准《医药工业洁净室（区）浮游菌的测试方法》（GB/T 16293-1996）的规定。通过采集悬浮在空气中的生物性微粒，置于专门的培养基平皿内，在适宜的生长条件下让其繁殖到可见的菌落进行计数，通过计算单位体积空气中的活微生物数，来评定洁净室（区）的洁净度。

1. 测定仪器

(1) 浮游菌采样器 如狭缝式采样器或离心式采样器。狭缝式采样器由附加的真空抽气泵抽气，通过采样器的缝隙式平板，将采集的空气喷射并撞击到缓慢旋转的平板培养基表面上，附着的活微生物粒子经培养后形成菌落，计数。离心式采样器由于内部风机的高速旋转，气流从采样器前部吸入从后部流出，在离心力的作用下，空气中的活微生物粒子有足够的时间撞击到专用的固形培养条上，经培养后形成菌落，计数。

(2) 真空抽气泵 真空抽气泵的排气量应与采样器匹配，宜采用无油真空抽气泵，必要时可在排气口安装气体过滤器。

(3) 恒温培养箱 必须定期对培养箱的温度计进行检定。

2. 培养皿和培养基

(1) 狭缝式采样器一般采用 $\varnothing150mm \times 15mm$、$\varnothing90mm \times 15mm$、$\varnothing65mm \times 15mm$ 三种规格的硼硅酸玻璃培养皿。可根据采样器选择合适的培养皿。离心式采样器采用专用的固形培养条。

(2) 培养基 选用普通肉汤琼脂培养基或其他药典认可的培养基。

(3) 培养基平皿的制备 将培养皿置于 121℃ 湿热灭菌 20min 或 180℃ 干热灭菌 2h。将培养基加热熔化，冷却至 45℃ 时，在无菌操作要求下将培养基注入培养皿。注入量分别为 $\varnothing65mm$ 培养皿约 10ml，$\varnothing90mm$ 培养皿约 20ml，$\varnothing150mm$ 培养皿约 60ml。待琼脂凝固后，将培养基平皿倒置于 30~35℃ 的恒温培养箱中培养 48h，若培养基平皿上确无菌落生长，即可在 2~8℃ 的环境中存放供采样用。

3. 测定步骤

(1) 消毒 仪器、培养皿表面必须严格消毒。采样前先用消毒剂消毒采样器的顶盖、转盘、罩子的内表面以及培养皿的外表面；采样后再用消毒剂喷射罩子的内壁和转盘，采样口及采样管必须灭菌处理。采样者应穿戴与被测洁净区域相应的工作服，在转盘上放入或调换培养皿前，双手应用消毒剂消毒。

(2) 采样 开动采样器真空泵，使采样器中的残余消毒剂蒸发，时间不少于 5min，并调好流量、转盘转速。关闭真空泵，放入培养皿，盖上盖子后调节采样器狭缝高度。置采样口于采样点后，依次开启采样器、真空泵、转动定时器，根据采样量设定采样时间。

(3) 培养 采样结束后，将培养皿倒置于恒温培养箱 30~35℃ 下培养，时间不少于 48h，每批培养基应有对照试验，用于检验培养基本身是否污染。

(4) 菌落计数 用肉眼直接计数、标记或在菌落计数器上点计，然后用 5~10 倍放大镜检查是否有遗漏。若平板上有 2 个或 2 个以上的菌落重叠，可分辨时仍以 2 个或 2 个以上菌落计数。

4. 测定规则

测定状态有静态和动态两种，静态测定时，室内测定人员不得多于 2 人。测定状态的选择必须符合生产的要求，并在报告中注明测定状态。浮游菌测定前，被测定洁净室（区）应经过消毒，温度、相对湿度须达到规定的要求，静压差、换气次数、空气流速必须控制在规定值内。

测定开始的时间：测定单向流洁净室时，应在净化空调系统正常运行不少于 10 min

后开始；测定非单向流洁净室时，应在净化空调系统正常运行不少于 30 min 后开始。

5. 浮游菌浓度计算

（1）采样点数量及其布置　浮游菌测定分为日常监测及环境验证两种情况，最少采样点数目见表 5-11。

表 5-11　浮游菌测定的最少采样点数目

面积 m²	洁净度级别					
	100		10 000		100 000	
	验证	监测	验证	监测	验证	监测
<10	2~3	1	2	1	2	—
≥10~<20	4	2	2	1	2	—
≥20~<40	8	3	2	1	2	—
≥40~<100	16	4	4	1	2	—
≥100~<200	40		10		3	
≥200~<400	80		20		6	
400	160		40		13	

注：①表中的面积，对于 100 级单向流洁净室，指的是送风口表面积；对于 10 000 级，100 000 级的非单向流洁净室，指的是房间面积；
　　②日常监测的采样点数目由生产工艺的关键操作点来确定。

采样点的位置与悬浮粒子采样点位置相同。工作区测点位置离地 0.8~1.5m（略高于工作面），送风口测点位置离开送风面 30cm 左右，可在关键设备或关键区，如药液灌装口增加测点。

洁净室（区）采样点的布置力求均匀，避免采样点在某局部区域过于集中或某局部区域过于稀疏（图 5-8）。

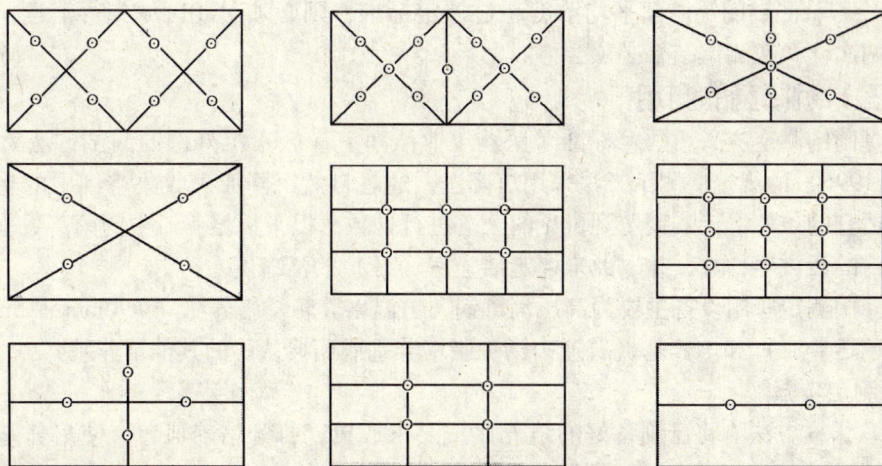

图 5-8　浮游菌测定的采样点布置

采样量根据日常检测及环境验证确定，每次最小采样量见表 5 – 12。

表 5 – 12 最小采样量

洁净度级别	采样量/（L/次）	
	日常监测	环境验证
100 级	600	1 000
10 000 级	400	500
100 000 级	50	100

（2）采样次数 每个采样点一般采样 1 次。

（3）采样注意事项 对于单向流送风口，采样时采样管口应正对气流方向；对于非单向流送风口，采样管口应向上。布置采样点时，至少应离开尘粒较集中的回风口 1m 以上；测试中应记录房间温度、相对湿度、压差及测试状态。

（4）结果计算 用计数方法得出各个培养皿的菌落数。每个测点的浮游菌平均浓度：

$$平均浓度（个/m^3）= \frac{菌落数}{采样量}$$

例 1. 某测点采样量为 400L，菌落数为 1，则：

$$平均浓度 = \frac{1}{0.4} = 2.5 \ 个/m^3$$

例 2. 某测点采样量为 $2m^3$，菌落数为 3，则：

$$平均浓度 = \frac{3}{2} = 1.5 \ 个/m^3$$

6. 评定标准

用浮游菌平均浓度判断洁净室（区）空气中的微生物浓度。

（1）每个测点的浮游菌平均浓度必须低于 GMP（1998 年修订）附录评定标准中关于细菌浓度的界限。

（2）若某测点的浮游菌平均浓度超过评定标准，则必须对此区域先行消毒，然后重新采样两次，两次测试结果必须合格。

（三）沉降菌的测定

沉降菌的测定应采用国家标准《医药工业洁净室（区）沉降菌的测试方法》（GB/T 16293 – 1996）的规定。测试方法采用沉降法，通过自然沉降原理收集空气中的生物性微粒，在适宜的条件下让其繁殖到可见的菌落进行计数，以平板培养皿中的菌落数来判定洁净环境内的活微生物数，并以此来评定洁净室（区）的洁净度。

沉降菌测定所用设备主要为高压消毒锅、恒温培养箱、培养皿（Φ90mm×15mm 的硼硅酸玻璃培养皿）和培养基（普通肉汤琼脂培养基或药典认可的其他培养基）。

1. 测定步骤

（1）采样方法 将已制备好的培养皿按要求放置，打开培养皿盖，使培养基表面暴露 0.5h，再将培养皿盖盖上后倒置。

（2）培养 全部采样结束后，将培养皿倒置于 30～35℃的恒温培养箱中培养，时间不少于48h。每批培养基应有对照试验，检验培养基本身是否污染。

（3）菌落计数 用肉眼直接计数，标记或在菌落计数器上点计，然后用5~10倍放大镜检查有否遗漏。若培养皿上有2个或2个以上菌落重叠，可分辨时仍以2个或2个以上菌落计数。

2. 注意事项

测定用具要做灭菌处理，以确保测试的可靠性、正确性。对培养基、培养条件及其他参数做详细记录，由于细菌种类繁多，差别甚大，计数时一般用透射光于培养皿背面或正面仔细观察，不要漏计培养皿边缘生长的菌落。

3. 测试规则

（1）测试状态有静态和动态两种，测试状态的选择必须符合生产的要求。沉降菌测试前，被测试洁净室应经过消毒，温湿度应达到规定的要求，静压差、换气次数、空气流速必须控制在规定值内。

（2）测试人员必须穿戴符合环境洁净度级别的工作服；静态测试时，室内测试人员不得多于2人。

（3）测试时间 测定单向流洁净室时，应在净化空调系统正常运行不少于10 min后开始；测定非单向流洁净室时，应在净化空调系统正常运行不少于30 min后开始。

（4）沉降菌计数 沉降法的最少采样点数与悬浮粒子测定方法的采样点数相同，可按表5-7确定。沉降菌测定在满足最少采样点数的同时，还需满足最少培养皿数，如表5-13所示。

表5-13 沉降菌测定的最少培养皿数

洁净度级别	所需∅90mm培养皿数（以沉降0.5h计）	洁净度级别	所需∅90mm培养皿数（以沉降0.5h计）
100	14	100 000	2
10 000	2		

（5）采样点的位置 与悬浮粒子的采样点位置相同。工作区采样点的位置离地0.8~1.5m（略高于工作面），可在关键设备或关键工作区增加采样点。测定时应记录房间温度、相对湿度、压差及测试状态。

（6）结果计算 用计数方法得出各个培养皿的菌落数。测点的沉降菌平均菌落数：

$$平均菌落数 \overline{M} = \frac{M_1 + M_2 + \cdots + M_n}{n}$$

式中，$\overline{M}$——平均菌落数，M_1——1号培养皿菌落数，M_2——2号培养皿菌落数，M_n——n号培养皿菌落数，n为培养皿总数。

4. 评定标准

用平均菌落数判断洁净室（区）空气中的微生物浓度。

洁净室（区）内的平均菌落数必须低于所选定的评定标准，若某洁净室（区）内的平均菌落数超过评定标准，则必须对此区域先进行消毒，然后重新采样两次，测试结果均须合格。

第四节 环境消毒效果的验证

一、环境消毒措施

我们在使用洁净技术获得一定洁净度的洁净环境后，不能认为洁净室内的微生物数控制在规定的范围内，室内各种表面就不沾染细菌了。实际生产时，由于人员和物料的进出、机器的运行，均会产生尘粒、滋生细菌。据统计，在各种污染源中，人体是主要的细菌来源。当温度、湿度合适时，细菌即在洁净室的地面、墙面、顶棚、机器表面繁殖，并不时被气流吹散到室内。因此，保持洁净环境就显得特别重要。

保持洁净环境的措施往往是综合性的，比如室内表面的清洁、消毒处理；工器具进入无菌室前的消毒处理；洁净服装的洗涤、晾干、包装处理，无菌衣的高温灭菌处理，无菌室人员建立更衣的标准操作程序等。

（一）灭菌与消毒

本书在第三章、第四章中分别阐述了灭菌、除菌方法，本章又引进了消毒的概念。为防止误用，灭菌、除菌、消毒这三个概念必须加以区别。灭菌是指利用理化方法杀灭物体或介质中的所有的微生物，包括细菌的芽孢；除菌则是利用物理截留原理除去物体或介质中的微生物，但往往不能除去细菌孢子；消毒则是利用理化方法杀灭或抑制物体或介质中的微生物，使之微生物数量减少到安全或相对安全的程度。

在药品生产中，灭菌法和除菌法常用于无菌制剂生产过程的灭菌，常用的方法有：湿热灭菌法、干热灭菌法、除菌过滤法、辐射灭菌法、环氧乙烷灭菌法等，灭菌效果往往使用生物指示剂监测，用无菌保证值 SAL 来表示。而消毒法常用于环境清洁，选用消毒剂来杀灭繁殖期的微生物，使之达到与消毒目的相符合的安全水平，但不能保证被消毒对象无菌。

（二）常用消毒方法

1. 紫外线法消毒

紫外线灭菌灯（简称紫外灯）主要用在洁净工作台、层流罩、物流传递窗、风淋室乃至整个洁净房间的消毒。紫外灯的杀菌力取决于紫外线的波长（136~390nm），短波具有杀菌力，长波可能对人体有害，消毒用的紫外灯应限制在短波的波长范围内，以254nm的杀菌力最强，具有安装方便、无耐药菌株产生等特点。

2. 臭氧消毒

臭氧（O_3）的消毒原理是：臭氧在常温、常压下分子结构不稳定，很快自行分解成氧（O_2）和单个氧原子（O），后者具有很强的活性，对细菌有极强的氧化作用，可氧化分解细菌内部氧化葡萄糖所必需的酶，从而破坏其细胞膜，将它杀死。多余的氧原子则会自行重新结合成为普遍氧分子（O_2），不存在任何有害残留物，故称无污染消毒剂。臭氧不但对各种细菌（包括肝炎病毒、大肠杆菌、绿脓杆菌及杂菌）有极强的杀灭能力，而且对杀灭霉菌也很有效。

臭氧一般通过高频臭氧发生器（电子消毒器）来获得。消毒时直接将臭氧发生器置于房间中即可。空气中使用臭氧消毒的浓度只有几个 μg/L，可根据房间体积及臭氧发生器的臭氧产量来计算。

3. 气体消毒

环境空气也常采用某种消毒液，在一定条件下让其蒸发产生气体来达到熏蒸灭菌的目的。消毒液有甲醛、环氧乙烷、过氧乙酸、石炭酸和乳酸的混合液等。

4. 消毒剂消毒

洁净室的墙面、天花板、门、窗、机器设备、仪器、操作台、车、桌、椅等表面应定期清洁并用消毒剂喷洒。常见的消毒剂有异丙醇（75%）、乙醇（75%）、戊二醛、洁尔灭等。

（三）洁净室常用消毒剂的配制

无菌室所使用的消毒剂应在净化工作台上配制，需过滤的应准备好已灭菌（122.1℃，45min）的滤膜及容器。过滤好的消毒剂应在盛放瓶上注明消毒剂的名称、批号、配制日期及失效期，放在无菌室中。

1. 75%酒精溶液（体积分数）的配制

先取适量95%的乙醇溶液用定性滤纸过滤，再将冷却的注射用水加到过滤的乙醇溶液中充分混合，直到酒精比重计读数为75%。将配制好的溶液用0.22μm混合纤维素酯微孔滤膜过滤后，放入已灭菌的瓶中待用。此溶液须在48h内使用。

2. 0.1%新洁尔灭溶液（体积分数）的配制

在49ml的注射用水中加入1ml的5%新洁尔灭溶液并搅拌均匀，将配制好的溶液用0.22μm混合纤维素酯微孔滤膜过滤后放入已灭菌的瓶中待用。此溶液须在48h内使用。

3. 5%麝香草酚溶液（质量分数）的配制

在95g的50%乙醇溶液中加入5g麝香草酚并搅拌均匀。此溶液不必过滤，但须在24h内使用，主要用于杀霉菌。

4. 2%戊二醛溶液（质量分数）的配制

在250g的20%戊二醛溶液中加入注射用水至2500g，再加入1.3g缓冲剂并搅拌均匀。此溶液不必过滤，但须在24h内使用。

二、环境消毒效果的验证

对于一个洁净厂房来说，清洁和消毒是控制微生物污染、保持洁净环境的主要措施。清洁和消毒必须制定相应的清洁与消毒规程，并定期进行验证，以确认清洁与灭菌的有效性。

（一）环境消毒效果验证的方法

环境消毒效果验证的方法有生物指示剂试验和表面污染试验等。

1. 生物指示剂试验

生物指示剂（BI）菌种可选用枯草芽孢杆菌孢子。在消毒前，将装有一定数量BI菌种（应不少于10个）的表面皿置于各被测房间内的地面中央，打开表面皿，消毒结束后，回收BI放入大豆酪素消化液培养基中，在37℃下培养3天，观察细菌是否被灭活。

若没有细菌生长，则为合格。

2. 表面污染试验

表面微生物污染试验的方法有培养皿接触法、棉签擦抹法等。

（1）培养皿接触法　仅适用于平面采样。将已经灭菌处理的培养皿（通常直径为 50mm）内琼脂直接与设备表面接触采样，然后加盖在预定时间内和规定温度下（例如 30~35℃或20~25℃）进行培养，计数，必要时应进行菌种鉴别。

（2）棉签擦抹法　不仅适用于平面采样，也适用于培养皿无法接触到的区域采样。如设备内、外表面，墙角、窗台等表面采样。采样面积设定为：当被采表面小于100cm² 时，采集全部表面，当被采表面等于或大于100cm² 时，则取100cm²。采样时，可将经过灭菌处理的棉签用灭菌稀溶液（如生理盐水）湿润，充分擦拭取样区域，剪去手曾接触过的部分棉签，将棉球放入装有10ml采样液的试管中送检。

（二）环境消毒效果验证的合格标准

消毒是欲使微生物的数量减少至安全或相对安全的水平。这里所指的安全或相对安全的水平，实际上是指被消毒对象经消毒后的微生物残存数是否符合相应的洁净室级别要求。因此，无论是室内表面的清洁、消毒处理的效果还是工器具进入无菌室前的消毒处理效果，其验证的合格标准应按我国GMP（1998年修订）规定的洁净室菌浓标准执行，详见表5－2。

三、验证示例　环境消毒效果验证

××设备进入100级洁净室前的消毒效果验证

1. 消毒过程概述

按照GMP规定，设备进入100级洁净室前必须在设备气闸室内进行消毒，而人员不得通过设备气闸室直接进入无菌室。

消毒按设备进入100级洁净室前的消毒SOP执行。其操作过程大致如下：一个操作者将××设备从10000级区搬入气闸室，立即关上门，然后对设备进行消毒，消毒完毕后操作者从进门处退出。待设备在气闸室滞留达到规定时间后，另一操作者从100级区侧进入气闸室并关上门，对第一个操作者曾触及的设备部位和地板部位进行消毒，当设备滞留达到规定时间后，搬入100级区。

2. 消毒效果验证步骤

消毒效果验证的一般步骤如下：

（1）消毒前取样　消毒前先对××设备进行采样，采样点按验证方案执行。

（2）消毒操作　用消毒SOP规定的消毒剂对××设备进行全面消毒，消毒操作人员不应知道采样点位置。

（3）消毒后采样　消毒结束后，当达到滞留规定时间后，按验证方案规定的采样点及采样数量对××设备进行采样，但采样区域应与消毒前采样区域不相同。××设备消毒前后的采样点比较见表5－14

表 5-14　××设备消毒前后的采样点比较

样品号	采样方法		消毒前采样点	消毒后采样点
	培养皿接触采样	棉球擦抹采样		
1		√	左后轮	右后轮
2		√	左前轮	右前轮
3		√	把手右侧	把手左侧
4		√	设备右前角	设备左前角
5		√	设备左后角	设备右后角
6	√		设备上表面左侧	设备上表面右侧
7	√		设备底表面右侧	设备底表面左侧

（4）采集样品应尽快送检，检验结果与表 5-2 所列标准对照，判断消毒效果是否合格。

第五节　洁净室环境验证的周期

在药品生产过程中，影响洁净室环境质量的因素很多，因此，生产一定周期后，空气洁净度级别处于一个什么状态，应进行再验证。制药企业应自行对洁净室环境验证的周期制定一个管理规程。

一、确定洁净室环境验证周期的原则

一般说来，空气净化系统在新建、改建之后必须全面验证。当系统正常运行后，应做日常的监测记录工作，如房间的温湿度、风压以及定期测定微生物和悬浮微粒浓度。

空调净化系统中的空气平衡工作是一项技术性较强、调试复杂的工作；一经调整，平时不可随意变动风阀位置，若发现风压流向不对，应找出原因后，才能调整风阀，以免破坏空气的平衡，尤其是无菌生产区域，房间多，洁净级别不同，风压差逐步降低，任何风阀位置的变动，都会引起各房间风压的连锁反应。空调净化系统调试完毕后，应定期检查风量，并计算出各房间的换气次数。风量的检查可 1 年进行 1~2 次。根据积累的验证参数，科学、合理地确定一个环境验证的周期。

二、定期测试的项目

无菌药品生产环境每年还要定期测试以下项目：

1. 空调净化系统的风量每年检查 1~2 次，并核算出各房间的换气次数；

2. 对于洁净级别 100 级到 10000 级的房间，生产期间每天应测定悬浮粒子数、浮游菌或沉降菌数，采样量及采样数目可以适当减少；

3. 生产期间每天应进行表面污染及人体细菌测试；

4. 在停止生产、空调净化系统关闭后，如要恢复生产，需按验证要求重新进行悬浮粒子、浮游菌或沉降菌的测试。

表5–15给出了无菌生产区域日常监测的内容，可结合具体情况逐步实施。

表5–15　无菌生产区域日常监测内容

项目	洁净度	浮游菌	表面细菌污染	人体细菌污染
频率	100级（层流罩下）	每班1个样品	每班3个样品	每班从任一操作工身上取一样品
	10000级（房间）	每班1个样品	每个房间每周3个样品	轮流取样
位置	100级	关键操作处	任意取样	任意取样
	10000级	工作面处	在墙、天花板及非接触药物的设备处任意取样	从在该洁净区域工作的操作工中任意取样
采样方法		浮游菌采样器	培养皿或棉球擦抹法	培养皿或棉球擦抹法
采样量		1m³	至少25m²	手套5个手指表面及25m²外套表面

第六章 清洁验证

药品在批生产过程中总会残留若干原辅料和微生物，从而对下批产品产生不良影响，因此在每道工序完成后，对制药设备进行清洗是防止药品污染和交叉污染的必要手段。

清洁是指通过有效的清洗手段将生产设备中残留的原辅料、微生物及其代谢产物除去的方法。从理论上讲，不含任何残留物的清洁状态在实际上是无法实现的。清洁效果的评价是指使设备中各种残留物的总量降低至不影响下批产品的规定疗效、质量和安全性的状态。设备的清洁程度，取决于残留物的性质、设备的结构、材质和清洗的方法。对于某一产品和与其相关的工艺设备，清洁效果取决于清洗的方法。清洁规程是以文件形式制定的有效清洗方法，应包括清洗方法及影响清洁效果的各项具体规定，如清洗前设备的拆卸、清洁剂的种类、浓度、温度、清洗的次序和各种参数，清洗后的检查、生产结束后等待清洗的最长时间及清洗后至下次生产的最长存放时间等。

设备的清洁必须按照清洁规程进行，清洁规程必须进行验证。验证的目的就是通过化学和微生物测试的方法采集足够的数据，以证明按规定方法清洁后的设备能始终如一地达到预定的清洁标准。

第一节 清洁方法与清洁程序

一、清洁方法

清洁工艺设备通常可分为手工清洁方式和自动清洁方式或两种方式的结合。选择清洁方法时应当综合考虑设备的结构与材质、产品的性质、设备的用途及清洁方法能达到的效果等因素。

（一）手工清洁方式

该方式由操作人员持清洁工具按一定的程序清洗设备，根据目测结果确定清洁程度。常用的清洁工具有能喷洒清洁剂和淋洗水的喷枪、刷子、尼龙清洁块等。手工清洁方式的特征是：清洗前通常需要将设备进行一定程度的拆卸，并转移到专门的清洗场所。

很多固体制剂的生产设备如制粒机、压片机、胶囊填充机，因死角较多或生产的产品易粘结在设备表面等情况而难以清洁，大多采用人工清洗方式。

（二）自动清洁方式

该方式由专门的清洗装置按一定的程序自动完成整个清洁过程。自动清洁方式的特征是：只要将清洗装置同待清洗的设备相连接，即可完成整个清洁过程，亦称在线清洁方式。

某些体积庞大且内表面光滑无死角的设备，残留的物料易溶于水或某种清洁剂，如注射用水贮罐、大容量注射剂的配制系统大多采用自动或半自动的在线清洗方式。清洁剂和淋洗水在泵的驱动下以一定的温度、压力、速度和流量流经待清洗设备的管道，或通过专门设计的喷淋头均匀喷洒在设备内表面从而达到清洗的目的。

二、清洁程序

不管采取何种清洁方式清洁设备，都必须制定设备清洁程序，从而保证每个操作人员都能以相同的方式实施清洗，并获得相同的清洁效果。

清洁程序的要点如下：

1. 拆卸 规定设备在清洁前需要拆卸的程度，如制粒机，大容量注射剂、小容量注射剂的灌装机等在清洁前均需要预先拆卸到一定程度。拆卸应制订包括拆卸操作步骤、示意图等内容的拆卸指导文件，以使操作人员容易理解。

2. 预洗 预洗的目的是除去可见的残留物料，为清洗和淋洗等操作创造一个基本一致的起始条件。预洗操作可手持水管或手持高压喷枪，用热自来水或经过滤处理的自来水，持续喷淋机器的所有表面以除去所有可见的残留物料。判断预洗质量的标准是目测不易清洁的部位无可见的残留颗粒。

3. 清洗 清洗是用清洁剂以一定的操作程序除去设备上肉眼观察不到的残留物。操作程序必须明确规定清洁剂的名称、规格、组成、使用浓度、配制该清洁剂的方法。配制清洁剂的水可根据需要采用自来水或纯化水。

清洗是溶剂对残留物的溶解过程，而溶解往往随温度的升高而加快，因此，清洗时必须规定清洁剂的温度范围及控制温度的方法。

为提高清洗效率，可采用多步清洗的方式，往往在两步清洗之间插入一步淋洗操作。

4. 淋洗 在清洗步骤虽然已除去了大部分残留物，但设备上残留的清洁剂中仍然含水、清洁剂和残留的物料。淋洗是用水对设备表面进行充分冲洗，使残留物的浓度降至预定限度以下，自动执行淋洗程序（包括压力、流速、淋洗持续时间及水温）较人工淋洗的效果可靠。为了防止造成新的潜在污染，淋洗水应根据产品的类型选用符合药典标准的纯化水或注射用水。

5. 干燥 除去设备表面的残留水分可防止微生物生长。设备是否需要干燥可根据具体情况决定，如须暴露保存的设备应进行干燥，如设备淋洗后要进行灭菌处理，或是采用高温、无菌的注射用水淋洗后并保持密闭的设备则不一定要进行干燥处理。

6. 目检 通常经过验证的清洁程序应保证清洁后的设备无可见的残留物。目检如发现残留物，应及时采取纠偏措施。

7. 储存 规定已清洁设备和部件的储存条件和最长储存时间，以防止再次污染。

8. 装配 应规定将被拆卸部件重新装配的各步操作，附以图表和示意图以利于操作者理解。此外，要注意装配期间避免污染设备和部件。

三、清洁剂的选择原则

清洁剂的选择原则有以下几点：

1. 清洁剂应能有效溶解残留物，不腐蚀设备，且本身易被清除；

2. 清洁剂组成简单、成分确切，可运用一般分析手段检测清洁剂的残留情况；

3. 清洁废液有可靠的方法回收或进行无害化处理；

根据这些原则，对于水溶性残留物，水是首选的清洁剂，亦可选择一定浓度的酸、碱溶液，但一般家用清洁剂因其组成不详细、质量不易控制，因此不宜采用。

第二节　清洁验证的合格标准

清洁验证是证实某一台设备按清洁程序清洁后是否合格。制订验证合格标准遇到的关键技术问题是如何确定最难清洁物质、最难清洁部位、最大允许残留限度和相应的检测方法。

一、确定最难清洁物质

一个清洁过程实际上是溶剂对残留物的溶解过程，因此最难溶解的物质的残留量最大，也就是最难清洁的物质。在清洁验证中，可以采取制定最难溶解物质的残留量限度标准来证明设备的清洁效果。

对于一个复方制剂，处方中各种组分的活性成分残留物对下批产品的质量、疗效和安全性影响更大，所以一般将残留物中的活性成分确定为最难清洁物质。当制剂中存在两个以上活性成分时，通常将其中最难溶解的成分定为最难清洁物质。以复方18氨基酸注射液为例，它有18种氨基酸，均为活性成分。其中最难溶解的为胱氨酸，仅微溶于热水，因此可将其确定为最难清洁物质。

二、确定最难清洁部位和采样点

无论手工清洁方式还是自动清洁方式，清洗过程总是先依靠机械摩擦力和清洁剂对残留物的溶解作用，然后依靠流动的清洗液对残留物的冲击作用，最终实现预定的清洗效果。因此从溶解的化学动力学与流体力学的角度评价，以下几种情况应视为最难清洁部位：

1. 死角、清洁剂不易接触的部位，例如，混合搅拌机中搅拌叶片与轴之间的连接处；
2. 管道内压力、流速迅速变化的部位，例如，歧管或岔管处、管径由小变大处等；
3. 容易吸附残留物的部位，例如，内表面不光滑处。

显然，采样点应包括各类最难清洁部位。

三、确定残留量限度

药品生产中，产品不同使用的工艺设备亦不同，因此为清洁验证设立统一的限度标准和检验方法显然是不妥的。欧美国家采用的确定残留量限度标准的一般性原则，目前已被世界各国普遍接受。我国制药企业可作为清洁验证的内控限度标准。

①分析方法能达到的灵敏度能力；

②生物学活性限度；

③以目测为依据的限度。

其中第③项可作为①、②项限度标准的补充。

（一）分析方法能达到的灵敏度能力：残留物浓度限度标准（10×10^{-6}）

残留物浓度限度标准规定：由上一批产品残留在设备中的物质全部溶解到下一批产品中所致的浓度不得高于 10×10^{-6}。对液体制剂而言，这就是进入下批各瓶产品的残留物浓度。残留物浓度限度（10×10^{-6}）也可进一步简化成最终淋洗水中的残留物浓度限度为 10mg/kg。取 10×10^{-6} 为残留物浓度限度的理论依据是高效液相色谱仪、紫外－可见分光光度计、薄层色谱仪等常规实验分析仪器的灵敏度一般都能达到 10×10^{-6} 以上。

验证时一般采用收集清洁程序最后一步淋洗结束时的水样，或淋洗完成后在设备中加入一定量的水（小于最小生产批次量），使其在系统内循环后采样，测定相关物质的浓度。

设备内表面的单位表面积残留物限度（L）可从残留物浓度限度推导计算。假设残留物均匀分布在设备内表面上，并全部溶解在下批生产的产品中。当下批产品最小批生产量为 M（kg），设备总内表面积为 S_A（cm^2），残留物浓度为 10mg/kg，则单位表面积残留物限度 L 可按式 6－1 计算：

$$L = \frac{10M}{S_A} \ (mg/cm^2) \qquad (6-1)$$

为确保安全，一般应除以安全因子 F。如取安全系数 F 为 10，则可得式 6－2：

$$L = \frac{10M}{S_A F} = 10^3 M / S_A (\mu g/cm^2) \qquad (6-2)$$

所以，对于确定的设备，内表面积是定值，当批量值取最小批量时，L 则是最差情况下的表面残留物限度。

（二）生物学活性限度：最低日治疗剂量的1/1000

上述推算过程的前提是残留物溶解到下批产品后均匀分配到各瓶/片产品中。而在实际生产中，残留物并不是均匀分布的，可能存在某些特殊表面，如灌封头，残留物溶解后并不均匀分散到整个批中，而是全部进入一瓶或几瓶产品中。在这种情况下上述限度就不适用了，必须为这些特殊部位制定特殊的限度。

依据药物的生物学活性数据——最低日治疗剂量（minimum treatment daily dosage，MTDD）确定残留物限度是制药企业普遍采用的方法。取最低日治疗剂量的 1/1000 为残留物限度的理论依据是：不同人群对不同药物产生活性或副作用的剂量存在个体差异，某些患者即使服用较最低日治疗剂量更小的某种药物仍会产生药理反应。根据临床药理学、毒理学和临床应用的统计和报导，至今尚未见到这种个体差异达到 1000 倍的报导，也就是说，即使对于某些高敏患者，MTDD 的 1/1000 残留量也不会产生药理反应。因此高活性、敏感性的药物宜使用本法确定残留物限度。

下面举例说明生物学活性限度——最低日治疗剂量的 1/1000 在清洁验证中的应用。设产品 A 为先加工产品，产品 B 为后续加工产品。清洁验证的目的是保证在使用产品 B 时，不出现 A 产品的生理作用。当 B 产品每天服用数增加，则安全性下降，因此上述最低日治疗剂量的 1/1000，系指 B 产品最多日使用制剂数中允许带入 A 产品的残留量，不超过 A 产品的最低日治疗剂量的 1/1000。日治疗剂量数据可从该药品标签和使用说明书上获得。

1. 一般表面残留物限度（L）计算

（1）将产品 A、产品 B 的相关信息列表（表6-1）。在表中相应位置填写最低日治疗剂量 $MTDD$（mg），最小生产批量 M（kg），单位制剂的重量 U_W（g）和每日最多使用制剂数 D；

（2）将与产品 A、B 相关的生产设备信息列入表 6-1 中。在表中相应位置填写设备内表面积 S_A（cm^2）、特殊部位面积 S_{SA}（cm^2）。

表 6-1　表面残留物限度计算信息

产品＼信息	产品信息				生产设备信息	
	$MTDD$/mg	M/kg	U_W/g	D/片	S_A/cm^2	S_{SA}/cm^2
先加工产品 A	5	150			3000	500
后续加工产品 B		120	0.5	6	3000	500

（3）后续加工产品 B 批产品理论成品数 U 可按式 6-3 计算

$$U = 1000M/U_W ; \qquad (6-3)$$

（4）计算一般表面残留物限度 L

L = 允许残留物总量/总表面积

其中：允许残留物总量 $= MTDD/1000 \times U \times 1/D$

$\qquad\qquad\qquad\qquad = MTDD/1000 \times 1000M/U_W \times 1/D$

则　$L = MTDD/1000 \times 1000M/U_W \times 1/D \times 1/S_A \times 1000$（$\mu g/cm^2$）

$\qquad = MTDD \times M/U_W \times 1/D \times 1/S_A \times 1000$（$\mu g/cm^2$）　$\qquad (6-4)$

可根据具体情况决定是否再除以安全因子以确保安全。

2. 特殊表面残留物限度（L_d）计算

$L_d = MTDD/1000 \times 1/D \times 1/S_{SA} \times 1000$（$\mu g/cm^2$）

$\quad = MTDD/D \times 1/S_{SA}$（$\mu g/cm^2$）

同样，可根据具体情况决定是否再除以安全因子以确保安全。

（三）肉眼观察限度：不得有可见的残留物

清洁规程中都要求在清洁完成或某些步骤完成后目检不得有可见的残留物。虽然这是非常经验化的数据，与个人的视力、照明、设备的尺寸形状和观察的角度等许多因素有关，不可能作为定量、半定量的依据，也无法验证，但是目检最简单，而且能直观、定性地评估清洁的程度，有助于发现已验证的清洁程序在执行过程中发生的偏差，可以作为上述定量标准的补充，对于日常监控是有价值的。

（四）残留物成分不稳定时限度标准的确定方法

上述残留物浓度限度、生物学活性限度方法的合格标准是最难清洁物质的残留量或产品中的活性成分应低于规定的限度，而对活性成分的化学稳定性未加考虑。应该看到，清洗过程中和清洗结束后残留物以薄膜形式，充分暴露在水分、氧气和通常较高的温度下（如需高温清洗和灭菌），其活性成分的化学性质不很稳定，有可能通过化学反应部分转变为其他物质。清洁验证的合格标准自然失去了意义。另一方面，通过化学反应生成的其他物质可能对人体有更大的毒性，则更须严格限制其在后续成品中的含量。因此，残留物成分不稳定时制定限度标准必须考虑这类物质对下批产品带来的不利影响。

以阿司匹林片举例说明，其活性成分乙酰水杨酸很容易水解为游离水杨酸，《中国药典》规定成品中游离水杨酸的含量应低于 0.3%。假设生产设备为阿司匹林片专用，产品规格分别为 0.1g/片、0.3g/片、0.5g/片。最低日治疗剂量 $MTDD$、最小生产批量 M、最大片重 U_w 和每日最多使用制剂数 D、设备内表面积 S_A 等见表 6－2。

表 6－2　阿司匹林片计算参数（1）

产品	$MTDD$/mg	M/kg	U_w/g	D/片	S_A/cm²
阿司匹林片	600	50	0.5	12	30 000

1. 按生物学活性限度计算乙酰水杨酸的表面残留物限度

最小批产量理论片数 $= M/U_w = 1000 \times 100/0.5 = 200000$（片）

乙酰水杨酸的表面残留物限度

$$L = MTDD \times M/U_w \times 1/D \times 1/S_A \times 1000$$

$$= 600 \times 50/0.5 \times 1/12 \times 1/30000 \times 1000$$

$$= 166.7（\mu g/cm^2）$$

2. 计算允许由残留乙酰水杨酸水解而产生的游离水杨酸的量

游离水杨酸一方面来自残留的乙酰水杨酸的水解，另一方面来自原料本身以及生产过程中产生的水杨酸。根据历史生产资料，统计过去生产的多批产品中游离水杨酸的平均水平为 0.2%，如从限制每片游离水杨酸的角度考虑，则应以最小片重产品中允许的游离水杨酸为基准，再乘以最小批量的片数，即得批产品中允许的游离水杨酸总量，再除以设备总面积即得单位面积游离水杨酸的限度。用表 6－3 数据计算如下：

表 6－3　阿司匹林片计算参数（2）

产品	成品游离水杨酸限度	多批产品平均游离水杨酸含量	最小批量	最小批量片数	最小片重	设备总表面积
阿司匹林片	0.3%	0.2%	50kg	500 000	0.15g	300 000cm²

允许由残留乙酰水杨酸水解而产生的游离水杨酸的量为：

$(0.3\% - 0.2\%) \times 0.15 \times 500\,000 \times 1000 = 75\,000$（$\mu g$）

假设所有残留下的乙酰水杨酸全部水解为游离水杨酸，则允许由上批产品残留的乙酰水杨酸总量为 75 000μg。

乙酰水杨酸的表面残留限度为 75 000/30 000 = 2.5（$\mu g/cm^2$）。该限度大大低于根据生物学活性限度计算得到的限度。因此，如果制定限度标准仅以生物学活性限度为依据，就会在实际生产中遇到很大的质量风险。

四、确定微生物污染限度

微生物污染限度的确定应满足生产和质量控制的要求。如灭菌制剂强调生产过程中降低或消除微生物及热原对注射剂的污染，对葡萄糖、氨基酸产品而言，它们的残留物对微生物生长有利，因此清洁验证的可接受标准确定为残留物小于 10×10^{-6}，最终淋洗水 pH 必须与原来注射用水一致，杂菌 $< 25\mathrm{CFU/ml}$；内毒素 $< 25\mathrm{EU/ml}$。又如设备清洗后存放的时间越长，被微生物污染的机率就越大，制药企业应综合考虑其生产实际情况自行制定控制微生物污染的限度及清洗后到下次生产的最长贮存期限。

第三节 采样与采样方法的验证

清洁验证的另一关键技术难题是采样与采样方法的验证。

一、擦拭采样

1. 采样原则

擦拭采样的原则是选择最难清洁部位采样，通过验证其残留物水平来评价整套生产设备的清洁状况。通过选择适当的擦拭溶剂、擦拭工具和擦拭方法，可将清洗过程中未溶解的，已"干结"在设备表面或溶解度很小的物质擦拭下来。

2. 擦拭工具

常用的擦拭工具为擦拭棒，为一定长度的尼龙或塑料棒，一端缠有不掉纤维的织物，该织物应能被擦拭溶剂良好润湿。

3. 擦拭溶剂

擦拭溶剂用于溶解残留物，并将吸附在擦拭工具上的残留物萃取出来以便检测。用于擦拭和萃取的溶剂可以相同也可不同，一般为水、有机溶剂或两者的混合物。选择溶剂时，应注意保证擦拭采样有较高的回收率并不得对随后的检测产生干扰。

4. 擦拭采样操作规程

（1）最小采样面积的确定 每个擦拭采样面积应保证擦拭获取残留物的量能用常规检测方法检测。通常设定大于 $25\mathrm{cm}^2$。

（2）擦拭采样轨迹 取用适宜溶剂润湿的擦拭棒，使棒头按在采样表面上，平稳而缓慢地擦拭采样表面。擦拭轨迹如图 6-1 所示，在改变擦拭移动方向时翻转擦拭棒，用擦拭棒的另一面进行擦拭，擦拭过程应覆盖整个表面。

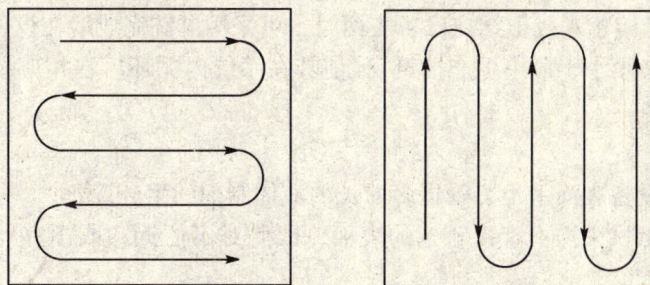

图 6-1 擦拭采样轨迹示意图

（3）擦拭完成后，将采样擦拭棒放入试管，并用螺旋盖旋紧密封，在试管上注明有关采样信息。用同样溶剂润湿的空白擦拭棒作为对照样品放入试管并旋紧密封，送检。

5. 采样验证

采样过程需经过验证。通过回收率试验验证采样过程的回收率和重现性。要求包括采样回收率和检验方法回收率在内的综合回收率不低于50%，体现重现性的多次采样回收率的相对标准差（RSD）不大于20%。

采样验证程序如下：

（1）准备一块与设备表面材质相同的500mm×500mm的平整光洁的板材，一般为不锈钢板；

（2）在钢板上划出400mm×400mm的区域，并每隔100mm划线，形成16块100mm×100mm的方块；

（3）配制含待检测物浓度为0.016%的溶液，定量装入喷雾器；

（4）将约10ml溶液尽量均匀地喷在400mm×400mm的区域内；

（5）根据实际喷出的溶液量计算单位面积的物质量（约$1\mu g/cm^2$）；

（6）自然干燥或用电吹风吹干不锈钢板；

（7）用选定的擦拭溶剂润湿擦拭工具，按前述擦拭采样操作规程擦拭钢板，每擦一个方块（$100cm^2$）换一根擦拭棒，共擦6~10个方块；

（8）将擦拭棒分别放入试管中，盖上试管盖，加入预定溶剂10ml，加塞，轻摇试管，并放置10min，使物质溶出；

（9）用预定的检验方法检验，计算回收率和回收率的相对标准差。

擦拭采样能有效弥补淋洗采样的缺点，检验的结果能直接反应出各采样点的清洁状况，为优化清洁规程提供依据。擦拭采样的缺点是很多情况下须拆卸设备后方能接触到采样部位。

二、最终淋洗水采样

1. 采样方法

最终淋洗水采样为大面积采样方法。该方法根据淋洗水流经设备的线路，选择淋洗线路相对最下游的一个或几个排水口为采样口，分别按照微生物检验样品和化学检验样品的取样规程收集清洁程序最后一步淋洗即将结束时的水样。

对于残留物难溶于水或干结在设备表面时，可采用淋洗完成后在设备中加入一定量的工艺用水（用量必须小于最小生产批量），使其在系统内循环后在相应位置采样，其结果的可靠性要好一些。

2. 适用范围

（1）适用于设备表面平坦、管道多而长的液体制剂的生产设备；

（2）适用于擦拭采样不宜接触到的表面，因此对不便拆卸或不宜经常拆卸的设备也能采样。

对淋洗水样一般检查残留物浓度和微生物污染水平。如生产有检查澄明度与不溶性微粒项目的制剂，通常要求淋洗水符合相关剂型不溶性微粒和澄明度的标准。

第四节　清洁验证方案的实施与再验证

清洁验证不是验证某一设备，而是验证某一设备的清洁规程。

一、清洁验证方案

一般包括验证目的、清洁规程、建立验证小组、确定残留物限度标准、确定采样方法及检验方法、验证报告等内容。

（一）验证目的

验证××设备（或生产线）按×××清洁规程进行清洗后的清洗效果能否始终达到预定要求。

（二）清洁规程

待验证的清洁规程应根据设备的结构、产品中物料的性能与特点在验证工作开始前制定。清洁规程应明确清洁方法、清洁工具、清洁剂、清洁时间与相应的清洁程序、待清洁设备的结构以及设备清洁后如何预防再污染的措施等内容。

（三）验证小组

建立验证小组，列出验证小组成员名单，明确各自的职责，确定相关操作人员的培训要求。

（四）确定残留物限度标准

确定残留物限度标准的依据，确定该限度标准的计算过程和结果。

（五）确定采样方法及检验方法

为了能正确评估清洁后污染物的残留量，选择合适的采样方法和正确的检测方法是非常重要的。如选择擦拭采样，由于擦拭速度、擦拭轨迹和擦拭力不能有效地控制等原因，样品采集容易产生较大误差。检测方法的选择应注意其他成分对被检物的干扰及仪器的灵敏度。确定采样方法和检测方法后，必须用示意图、文字等方法指明采样点的具体位置和采样计划，说明采样方法、工具、溶剂，主要检验仪器，采样方法和检验方法的验证情况等。

（六）可靠性判断标准

为证明待验证清洁规程的可靠性，应规定验证试验必须重复的次数（一般为连续3次），所有数据均应符合限度标准。

二、清洁验证方案的实施

当清洁验证方案获得批准，即进入了验证阶段。实施验证应严格按照批准的方案执行。实施过程如下：

1. 清洁设备

按照清洁规程执行清洁过程，及时、准确地填写清洁规程执行记录。

2. 采样

采样应由经过专门培训并通过采样验证的人员进行，样品立即贴上标签，封存送检。

3. 检验

检验应按照预先开发并经过验证的方法进行。所用的试剂、对照品、仪器等都应符合预定要求。检验机构出具的化验报告及其原始记录应作为验证报告的内容或附件。

4. 偏差处理

验证过程中出现的偏差均应记录在案，并由专门人员讨论并判断偏差的性质。比如个别检验结果超出限度，必须详细调查原因。有证据表明并结果超标是因为采样或检验失误原因造成，可将此数据从统计中删除，否则应判定为验证不合格。

5. 验证报告

验证报告应包括以下内容：

（1）清洁规程的执行情况描述，附原始清洁作业记录；

（2）检验结果及其评价，附检验原始记录和化验报告；

（3）偏差说明，附偏差记录与调查；

（4）验证结论

验证结论应在审核了所有清洁作业记录、检验原始记录、检验报告、偏差记录后，方能做出合格或不合格的结论。验证不合格则表明清洁规程存在缺陷，应当根据检验结果提供的数据修改清洁规程，再进行新一轮的验证试验。

三、清洁规程的再验证

同药品生产工艺过程一样，经验证后的清洁规程即进入了监控与再验证阶段。验证过程中进行的试验往往是有限的，它不能包括实际生产中可能出现的特殊情况，通过对日常监控数据的回顾可以进一步考核清洁规程的科学性和合理性，以确定是否需要再验证或确定再验证的周期。

另外，在发生下列情形之一时，须进行清洁规程的再验证。

1. 改变清洁剂或清洁程序；

2. 增加生产相对更难清洁的产品；

3. 设备有重大变更；

4. 有定期再验证要求的清洁规程。

第七章　制药用水系统的验证

水是药品生产中使用最广、用量最大的一种辅料，用于药品生产过程及药物制剂的制备。水质的优劣直接影响药品的质量，许多国家或地区都对制药用水的质量做出明确的规定。

我国 2005 年版药典将制药用水分为饮用水、纯化水、注射用水及灭菌注射用水，并分别给出了如下定义："饮用水"为天然水经净化处理所得的水；"纯化水"为饮用水经蒸馏法、离子交换法、反渗透法或其他适宜的方法制备的制药用水，不含任何附加剂；"注射用水"为纯化水经蒸馏所得的水，应符合细菌内毒素试验要求；"灭菌注射用水"为注射用水按照注射剂生产工艺制备所得的水，主要用于注射用灭菌粉末的溶剂或注射剂的稀释剂。制药企业由于某些特定生产工艺采用的水，如大容量注射剂使用的灌洗用水、初淋水、终淋水等必须分别符合药典关于饮用水、纯化水或注射用水的质量要求。

制药用水系统（以下简称制水系统）一般由若干制造单元设备组成。制水单元设备的配置主要取决于原水的水质及制剂工艺对水质的要求，由于原水水质的波动较大，制水系统出水质量往往是不稳定的，因此必须进行验证，然后严密地进行日常监测和控制。

制水系统验证的目的在于证明该系统能保证按照设计的要求稳定地生产规定数量和质量的合格用水，验证就是要提供这方面文字性的证据。要完成这一任务须要在一个较长的时间内，对系统在不同运行条件下进行抽样检验。

本章主要通过讨论制水工艺，包括水的制备、贮存、分配和微生物控制等影响制药用水质量的环节，确定制水系统验证中的具体试验项目和检测指标，并为制水系统日常监控的管理提供一个可靠的恰当的警戒参数。

对涉及制水单元设备的设计确认、安装确认等验证项目，由于篇幅所限，可参考相关验证专著，本章不予讨论。

第一节　制药用水标准及其选用

一、制药用水的标准

1. 饮用水标准

饮用水的质量必须符合国家生活饮用水卫生标准 GB5749 – 85（表 7 – 1）。

表 7 – 1　生活饮用水卫生标准 GB 5749 – 85

序号	检测项目名称	单位	国家标准	序号	检测项目名称	单位	国家标准
1	色度	度	<15	5	pH		6.5 ~ 8.5
2	浑浊度	FTU	<3	6	总硬度（以碳酸钙计）	mg/L	<450
3	嗅和味	级	不得有异嗅、异味	7	铁（以铁计）	mg/L	<0.3
4	肉眼可见物		不得含有	8	锰（以锰计）	mg/L	<0.1

续表

序号	检测项目名称	单位	国家标准	序号	检测项目名称	单位	国家标准
9	铜（以铜计）	mg/L	<1.0	23	铅（以铅计）	mg/L	<0.05
10	锌（以锌计）	mg/L	<1.0	24	银（以银计）	mg/L	<0.05
11	挥发酚类（以苯酚计）	mg/L	<0.002	25	硝酸盐（以氮计）	mg/L	<20
12	阴离子合成洗涤剂	mg/L	<0.3	26	三氯甲烷	μg/L	<60
13	硫酸盐	mg/L	<250	27	四氯化碳	μg/L	<3
14	氯化物	mg/L	<250	28	苯并（a）芘	μg/L	<0.01
15	氟化物	mg/L	<1000	29	滴滴涕	μg/L	<1
16	溶解性总固体	mg/L	<1.0	30	六六六	μg/L	<5
17	氰化物	mg/L	<0.05	31	细菌总数	个/mL	<100
18	砷（以砷计）	μg/L	<50.0	32	总大肠菌群	个/L	<3
19	硒（以硒计）	μg/L	<10.0	33	余氯	mg/L	<0.3
20	汞（以汞计）	μg/L	<1.0	34	总α放射性	Bq/L	<0.1
21	镉（以镉计）	mg/L	<0.01	35	总β放射性	Bq/L	<1
22	铬（以铬计）	mg/L	<0.05				

饮用水水质标准检测项目包括浑浊度、pH、总硬度、重金属与非金属离子、微生物限度等，其中"浑浊度"与"微生物"指标是制药用水控制的主要质量指标。

浑浊度是指水中均匀分布的悬浮及胶体状态的颗粒使水的透明度降低的程度。浑浊度的单位标准为 FTU，即每含有 1mg/L 标准土（白陶土、硅藻土）的浑浊液的浑浊度为一度。

微生物限度包括细菌和总大肠菌群的浓度限度，各个国家和地区的标准不完全相同。中国饮用水水质标准中规定细菌浓度应低于 100 个/ml，总大肠菌群浓度应低于 3 个/L。饮用水的其他各项理化指标也应达到规定的标准。

2. 纯化水的标准

纯化水系指饮用水中的电解质几乎已完全去除，不溶解胶体物质与微生物、溶解气体、有机物等也已被去除至很低程度。为确保用水过程中水质的高纯度，在使用前还需进行包括混合床与膜过滤等在内的终端处理。纯化水的水质标准见表 7-2。

3. 注射用水的标准

注射用水为纯化水经蒸馏所得的水。注射用水与纯化水的主要区别在于对水中微生物和热原物质污染水平的控制。《中国药典》（2005 年版）没有对纯化水的细菌内毒素加以控制，但对注射用水的细菌内毒素控制标准定为小于 0.25E.V./ml；并就防止微生物问题提出了原则的要求："注射用水必须在防止内毒素产生的设计条件下生产、贮藏及分装"。注射用水的水质标准见表 7-2。

欧美等国家药典对纯化水、注射用水的监控标准和我国药典有所不同。如美国药典（第 24 版）中对注射用水的监控标准除规定细菌内毒素控制标准为小于 0.25E.V./ml 外，还规定了制药企业自用的纯化水、注射用水需监测总有机碳（TOC）项目，指标分别为 0.5mg/L、0.5mg/ml。欧洲药典（2000 年增补版）对纯化水、注射用水均需监测总有机碳和电导率项目，其中总有机碳指标分别为 0.5mg/L、0.5mg/ml，电导率指标分别为 4.3μS/cm（20℃）、1.1μS/cm（20℃）。总有机碳指标在一定的意义上是水污染的宏观调控项目。各种有机污染物、微生物及细菌内毒素经过催化氧化后变成二氧化碳，进而改变水的电导，电导的数据又转换成总有机碳的量。如果总有机碳控制在一个较低的水平上，意味着水中有机物、微生物及细菌内毒素的污染处于较好的受控状态。

表7-2　中国药典2005年版纯化水、注射用水标准

检测项目	纯化水	注射用水
来源	本品为蒸馏法、离子交换法、反渗透法或其他适宜方法制得	本品为纯化水经蒸馏所得的水
性状	无色澄明液体，无臭，无味	无色澄明液体，无臭，无味
酸碱度	符合规定	5.0～7.0
氨	0.3μg/ml	0.2μg/ml
氯化物、硫酸盐与钙盐、亚硝酸盐、二氧化碳、不挥发物	符合规定	符合规定
硝酸盐	0.06μg/ml	0.06μg/ml
重金属	0.5μg/ml	0.5μg/ml
铝盐	—	—
易氧化物	符合规定	符合规定
总有机碳（TOC）（mg/L）	—	—
电导率（μS/cm）（20℃）	—	—
细菌内毒素		0.25E. U. /ml
微生物限度	100 个/ml	10 个/ml
微生物纠偏限度（CFU/ml）	—	—

二、制药用水的选用

药品生产企业应根据生产剂型、品种、制备工艺来选用制药用水。我国《药品生产质量管理规范实施指南》（2001 年版）规定了制药用水的选用原则，可供参考（表7-3）。

由于在制药生产中还使用纯蒸汽，因此表7-3 也将纯蒸汽的选用原则一并列入。

表7-3　制药用水的选用原则

水质类别	用途	水质要求
饮用水	1. 口服制剂用瓶的初洗 2. 药材、饮片的清洗、浸润、提取 3. 设备、容器的初洗 4. 制备纯化水的水源	应符合生活饮用水卫生标准（GB5749-85）
纯化水	1. 非无菌药品直接接触药品的设备、器具和包装材料最后一次洗涤用水 2. 注射剂、无菌药品用瓶的初洗 3. 非无菌药品的配液 4. 制备注射用水的水源	应符合《中国药典》标准
注射用水	1. 无菌药品直接接触药品的包装材料最后一次精洗用水 2. 注射剂配液	应符合《中国药典》标准
纯蒸汽	1. 无菌药品物料、容器、设备、无菌衣等物品的湿热灭菌处理 2. 培养基的湿热灭菌	纯蒸汽冷凝水应符合《中国药典》注射用水标准

第二节　制药用水的制备

制药用水的制备技术一般由若干水净化技术组成。我们在了解各种水净化技术的基础上，通过恰当的配置各类制水单元设备，才能获得符合药品生产要求的制药用水。

一、水净化技术的处理对象

水是一种良好的溶剂，能溶解多种固态、液态和气态的物质，原水中不仅含有各种盐类和化合物，溶有 CO_2、胶体；还存在大量的非溶解物质，包括黏土、砂石、细菌、微生物、藻类、浮游生物、热原等。因此水净化技术必须根据不同水源中杂质的成分、种类和含量制订不同的处理方法，才能生产出合格的制药用水。

水净化技术的处理对象包括：

1. 电解质

电解质是指在水中以离子状态存在的物质，包括可溶性的无机物、有机物及带电的胶体离子等，另外还有有机酸离子。电解质具有导电性，所以可以用测量水的电阻率或电导率的方法来反映此类杂质在水中的相对含量。

水的电阻率是指某一温度下（一般为 25℃），边长为 1 cm 的立方体水柱的相对两侧面间的电阻值，单位为欧姆·厘米（$\Omega \cdot cm$）。电导率为电阻率的倒数，单位为西门子/厘米（S/cm）。理论的"纯化水"应无任何杂质离子，不导电，电阻率为 $18.24M\Omega \cdot cm$。

2. 有机物

水中含有的有机物主要指天然或人工合成的有机物质，如有机酸、有机金属化合物等。这类物质体积庞大，常以阴性或中性状态存在。通常用总有机碳（TOC）测定仪或化学耗氧量法测定此类物质在水中的含量。

3. 颗粒物质

水中的颗粒物质包括泥沙、尘埃、有机物、微生物及胶化颗粒等，可用颗粒计数器来测定其中的含量。

4. 微生物

水中的微生物包括细菌、浮游生物、藻类及线虫类。可用培养法或膜过滤法测定其中含量。水中的微生物具有个体非常微小、种类繁杂、分布广、繁殖快、容易发生变异等特点，特别是细菌（包括病毒和热原）在条件适当时会在离子交换树脂、活性炭、贮水罐以及各种阀门与管道中高速繁殖。

5. 溶解气体

水中的溶解气体包括 N_2、O_2、Cl_2、H_2S、CO、CO_2、CH_4 等，可用气相色谱、液相色谱和化学法测定其含量。

二、水净化技术

水的净化技术是一个多级净化过程，每一级都除去一定量的污物，并为下一级净化做准备。净化系统应根据饮用水水质的特性及供水对象来设计。水净化技术有以下几类。

（一）过滤技术

在制药用水制备技术中，过滤技术起着十分重要的作用。过滤按其过滤机制一般分为深层过滤和表面过滤两类。若将过滤与广义的微粒（离子、有机物、热原、微生物、胶体等）联系起来，并将被过滤物由大到小作一排列，便可得到如下顺序：常规过滤——微孔过滤——超滤——反渗透。

1. 常规过滤

常规过滤属深层过滤，常用滤材有纸、玻璃纤维、精制棉等织物介质，石英砂、活性炭、白陶土等颗粒性滤材，玻璃、金属钛粉等材料烧结而成的多孔性滤材。过滤液体时粒子靠滤材内部曲折的孔道而被截留，截留率随压力的增加而下降。

砂滤器一般采用垫层和滤层组成的筒式过滤器，垫层滤材选用石英砂、锰砂，滤层滤材选用石英砂和无烟煤，滤层厚度增加，截污能力增强。滤材应有合适的级配和相对密度的差异，以便于进行反冲处理，当阻力增大 0.1MPa 时，即应反冲洗。砂滤器可以去除 10μm 以上的悬浮物并保护其下游设备如水软化设备或反渗透设备免受污染。

活性炭过滤器的滤材采用有着较多微孔和较大比表面积的活性炭。活性炭能有效地吸附原水中颗粒度在 (1×10^{-3}) ~ (2×10^{-3}) μm 的无机胶体、有机胶体和余氯，减少有机物对下游的反渗透膜的污染，保护树脂、渗透膜不与次氯酸钠等含氯氧化剂发生反应。

常规过滤器的监控措施有：

（1）监控压力和流速，以防止由于流速不当引起沟流或导致滤材的流失；

（2）定期对砂滤器进行反冲或更换滤材，防止长菌；

（3）定期对活性炭过滤器进行巴氏灭菌（80℃热水或蒸汽），一则杀菌，二则有利于解吸附及活性炭再生，通过反冲，恢复其功能。

2. 微孔过滤

微孔过滤的滤材和过滤器已在第四章讨论过，这里主要讨论微孔过滤器在水系统中的应用及控制措施。

在制备制药用水时，通常使用微孔过滤器作为反渗透等除盐设备的保安过滤器、用水终端的除菌过滤器以及制药用水贮罐的呼吸过滤器。过滤器常用的滤材有聚丙烯（PP）、聚偏二氟乙烯（PVDE）、聚四氟乙烯（PTFE）、尼龙、聚砜及金属复合膜等。

膜孔径为 3μm 的保安过滤器主要用于饮用水进入反渗透膜前的最后一道处理工艺，其作用是防止上道过滤工序有泄漏，起到保证反渗透膜安全的目的。监控措施是检测过滤前后水中的微粒情况，以确定保安过滤器的过滤能力。

膜孔径为 0.22μm 的微孔过滤器属于除菌级过滤器的范畴，可分为亲水性和疏水性过滤器两种。气体贮罐、制药用水贮罐的呼吸过滤器应使用疏水性过滤器。

过滤器常见的组合形式是将澄清过滤、常规过滤和除菌过滤组合在一起，如图 7-1 所示。

一般来说，应严格控制过滤器用于制水系统或水的分配回路，不允许在制药用水贮罐的出水口采用 0.22μm 级的微孔过滤器进行过滤。这是因为循环水系统中过滤器的上流侧会堆集大量的微生物，某些有机物的积累还可能会提高微生物生长的机会。当循环系统不流动时，这些微生物会对整个制水系统是一个潜在的污染源。

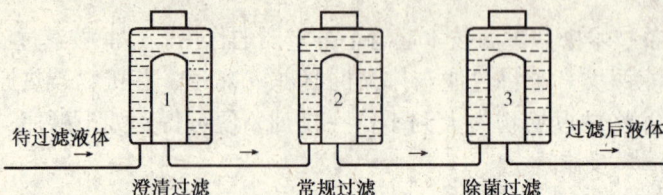

图 7 - 1　过滤器的组合方式

1.3μm 金属钛粉过滤器　2.1μm 膜滤器　3.0.22μm 膜滤器

监控措施有：

（1）在制药用水贮罐上使用疏水性呼吸过滤器时，过滤器上必须安装温控外套以防止蒸汽冷凝。在初次使用这类过滤器时应先灭菌处理，并制定定期灭菌、定期更换过滤器的制度；

（2）除菌过滤器在使用前及使用后应定期进行消毒并检测其完好性；

（3）监控过滤系统内水的压力和流速。

3. 超滤

超滤是制水中另一种类型的膜分离技术。超滤膜可用硝酸纤维素、醋酸纤维素、聚酯、聚砜等聚合体制成。超滤膜的孔径极小，有效孔径为 2～50nm，小于微孔滤膜而大于反渗透膜，主要用于分离大于膜孔径的有机体、胶体、微粒等。

超滤为十字流过滤，这种过滤方式是将待过滤液体的流动方向与滤材的设置方向相平行，当液体以一定的速度连续的流过超滤膜表面时，能以颗粒在滤材表面沉积相等的速度把颗粒排出系统外，从而实现滤膜表面的自我净化，不但可以减少更换滤膜的频率，也能保证稳定的过滤速度。

超滤在制药工业中的另一个重要的作用就是除热原。与活性炭除热原相比，超滤法除热原作用可靠，具有不必加热，药液的稳定性和澄明度好等特点，已被广泛用于注射剂生产中的药液过滤。

超滤装置运行的工艺参数与滤膜的过滤特性、待过滤的液体性质相关。不同的滤膜及滤液在不同的 pH 条件下，运行参数也各不相同。在纯化水的制备过程中，如选用聚砜滤材时，超滤装置运行的工作压力可控制在 0.7MPa 左右，滤液的温度不宜超过 45℃，pH可在 1.5～13 之间选取。

监控措施有：

（1）监控饮用水的总有机碳值；

（2）监控超滤装置运行的工作压力，监控液体流动状态始终处于湍流状态；

（3）定期进行超滤器的完整性试验；

（4）定期对超滤器消毒。

4. 反渗透

反渗透法制备纯化水的技术是在 20 世纪 60 年代随着膜工艺技术的进步而发展起来的，我国药典将反渗透法列为制备纯化水的法定方法之一。

反渗透是一种以压力为推动力的膜分离技术。反渗透膜是一种只允许水通过而不允许溶质透过的半透膜，其分离对象是溶液中处于离子状态的无机盐和相对分子质量为200以上的有机物、各种细菌和热原。反渗透法去除有机物微粒、胶体物质和微生物的原理，一般认为是机械的过筛作用（图7-2）。当两种不同浓度的水溶液（如纯水和盐溶液）被一半透膜隔开时，稀溶液中的水分子通过膜向浓溶液一侧自发流动，这一现象叫渗透。半透膜只允许水（溶剂）通过，而不允许溶解性固体（溶质）通过；由于稀溶液一侧水的渗透，浓溶液一侧的液面逐渐升高，水柱静压不断增大，当达到一定程度时，液面不再上升，渗透即达到动态平衡，这时浓溶液一侧高出的水柱即为渗透压；若在浓溶液一侧施加压力，当此压力超过渗透压时，则可引起浓溶液中的水向稀溶液（或纯水）反向渗透流动，这种现象就叫反渗透，结果实现水和盐的分离。

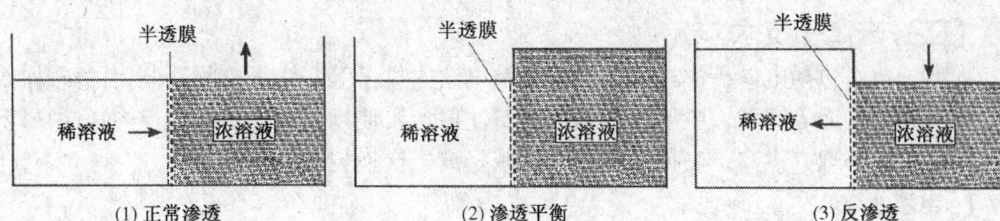

图7-2 反渗透除盐原理

反渗透技术应用的关键在于反渗透膜的性能。常用反渗透膜有醋酸纤维素膜和芳香聚酰胺膜两大类，其中醋酸纤维素膜透水量大、除盐率高，但不耐微生物侵蚀；芳香聚酰胺膜机械强度好，缺点是容易堵塞，性能衰减快。为了确保反渗透装置正常运行，选择并确定恰当的运行及监控参数是十分必要的，这些技术参数包括进水温度、pH、运行压力和进水水质等（表7-4）。

表7-4 反渗透装置的进水条件

项目	膜种类	
	醋酸纤维素膜	芳香聚酰胺膜
污染指数（FI）	<4	<3
水温（℃）	15~35	15~35
pH	5~6	3~11
运行压力	<2.20MPa	<2.20MPa
耗氧量（高锰酸钾法）	<1.5mg/L	<1.5mg/L
游离氯（Cl^-）	0.2~1mg/L	<0.1mg/L
含铁量	<0.05mg/L	<0.05mg/L

反渗透装置可采用适当的设计来改善系统的可靠性、出水的质量和装置的处理能力。例如采用"二级反渗透"串联工艺、用去离子装置与反渗透装置串联工艺来提高制水能

力，改善出水质量。一般情况下，一级反渗透装置能除去 90% ~95% 的一价离子、98% ~99% 的二价离子，能除去微生物和病毒，但除去氯离子的能力达不到药典要求。二级反渗透装置能较彻底地除去氯离子。有机物的排除率与其分子量有关，分子量大于 300 的化合物几乎全部除尽，故可除去热原。

反渗透装置的监控措施有：

（1）监控反渗透膜前端进料水的电导率、微生物污染程度及水的总有机碳水平；

（2）监控反渗透膜两端的压差（应小于基准状况压差的 15%）、渗透液流量（应不低于基准状况的 10%）、产品水中的盐含量（应小于基准状况的 10%）；

（3）定期清洗膜表面，根据膜表面的污垢种类确定合适的清洗剂（酸或碱）和清洗方法；

（4）定期进行反渗透装置的完整性试验，以确认反渗透膜的孔径及系统的密封性。

（二）去离子技术

去离子技术包括电渗析法、离子交换法及电法去离子等。离子交换法制得的纯化水可能存在热原、乳光等问题，主要供蒸馏法制备注射用水使用。电渗析法与反渗透法广泛用于饮用水的预处理，供离子交换法使用，以减轻离子交换树脂的负担。

1. 电渗析法

电渗析法是在外加直流电场作用下，利用离子交换膜对溶液中离子的选择透过性，使溶液中阴、阳离子发生离子迁移，分别通过阴、阳离子交换膜而达到除盐或浓缩目的。

当饮用水中含盐量高达 1000mg/L 以上时，若直接用离子交换树脂处理，树脂将很快失去活性。而电渗析法就比较适用，一般情况下电渗析器的进水水质指标要求如表 7 –5。但电渗析法制得的水纯度不高，比电阻一般在 5 ~10 万 $\Omega \cdot cm$ 之间。

表 7 –5　电渗析器的进水条件

检测项目	单　位	数　值
水温	℃	5 ~40
耗氧量（高锰酸钾法）	mg/L	<3
游离态余氯	mg/L	<0.1
铁	mg/L	<0.3
锰	mg/L	<0.1
污染指数（FI）	mg/L	<10

电渗析装置要求定期交换阴阳两极并冲洗，以保证系统的处理能力。因此电渗析多使用在纯化水系统的前处理工序上，作为提高纯化水水质的辅助措施。

2. 离子交换法

离子交换法采用离子交换树脂，利用正负电荷相互吸引的原理，去除水中绝大部分阴、阳离子，对热原、细菌也有一定的清除作用。常用的离子交换树脂有阳、阴离子交换树脂两种，如 732 型苯乙烯强酸性阳离子交换树脂，极性基团为磺酸基，可用简式 $RSO_3^- H^+$（氢型）或 $RSO_3^- Na^+$（钠型）表示；717 型苯乙烯强碱性阴离子交换树脂，极性基团为季铵基，可用简式 $RN^+ (CH_3)_3 OH^-$（羟型）或 $RN^+ (CH_3)_3 Cl^-$（氯型）表示。

离子交换法处理饮用水的工艺一般可采用阴床、阳床串联，也可以设计成混合床的形式，混合床中阴、阳树脂应以一定比例混合组成。大量处理饮用水时，为减轻阴树脂的负担，常在阳床后加脱气塔，以除去二氧化碳。树脂有一定的交换容量，必须用酸和碱定期再生处理。一般阳离子树脂用盐酸或硫酸再生，即用氢离子置换被捕获的阳离子；阴离子树脂用氢氧化钾或氢氧化钠再生，即用氢氧根离子置换被捕获的阴离子。

离子交换法的优点是再生剂都具有杀菌效果，因此交换系统中微生物的滋生能得到有效的控制。

3. 电法去离子

电法去离子也是一种离子交换系统，它使用一个填充在电池模堆中的混合树脂床，采用选择性渗透膜及电极，以保证制水过程的连续进行和树脂的连续再生。

如图 7 - 3 所示，当饮用水通过树脂时，通过离子交换而成为去离子水，在电位差的作用下，被树脂捕获的阳离子或阴离子通过渗透膜向阴极或阳极方向移动，最终进入浓缩室脱除；与此同时，随着脱盐量的增多，脱盐室的电阻率随之升高，电离分解生成 H^+ 和 OH^-，使脱盐室内的树脂始终处于连续再生状态，为高效连续脱盐创造了条件。

电法去离子装置的特点是脱盐率高，树脂无需使用酸碱再生。该装置效率高于电渗析法，又克服了普通离子交换技术需用腐蚀性很强的再生剂、需要备用离子交换设备的缺点。当进水的电导率低于 $40\mu S/cm$ 时（电法去离子系统的进水条件见表 7 - 6），出水的电阻率一般超过 $17.5 \sim 18M\Omega \cdot cm$（25℃），具有较高的出水质量。电法去离子技术已在制水系统中得到广泛的应用。

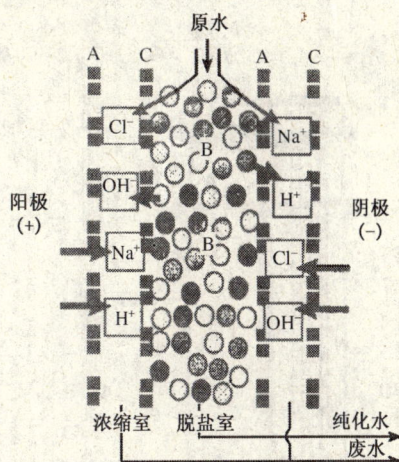

图 7 - 3　电法去离子原理示意图
A. 阴离子交换膜　B. 混合树脂床
C. 阳离子交换膜

表 7 - 6　电法去离子系统的进水条件

检测项目	单位	数值	检测项目	单位	数值
电导率	μs/cm	<40	CO_2	mg/L	<1.0
pH	—	4~9	余氯	mg/L	<0.05
总硬度	$CaCO_3$	<0.03	Fe、Mn、H_2S	mg/L	<0.01
SiO_2	mg/L	<0.5	淤集密度指数（15min）	—	<3
总有机碳（TOC）	mg/L	<0.5	浊度	FTU	<1.0

（三）水蒸馏技术

水蒸馏系统通过加热蒸发、汽液分离和冷凝等过程，对水中不挥发性有机物、无机物包括悬浮体、细菌、病毒、热原等杂质有很好的去除作用。蒸馏过程有许多种设计方法，包括重蒸馏法、多效蒸馏法和气压式蒸馏法等。

注射用水的质量受到蒸馏水器的结构、性能、金属材料、操作方法以及原水水质等因素的影响很大。塔式重蒸馏水器采用抑阻水滴雾沫的隔沫装置和废气排出装置往往达不到理想的结果。气压式蒸馏水机是利用离心泵将蒸汽加压，以提高蒸汽的利用率，而且无需冷却水，但耗能大。多效蒸馏水机克服了塔式重蒸馏水器和气压式蒸馏水机的缺点，具有耗能低，产量高，质量优良，能将原水中的细菌内毒素下降 2.5～3 个对数单位等特点，已在我国制药企业中得到广泛应用。

衡量一台蒸馏水机性能的好坏的指标主要是设备的产水量、去除热原的能力以及纯蒸汽冷却后的蒸馏水是否容易受到冷却水的污染等。多效蒸馏水机的设计特点有以下几个方面：

1. 蒸发器的设计特点

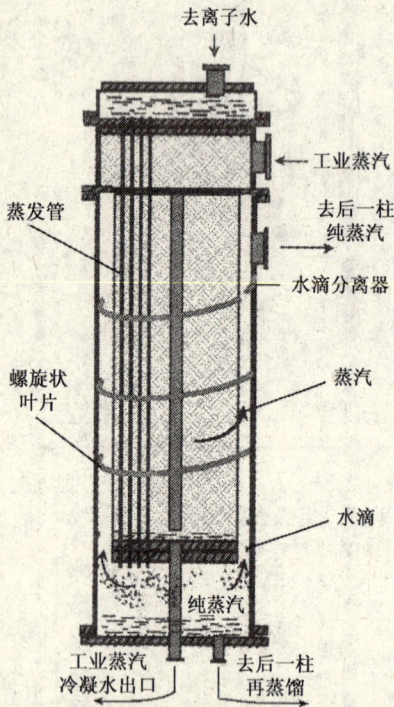

图 7-4 第一级蒸发器结构简图

多效蒸馏水机通常由 3～5 个蒸发器、冷凝器及一些控制元件组成。蒸发器内的两个立式筒体采用外壳衬内胆结构设计，由内胆通入工业蒸汽，用于加热纯化水，蒸汽的冷凝水则由底部排放至凝水管道；外壳用于收集蒸发产生的纯蒸汽及没有被蒸发的纯化水。以第一级蒸发器为例（图 7-4），其运行特点是：高压下喷入蒸发器内的纯化水在蒸发管壁形成水膜并快速蒸发成蒸汽。蒸发器内部设螺旋管板高速离心装置，已蒸发的蒸汽以高速汽流的形式进入一段狭窄的螺旋形通道，自下而上旋转上升，蒸汽中夹带的杂质及液滴由此获得了一个 500g 以上的离心力，并被甩向汽流的外侧积聚在蒸发器外壳体的内表面上，靠重力向下流至蒸发器的底部，与经预热的新鲜纯化水混合，进入第二级蒸发器继续蒸馏。与此同时，已蒸馏纯化的汽则从顶部经出口进入第二级蒸发器作为第二个蒸发器的热源，它与第二级蒸发器的进水热交换后，变成注射用水。这种采用螺旋式旋风分离结构的蒸馏水机对热原、微粒等杂质能可靠地分离。

2. 冷却器的设计特点

冷却器用于将汽液两相间的纯蒸汽与蒸馏水的混合液冷却成为蒸馏水，冷却水采用具有纯化水质量的去离子水，由于蒸馏水和去离子水具有相似的离子质量，此时使用电导仪不能监控微生物含量，如果因冷却水端不锈钢管发生腐蚀而形成针状小孔时，将会造成看不见的泄漏污染危险。冷却器的设计主要考虑防止因泄漏引起的污染，防止方法是采用双重管壁设计（见图 7-5），并将蒸馏水侧与冷却水侧设为正压力，以防止万一泄漏时可分别由冷却水泄漏通道和蒸馏水泄漏通道完全排泄。

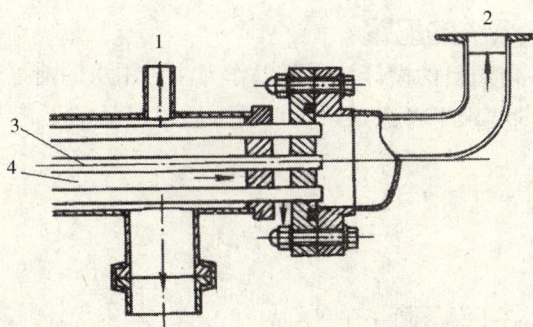

图7-5 冷却器的双重管壁结构示意图
1. 出汽管；2. 冷却出水管；3. 冷却水泄漏通道；4. 蒸馏水泄漏通道

3. 配水管道设计特点

纯化水与注射用水的配水管道在设计时要求系统串联循环，管道与阀门管件采用316L不锈钢制造，系统管道内壁要求机械抛光或机械＋电抛光，提高管壁的光洁度。注射用水系统的管道设计应将死水段减至最少或彻底消除，见图7-6。著名的"6D"经验规则要求将死水段的长度限制到支管段管径的6倍以内，但对最大允许死水段的实际长度，应避免死搬硬套的做法。

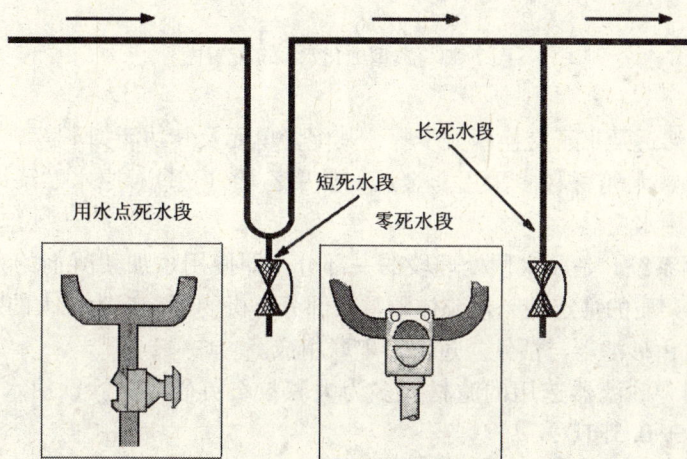

图7-6 减少死水段的配水管道设计

水蒸馏系统对原料水的水质要求没有膜处理系统严格，但在系统开机和运行间，应注意杂质的聚集、蒸发器溢流、死水、泵和蒸汽压缩机的密封性设计以及水的电导率变化。

三、制水系统的单元配置

纯化水、注射用水系统可以有多种单元配置形式，无论采用哪一种配置形式，都必须对制药用水的制备、贮存、分配输送和微生物污染采取有效的控制手段。

（一）典型纯化水系统的配置

纯化水系统可以单一使用目的设计，也可以作为注射用水的前道工序来处理。在选择配置时，应在符合 GMP 的要求下考虑到原料水的水质、产品的工艺要求及企业的其他实际情况。

典型纯化水系统的配置见图 7 - 7。

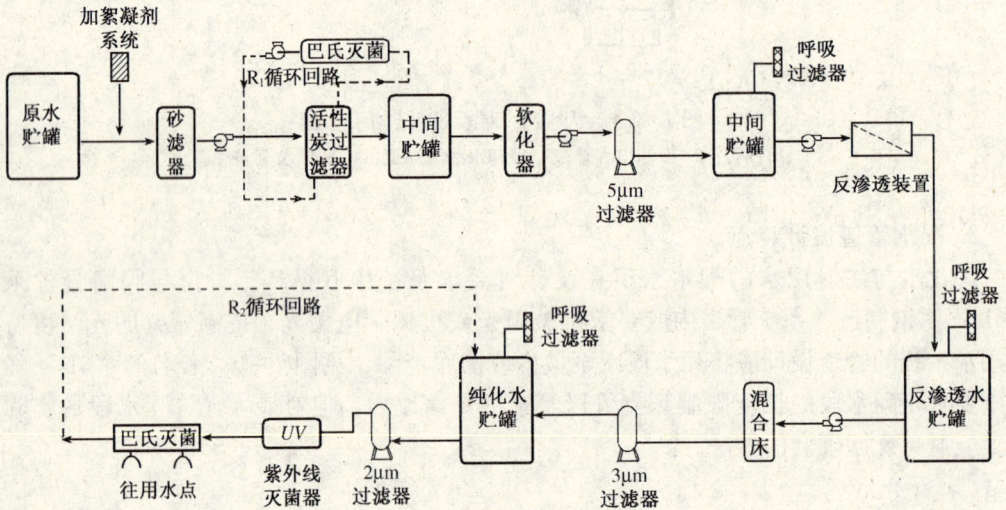

图 7 - 7　典型纯化水系统配置图

主要采取反渗透及离子交换两大步骤，其配置单元及其功能如下：

1. 原水贮罐　水箱材料多采用非金属，如聚乙烯（PE）。原水贮罐设置高、低水位计，动态检测贮罐水位。

2. 加絮凝剂系统　是原水预处理段的一部分，即使用添加絮凝剂的方法来破坏原水中处于溶胶状态杂质的稳定性，使胶体颗粒及部分有机物等凝聚为较大的颗粒。

3. 粗滤器　由砂滤器与活性炭过滤器串联组成。

（1）砂滤器　砂滤器选用的滤材大多为大颗粒石英砂，去除饮用水中的絮状杂质，出水的浊度应小于 0.5FTU；

（2）活性炭过滤器　后续反渗透处理工序有一个重要的进水指标，即余氯量要求小于 0.1mg/L，为此配置了活性炭过滤装置。活性炭过滤器在系统中主要具有两个处理功能，一是吸附有机物，二是脱氯。

经以上二级处理，原水的纯度能得到很大的提高，水中余氯含量应小于 0.1mg/L。

4. 软化器　软化器是利用钠型阳离子树脂中可交换的 Na^+ 交换水中的 Ca^{2+}、Mg^{2+}，达到软化水的目的，以提高反渗透膜的工作寿命。由于再生液中的 Cl^- 能使金属腐蚀，因此软化器罐体宜采用玻璃钢外壳内衬聚乙烯（PE）胆。

5. 保安过滤器　通常采用滤膜孔径为 5μm 级的筒式过滤器，滤芯材料为聚丙烯

（PP）。保安过滤是原料水进入反渗透膜前的最后一道精滤工艺，其作用是防止上一道过滤工序可能存在的泄漏，使反渗透膜阻塞。

6. 反渗透机 由于反渗透出水偏酸性，因此机壳应选耐腐蚀的材料。反渗透系统的总脱盐率应大于97%。

7. 混合床交换装置 为了进一步提高水的电导率，通常在反渗透机后设置离子交换装置，出水的电阻率应≥2MΩ·m。

8. 终端过滤器 经混合床处理后的水中有可能存在树脂残片或微小颗粒，为保证用水点的最终水质，往往在混合床交换装置后以及用水回路中设置1～2个孔径为2～3μm级的终端过滤器。

（二）典型注射用水系统的配置

典型注射用水系统的配置见图7-8，主要采取多效蒸馏水机及配水循环水路两大步骤。

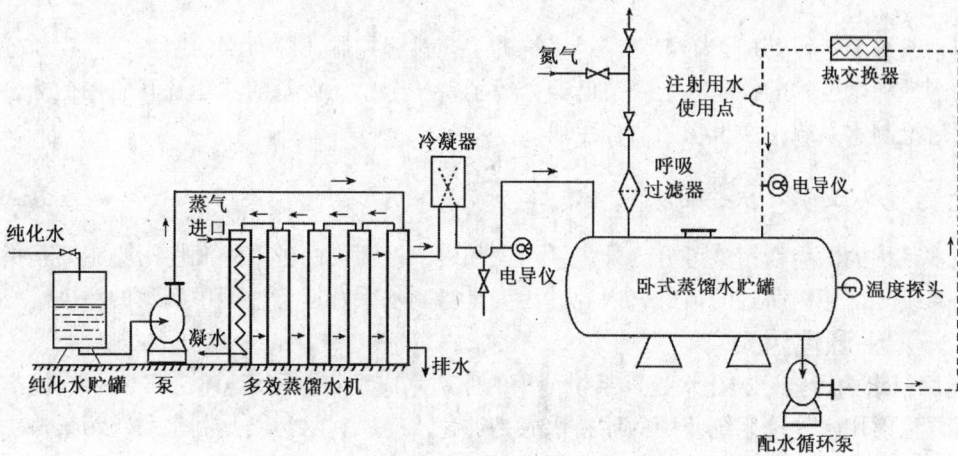

图7-8 典型注射用水系统配置图

其配置单元及其功能如下：

1. 纯化水贮罐 纯化水贮罐使用304L不锈钢制造，通常作为蒸馏水机的原水贮罐。纯化水贮罐应设置高、低水位计，动态检测罐内水位高度；罐内进水管道上设置喷淋球，以保持罐内顶部及四周的湿润，不受罐内贮水变化的影响；罐内顶部设置0.22μm级呼吸过滤器，以避免罐内水位变化时罐外污染空气对纯化水的污染。

2. 多效蒸馏水机 多效蒸馏水机能对电导率、pH等出水指标进行在线监控，并具有自动排放不合格水的能力。多效蒸馏水机的蒸发管道和冷却器应采用316L不锈钢制造。

3. 注射用水贮罐 系统中设置注射用水贮罐的目的是根据工艺用水情况调控用水峰谷。注射用水贮罐内配备了高、低水位计、喷淋装置、自动控温装置和充氮保护装置。高、低水位计用于动态检测罐内水位高度，喷淋装置用于在线清洗，自动控温装置可按照工艺用水要求调节水温，充氮保护装置主要针对产品工艺对注射用水有特殊要求时启动。

4. 配水循环泵　配水循环泵应该是卫生级泵，由 316L 不锈钢材料制造。该泵应具有较高的压头，使注射用水循环系统中的水能够以 2m/s 以上的较高流速、呈湍流状态流动，达到控制循环管内壁微生物膜的生成。

5. 热交换器　注射用水系统在配水循环回路中设置热交换器的作用是使系统中的水温始终保持在较高的温度（例如 80℃）以上，以控制系统微生物的生长；冷却器的作用是将系统中较高的水温冷却至用水点所需温度，例如 40℃ 以下。

6. 配水循环回路　配水循环回路的管道阀门应无盲管和死水区域，注射用水系统与其他制水系统之间不得以阀门相接，管道内部注射用水呈湍流状态，并要求流出循环系统的水不得返回系统。配水循环回路应配备电导仪、温度和压力仪、液位显示与控制仪等监控设施，以保证当水的电导率达不到设定标准时，能将不合格的水自动排放而不进入贮罐。

第三节　制水系统的消毒与灭菌

制水系统的运行管理，着重强调对系统的工艺过程控制，即对水的制备、贮存、分配系统的管理和微生物的控制。上一节已经介绍了每一个单元设备的功能及其监控指标，本节主要讨论制水系统中微生物的监控手段。

一、微生物污染的来源

制水系统的微生物污染可分为外源性污染和内源性污染两种。外源性污染主要是指原料水及系统外部原因所致的污染，内源性污染是指制水系统运行过程中所致的污染。

（一）外源性污染

1. 原料水的污染　纯化水处理系统使用的原料水应是符合国标 GB－5749－85 标准的饮用水，注射用水处理系统使用的原料水应是纯化水。原料水污染是制水系统污染最主要的外源性污染源；

2. 过滤装置的污染　贮罐排气口使用的呼吸过滤器质量不完善而造成污染；用于系统的压缩空气中存在污染菌；

3. 压缩空气的污染　系统使用压缩空气时，可因压缩空气中存在的污染菌造成污染。

（二）内源性污染

制水系统中各个单元设备以及配水管道系统的内表面、阀门等均可能成为系统中主要的微生物内源性污染源。生物膜是某些种类的微生物生存于低营养环境下的一种适应性反应。存在于进料水中的微生物容易被吸附在活性炭床、离子交换树脂、过滤器膜和其他制水单元的内表面上，并逐渐形成生物膜，从而成为制水系统内部持久性的微生物污染源。

无论是外源性污染或是内源性污染，最终都可能导致热原污染。

二、消毒与灭菌方法

注射用水系统和纯化水系统中的微生物污染是一个严重的问题。我国 GMP 要求，对制水系统中的微生物必须进行检测和控制。对于制水系统中的微生物控制，基本上是通过对水的制备、贮存单元设备和配水管道进行消毒灭菌来实现的。消毒与灭菌的方法包括热力灭菌法、化学消毒法、紫外线消毒等。

（一）热力灭菌法

1. 巴斯德灭菌

巴斯德灭菌是法国科学家巴斯德（1822～1895年）发明的灭菌法，又称巴氏灭菌，当时主要用于牛奶或啤酒等饮料的消毒。实验证明，多数水生的细菌不能在高于60℃的温度条件下增殖，这是巴氏灭菌程序将水温控制在80℃以上、连续循环2小时灭菌的理论基础。

现以纯化水系统为例，说明巴氏灭菌的基本程序和重点部位。从图7-7中可以看出，纯化水系统中有两个配置单元采用巴氏灭菌，以减少内源性污染风险。一个配置单元是活性炭过滤器，活性炭吸附了有机物、悬浮粒子，不仅富集了微生物，而且造成了微生物生长的有利条件；另一个配置单元是用水回路。灭菌时，由热交换器将水加热至80℃以上（如80～85℃），然后用卫生级泵进行局部循环，在灭菌程序结束时再进行反冲，可有效地消除微生物的污染，并使活性炭再生。

采用这一灭菌手段的纯化水系统，其微生物污染通常能有效地控制在低于50CFU/mL、细菌内毒素可控制在5EU/ml的水平。

2. 蒸汽灭菌

蒸汽灭菌主要适用于注射用水系统。蒸汽灭菌系指采用纯蒸汽对注射用水系统（包括贮罐、泵、过滤器及使用回路等）进行灭菌处理。制备纯蒸汽的方法有两种，一种是从多效蒸馏水机第一个蒸馏器中得到，另一种则由专门的纯蒸汽发生器制取，无论采用哪一种方法，必须保证制备的纯蒸汽是已去除细菌内毒素的蒸汽。

蒸汽灭菌可根据纯蒸汽发生器的能力和制水系统的复杂程度，选择115.5℃、30min、121.5℃、20min或126.5℃，15min条件进行灭菌。

现以注射用水系统蒸汽灭菌为例，说明蒸汽灭菌的要点：

（1）注射用水管道进行灭菌时，纯蒸汽压力为0.2MPa；

（2）当管道内温度升至121.5℃时开始计时，灭菌35min。灭菌指示带应变色，否则须重新灭菌；

（3）如产品工艺需要，灭菌后宜用除菌过滤的氮气对贮罐充氮保护。

（二）化学消毒

热力灭菌法能够控制生物膜的形成，但它不能破坏已经形成的生物膜。因此有必要用各种简单实用的化学消毒方法进行补充控制。

用于处理贮罐和配水管道的化学消毒剂有次氯酸钠、过氧化氢、臭氧等，它们通过形成过氧化物及其自由基来氧化细菌和生物膜。

次氯酸钠的杀菌作用可靠，可用于原料水的消毒。使用游离氯浓度达万分之三的次氯酸钠能消除生物膜，但余氯对装置有一定腐蚀性。浓度为5%的过氧化氢杀菌效果好，但对管道内壁生长的生物膜不起作用，且残余物难于消除。利用水电解法产生的臭氧，即使在0.1～0.2mg/L的浓度下，也能将细菌量控制在100CFU/ml以下。臭氧灭菌的优点在于臭氧比次氯酸钠的氧化性强两倍，不产生副产品，残余臭氧可利用紫外线的降解作用去除。

（三）紫外线消毒

紫外线消毒法与传统的热力灭菌法或化学消毒法配合使用效果明显，不但能够有效地延长热力灭菌法两次灭菌之间的时间间隔，而且有利于过氧化氢和臭氧的降解。

通常在制水系统中的第一使用点前安装一个紫外线杀菌器，在系统开始使用前开启，制药用水停止不用时关闭。高紫外放射量的紫外杀菌装置可以将纯化水管道中的臭氧减少到可测点以下。

三、消毒灭菌的频率

制水系统消毒灭菌的频率应根据系统监控结果来决定。由于系统中微生物大都来自管壁和罐壁的微生物膜的持续性污染，因此浮游微生物的数量能够指示系统的污染水平，是制水系统警戒水平的依据。取样频率应能确保系统始终处于监控状态下运行。

第四节　制水系统的工艺验证

制水系统工艺验证的目的是通过检查、试验及长期运行，确定制水系统的适用性。纯化水和注射用水系统的工艺验证应单独进行，但是它们的预处理设备往往是共用的，所以这些预处理设备的安装确认、运行确认可以一起完成。

一、制水系统的运行控制标准

水作为药品生产中的原料，不得给药品生产带来不安全的风险，因此制水系统的运行状态必须加以监控，除控制理化指标及微粒污染外，必须有效地处理和控制微生物及细菌内毒素的污染，以保证制药用水的质量。

按照国际惯例，制水系统的运行控制标准是指对系统设立一个警戒水平或纠偏限度，其目的是便于及时发现系统运行中的不良趋势，避免不合格的水用于生产过程。

1. 警戒水平

警戒水平是指制水系统污染微生物的某一水平，监控结果超过它时，表明制水系统有偏离正常运行条件的趋势。警戒水平的含义是报警，尚不要求采取特别的纠偏措施；

2. 纠偏限度

纠偏限度是指制水系统污染微生物的某一限度，监控结果超过此限度时，表明该系统已经偏离了正常的运行条件，应当采取纠偏措施，使系统回到正常的运行状态。一般情况下微生物的纠偏限度设定为：原料水的好氧菌总数小于 500 个/ml，纯化水的好氧菌总数小于 100 个/ml，注射用水的好氧菌总数小于 10 个/ml。

从设立运行控制标准的目的可以看出，制水系统运行控制标准与产品质量标准不同，它仅用于系统的监控，而不是用以判断产品是否合格。警戒水平和纠偏限度是建立在工艺和产品规格标准的基础上，并考虑到产品的安全因素而设定的标准，超出警戒水平和纠偏限度时，并不意味着产品已出现质量问题。当然也不允许制水系统在持续超过纠偏限度条件下运行。

二、制水系统工艺验证的实施过程

制水系统工艺验证可分为三个阶段实施。

1. 安装确认

安装确认是工艺验证的第一阶段。当确认所有设备和管路均已正确安装并能按要求运行后则可进入安装确认阶段。在这一阶段，应通过对系统中主要设备和管路的验证，建立运行参数、清洁与消毒规程及其频率。验证时应按预先设定的取样方案和监控计划执行。

2. 运行确认

运行确认也称为同步验证阶段，是工艺验证的第二阶段。在该阶段，是对进入贮罐和配水管网上的各个用水点的水质进行评价，以证明制水系统按标准操作规程运行，能始终稳定地生产出符合质量要求的水。验证时应按预先设定的取样方案和监控计划执行。

3. 长期考察阶段

长期考察阶段是工艺验证的第三阶段，目的是证明在相当长时间内（通常是1年），系统能始终稳定地生产出符合质量要求的水。在此阶段，应根据验证过程所积累的数据，找出因原料水的任何质量变化而给系统运行和成品水质造成的影响，确定警戒水平和纠偏限度。

三、制水系统工艺验证的项目

（一）纯化水系统工艺验证的项目

典型的纯化水系统的工艺为：

原水（国标饮用水）→原水水箱→原水泵→砂滤器→活性炭过滤器→软化器→保安过滤器→高压水泵→反渗透装置→中间泵→混合床交换装置→微孔过滤器→纯化水贮罐→紫外线灭菌装置→配水环路

实施工艺验证的前提条件是系统必须处于正常运行状态，然后对各单元设备的性能以及运行过程中采取的相应措施安排监控，并对监控数据进行分析。

1. 砂滤器的性能监控

对原料水和经过砂滤器处理后的水的pH、余氯（Cl^-）、浊度进行监控，要求经处理后，其浊度小于0.5FTU。

2. 活性炭过滤器的性能监控

监控的目的是确认活性炭过滤器除去余氯和有机物的能力。试验的方法为：在活性炭过滤器前后取样，检测水中的余氯含量和微生物数量，一般要求处理后水的污染指数SDI≤5.0、余氯量<0.1mg/L。通过监控应确定处理活性炭过滤器的最短周期，进而制定出恰当的标准操作规程。

3. 软化器的性能监控

监控软化器处理前后的钙镁离子浓度、胶体硅和溶解硅及树脂、固体总量等。试验的方法为：在软化器前后进行取样，检测软化处理前后的Ca^{2+}、Mg^{2+}被$RSO_3^-Na^+$型树脂中的Na^+置换的程度，为后级制水工序的质量控制提供依据。

4. 反渗透装置的性能监控

反渗透装置的性能监控是纯化水系统工艺验证的重要环节。监控主要围绕设备的脱盐能力、反渗透膜的生命周期和出水质量进行，即在反渗透装置前后取样，通过检测水中的含盐量来确定其实际的脱盐能力，除盐率应大于97%，剩余的含盐量应控制在0.1mg/L以下。

5. 混合床交换装置的性能监控

监控混合床交换装置处理前后水的pH、电导的变化，检测微生物、热原。并监控混合床交换装置下游侧有无破碎树脂微粒。通常纯化水的电阻应大于$2M\Omega$。

6. 过滤器的完整性确认

通过对过滤器的完整性确认，证明该过滤器对系统的适用性。孔径为$3\mu m$、$2\mu m$的过滤器可通过过滤器保压试验确认。操作方法见第四章。

7. 纯化水贮罐与管道系统的性能监控

（1）纯化水贮罐的性能监控　该项监控主要针对贮罐中的贮水量、保存时间、贮水温度、贮罐的排水情况、贮罐的在线清洗效果和清洗的周期等进行。尤其要关注贮水的微生物控制状态，通过高频率的取样，检测了解贮罐内部形成生物膜的可能性，并以此检测数据为参考依据，确定贮水的最大保存时间和警戒时间，制定贮罐的在线清洗程序和安全的清洗周期。

（2）纯化水管道系统的性能监控　该项监控有两方面内容，一是确认选用管道、管件、阀门的材质，管道的安装连接方法对制水系统的适用性。监控方法是通过复核工程公司提供的系统文件来证明。二是对纯化水流动状态的监控，其目的是证明系统控制管道内微生物滋生，阻止微生物膜生长的能力。监控方法是通过一定时间内的出水量来判断管内流速（管径已知）和流速分布情况，流速应大于2m/s。

8. 消毒灭菌效果监控

对系统消毒灭菌程序进行监控的目的是，证明其降低和控制微生物污染的能力是否能够达到合格的水平。

（1）巴氏灭菌效果监控　活性炭过滤器和软化器上流侧的活性炭层和树脂层是微生物的聚集处，巴氏灭菌装置定期灭菌可控制微生物的数量。在巴斯德灭菌处理前后取样，检测水中微生物的数量，监控工作应证明整个系统的温度都达到了灭菌要求的温度；进而确定巴氏灭菌的最短周期，制定出恰当的标准操作规程。

（2）紫外线消毒效果监控　通过检测，在保证紫外线杀菌强度的前提下，合理地确定灯管的更换周期，并以此监控数据制定管理和维护保养程序。系统如采用臭氧消毒装置，紫外线的消毒效果应包括使用点无臭氧存在。

（3）加药系统的抑菌效果监控　在监控化学消毒法时，重点要求证明达到最低浓度要求的消毒剂（如NaClO）遍布于整个系统，消毒结束后水中的化学残留物（如Cl^-）已有效去除。

（4）反渗透膜药洗系统的监控　应围绕药洗处方对膜的恢复能力和反渗透装置抵抗微生物污染的能力进行监控。

（二）注射用水系统工艺验证的项目

典型的注射用水系统的工艺为：

纯化水→多效蒸馏水机→注射用水贮罐→配水循环泵→热交换器→配水环路

当注射用水系统按照设计要求正常运行后，应对系统单元设备的性能安排监控。

1. 多效蒸馏水机的性能监控

多效蒸馏水机的性能监控分为设备的确认和水质的监控。设备的确认内容主要是检验多效蒸馏水机的第一效蒸馏器中壳管式换热器双重管壁结构的完好性。出水质量的监控应依据《中国药典》质量标准进行检验，特别是细菌内毒素的检验。

2. 配水循环泵的性能监控

注射用水系统中采用的输送水泵应为卫生级离心泵。该泵应具有较高的压头，保证循环系统中水的流动速度始终处于湍流状态所要求的 2m/s 以上。配水循环泵出水口应采用 45°角，保证泵内上部无容积式气隙（图 7-9）。泵体必须具有端盖易拆卸、排水彻底、清洗方便等功能。

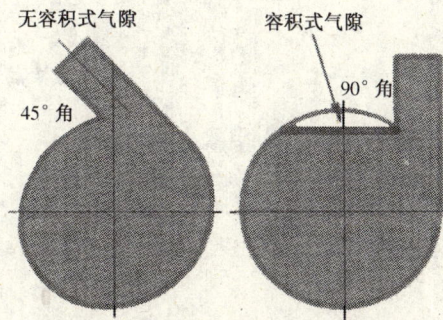

图 7-9 注射用水泵的出水口角度

3. 热交换器的性能监控

热交换器的性能监控内容包括换热能力、避免冷却水和注射用水之间混流的措施。如双重管壁结构的密封完好性，运行中注射用水系统与冷却水之间是否保持适当的压力差（0.10~0.15MPa）等。

4. 管道内注射用水流动速度的确认

水流的"湍流状态"可控制管道系统内微生物的滞留滋生，减少微生物膜生长的可能性。监控方法是通过一定时间内的出水量来判断管内流速（管径已知）和流速分布情况，流速应大于 2m/s。

四、制水系统工艺验证的合格标准

根据取样规程，水质检测分为 3 个验证周期，每个周期为 5~7 天，每天对纯化水贮罐、总送水口、总回水口及各使用点取样，分析纯化水水质，水质检测项目包括化学指标、温度、电导率及微生物指标等。纯化水内控合格标准和注射用水内控合格标准应按照《中国药典》并参照欧美国家药典制定（见表 7-7、表 7-8）。

表7-7   纯化水内控合格标准

项目	合格标准	项目	合格标准
pH	5.0~7.0	细菌数	无
电导率	4.3μS/cm (20℃)	其余化学指标	符合中国药典标准
总有机碳	0.5mg/L	微生物纠偏限度	100 个/ml

表7-8   注射用水内控合格标准

项目	合格标准	项目	合格标准
pH	5.0~7.0	细菌内毒素	0.25E.U./ml
电导率	1.1μS/cm (20℃)	其余化学指标	符合中国药典标准
总有机碳	0.5mg/ml	微生物纠偏限度	10 个/ml

第八章 注射剂生产过程验证

注射剂是指一类最终产品采用湿热灭菌法制备的灭菌液体制剂，按其分装量的大小可分为小容量注射剂和大容量注射剂两类，除了配液、过滤、设备清洗等共性作业外，它们的制备方法和对质量控制的要求都不一样，因此验证将分为两部分叙述。

第一节 小容量注射剂的生产过程验证

小容量注射剂是指装量小于 50ml、以注射用水为主要溶剂、最终产品采用湿热灭菌法制备的灭菌液体制剂。大部分小容量注射剂的热稳定性较差，特别是药物分子结构中具有酚羟基、烯醇的药物，在氧、金属离子、光线、温度等作用下降解速度加快，虽采取加入抗氧剂和采用惰性气体保护等措施仍不能完全解决热敏问题。因此很多品种不得不采用流通蒸汽 30min 或 15min 的灭菌条件，产品的无菌保证存在很大的质量风险。为保证产品的安全性，必须对生产全过程实施防污染措施。

一、生产过程管理要点

（一）生产环境

1. 浓配、粗滤工序的环境要求：十万级；
2. 稀配、精滤工序的环境要求：一万级；、
3. 安瓿的最终处理、灌封工序的环境要求：万级背景下的局部百级。

（二）注射用水

80℃以上保温、65℃以上循环保温或4℃以下冷藏，贮存时间不超过 12 小时。

（三）滤材

1. 药液用孔径为 0.22 ~ 0.80μm 级微孔滤膜过滤。不得使用含有石棉的滤材。
2. 砂棒按品种专用，同品种连续生产时，要每天清洗灭菌。
3. 使用 0.22μm 微孔滤膜时，先用注射用水漂洗或压滤至无异物脱落，并在使用前后分别做起泡点试验。

（四）设备、管道与容器

与药液接触的设备、管道与容器按清洁规程做清洁处理。

（五）控制工艺过程的时限

1. 灭菌后的安瓿宜立即使用或在洁净环境中存放，安瓿贮存不得超过两天。
2. 药液自溶解至灭菌应在 12 小时内完成，已灌装的半成品应在 4 小时内灭菌。

（六）惰性气体与压缩空气

直接与药液接触的惰性气体与压缩空气需经净化处理，所含微粒、杂菌数应符合

规定。

二、工艺流程

小容量注射剂的生产工艺可分为单机灌装工艺和洗灌封联动工艺两种。洗灌封联动工艺流程及环境区域划分见图 8 - 1。

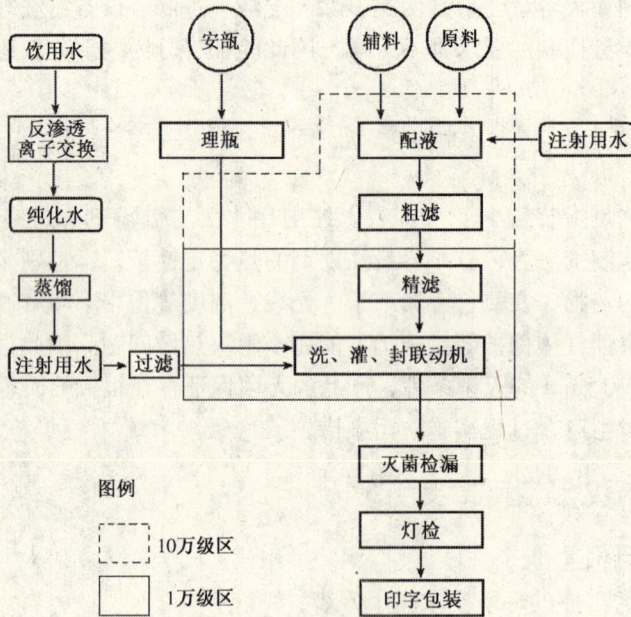

图 8 - 1 小容量注射剂洗灌封联动生产工艺流程

三、生产环境验证

受控环境的验证包括洁净区的性能确认和净化空调系统、制水系统的能力确认，此外惰性气体、压缩空气等工业用气体也需要进行验证。

（一）洁净区的性能确认

按生产工艺要求对洁净区的尘粒和微生物含量、温度、湿度、换气次数等进行监测。洁净区空调净化系统验证的项目与标准如下，各项验证方法见第五章。

1. 相邻房间之间的压差控制在 ≥5Pa（0.5mm 水柱），用倾斜式微压计测定；

2. 与室外大气之间的压差控制在 ≥10Pa（1mm 水柱），用 U 型管、倾斜式微压计测定；

3. 室温控制在 18 ~28℃之间；

4. 室内相对湿度控制在 45% ~65%；

5. 1 万级区的悬浮粒子按 GB/T 16292 -1996 方法测定，大于或等于 0.5μm 的粒子应 ≤350 000 个/m³，大于或等于 5μm 的粒子应≤2000 个/m³；浮游菌数应≤100 个/m³；

6. 换气次数应大于或等于 25 次/h。

（二）制水系统验证项目与标准

制药用水按《中国药典》的规定项目验证，制药企业应按照《中国药典》或参照欧美国家药典制定企业的内控运行标准。各项验证方法见第七章。

（三）生产用气体验证项目与标准

许多小容量注射剂产品对氧敏感，在生产工艺中常采用充二氧化碳、氮气保护的方式来解决稳定性问题；有些工艺设备的内部还需要通入压缩空气。因此为了确保直接与药液接触的惰性气体、压缩空气的质量，应先确认供应商的生产供应资格，并在此基础上进行验证。

1. 惰性气体验证项目与标准

无论是选用市售氮气和二氧化碳，还是选用自制氮气和二氧化碳，在使用前均需经纯化、除菌等净化处理，以确保符合产品工艺的要求。氮气须经 $3\mu m$、$0.45\mu m$、$0.22\mu m$ 等三级过滤器过滤，再经一次水洗、一次气水分离后方可供给用气点使用（图 8-2）；二氧化碳气体须经两次水洗、一次气水分离，再经 $0.22\mu m$ 级过滤器过滤后方可供给用气点使用（图 8-3）。

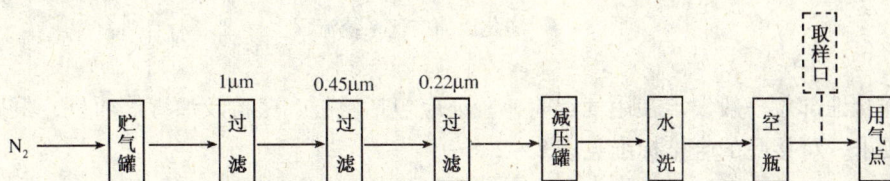

图 8-2　净化氮气系统流程

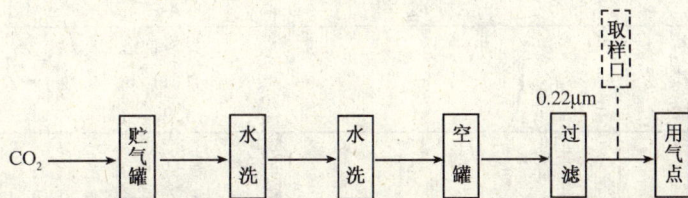

图 8-3　净化二氧化碳系统流程

取样验证部位一般设定在用气点前，验证应包括纯度、微粒和菌检等项目，根据用气点工艺要求，可接受的合格标准见表 8-1。

表 8-1　惰性气体验证可接受标准

验证标准 \ 验证对象	氮气	二氧化碳
纯　度	含量在 99.9% 以上	含量在 99% 以上
微　粒	目检合格	目检合格
菌　检	<1CFU/m³	<1CFU/m³

2. 压缩空气验证项目与标准

在小容量注射剂生产过程中，压缩空气常用于安瓿清洗程序。未经净化处理的压缩空气中存在着大量的水分、尘粒、细菌，甚至存在变质的润滑油，所有这些污染物混合在一起对药品质量危害极大，因此必须严格控制压缩空气的水分、油分和尘粒数。通常采用的净化流程为：第一步预过滤，用于去除液态水和油污，精度达 3μm；第二步降温冷冻处理，使压缩空气中的尘粒、油滴、水滴在一定露点温度下形成废液除去；第三步采用高效过滤器过滤，目的是进一步去除油污、液态污水和微粒，精度可达 1μm，油雾含量少于 0.1mg/m³。第四步采用活性炭吸附过滤，目的是吸附高效过滤器不能除去的油蒸汽。最后根据用气点工艺要求选择合适精度的终端过滤器过滤（图 8-4）。

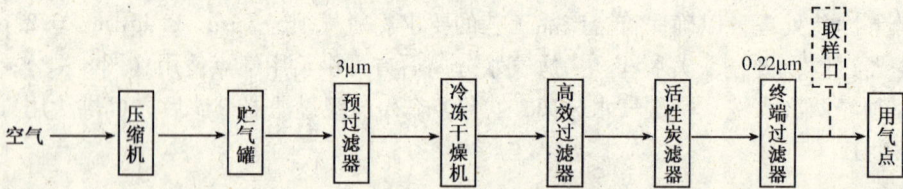

图 8-4 净化压缩空气系统流程

取样验证部位一般设定在用气点前，验证应包括微粒、菌检及油雾等项目，根据用气点工艺要求，可接受的合格标准见表 8-2。

表 8-2 压缩空气验证可接受标准

验证对象 验证标准	压缩空气
微粒	目检合格
菌检	<1CFU/m³
油雾	<0.1mg/m³

四、药液过滤系统验证

药液过滤系统的验证，主要是通过滤器的完整性以及过滤后产品的不溶性微粒、热原、微生物、澄明度检查是否均符合标准，证明所采用的过滤系统能否达到预期的工艺要求。

（一）药液过滤系统验证项目与标准

药液过滤系统验证项目与标准见表 8-3。

表 8-3 药液过滤系统验证项目与标准

项目	澄明度	不溶性微粒允许数		热原	菌检
		25μm	10μm		
标准	药液澄明度符合产品工艺要求	≤2 粒/ml	≤20 粒/ml	符合中国药典规定	≤10CFU/100ml

（二）过滤器的完整性试验

过滤器的完整性试验及滤器适用性，按起泡点试验方法验证。详见第四章。

（三）过滤系统关键工艺的取样点

关键工艺的取样点见图8–5。如药液配制后未加炭粉前、膜过滤后、灌封后的液体质量对成品的质量均较为重要，因此分别设为关键工艺的取样点。

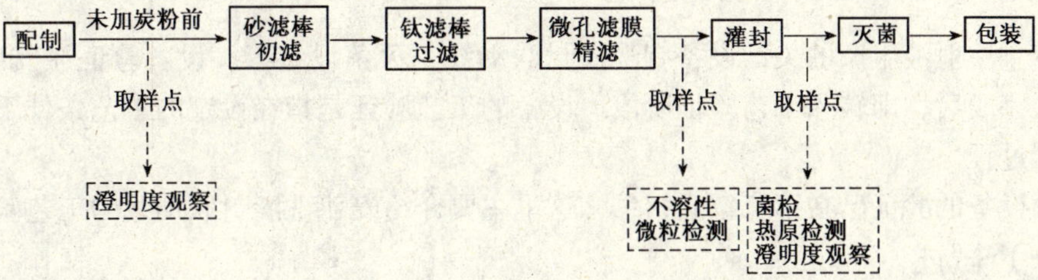

图 8–5　关键工艺的取样点

（四）取样数量和方法

1. 取样方法

配制药液，药液按过滤 SOP 操作，在过滤前后分别取样。

2. 取样量

（1）过滤前　按浓配法配液，在未加炭粉前，用250ml洁净干燥具塞的玻璃瓶取3个批次样品，每个样品取样100ml，观察澄明度。

（2）过滤后　当药液经微孔滤膜过滤后，用250ml洁净干燥具塞的玻璃瓶取3个批次样品，每个样品取样100ml，测试不溶性微粒。

（3）安瓿　按清洗 SOP 和烘干 SOP 操作处理后的安瓿，如已通过澄明度验证和灭菌验证，可直接在洗灌封联动线上取熔封后的安瓿（不经消毒）作样品。微生物及热原测试每个批次取20支，每部联动机取3个批次；澄明度测试每个批次取200支，每部联动机取3个批次。

（五）验证数据汇总

将测试数据按表8–4格式汇总。

表 8–4　过滤工艺验证数据

日期	机号	品名	规格	批号	澄明度		菌检		热原		不溶性微粒				结论	检验人
											25μm		10μm			
					滤前	滤后	标准	实测	标准	实测	标准	实测	标准	实测		

（六）验证结果

根据以上验证数据进行汇总分析后，即可确定药液过滤系统的适用性。对于热敏性产品来说，采用除菌过滤的方法来降低灭菌前微生物污染水平和防止产生耐热菌株，虽然最终产品的灭菌程序的 F_0 偏低，产品应仍能达到药典规定的无菌保证要求。验证应能提供这一方面的数据资料。

五、关键设备验证

小容量注射液生产的关键设备有洗灌封联动线、灭菌设备等。设备验证在安装确认、运行确认完成后，即转入工艺验证阶段。设备的工艺验证是指在设定的工艺条件下进行的模拟生产过程。

灭菌设备的验证已在第三章介绍过，这里主要介绍安瓿洗灌封联动线的工艺验证。

（一）概述

安瓿洗灌封联动线由超声波清洗机、安瓿灭菌器及多针拉丝灌封机组成，其生产流程如图 8-6 所示，工作原理分三部分叙述如下。

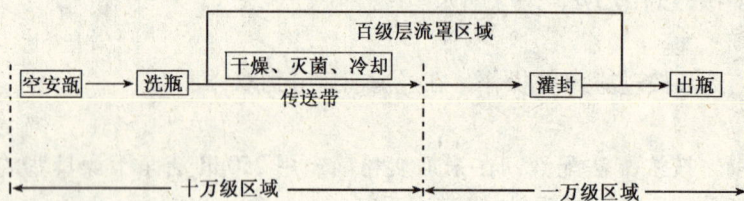

图 8-6 洗灌封联动线生产流程图

1. 超声波清洗机

超声波清洗机的工作原理如图 8-7 所示。

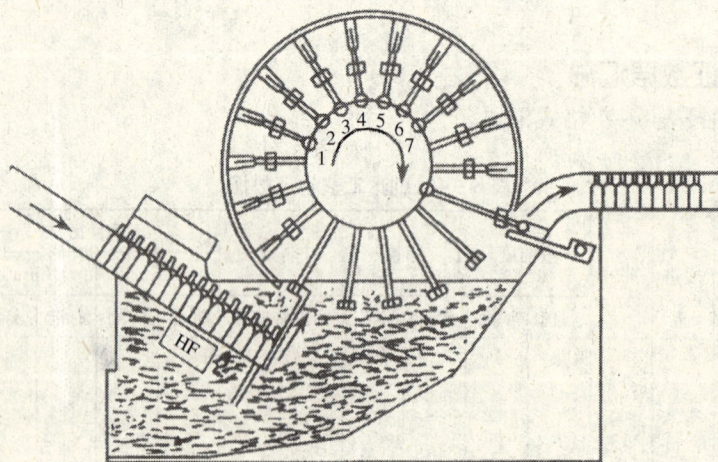

图 8-7 安瓿超声波清洗机工作原理

超声波清洗机的进瓶流程为：

安瓿进入瓶斗 → 喷淋灌水 + 外表冲洗 → 缓慢浸入超声波洗槽 → 预清洗 1min → 分散进入栅门通道 → 分离并逐个定位 → 针管插入安瓿。

清洗全过程共分 7 个工位，安瓿均处于倒置状态。

前 3 个工位用经过滤的套用水冲洗；第 4 工位吹气，排除循环水；第 5 工位用注射用水（水温 40~50℃）冲洗，此工位冲洗后的水用泵输送、过滤，作套用水处理；第 6、第 7 工位为吹气工位，排除瓶内残留水，为干热灭菌创造有利条件；第 8 工位为出瓶工位，由电磁阀控制，使安瓿脱离针管，送入翻瓶器内。冲洗用水和压缩空气一般采用 0.45μm 或 0.22μm 筒式过滤器做终端过滤，为保证清洗效果，洗涤水温度控制在 40~50℃，套用水（循环水）过滤可用 10μm 及 3μm 的过滤器。

2. 隧道式干热灭菌器

隧道式干热灭菌器的工作原理见第三章。安瓿进行干热灭菌及去热原的灭菌温度应控制在 280~350℃ 之间，使细菌内毒素下降 3 个对数单位以上。

3. 安瓿灌封机

灌封机设光发射及接收装置，可同时对 6 支安瓿进行充氮灌装及封口作业。自动档时具有缺瓶止灌、高位停车及计数等功能，手动控制档时，缺瓶时可不止灌，也可使拉丝钳或针架暂停高位。本机上方自带 100 级的空气净化装置，主机及进瓶输送带均可无级变速，选择层流保护时，当风机达到一定风量时主机才可启动及正常运行。

安瓿灌封机的工作原理是：采用直线间歇式灌装及封口，安瓿（或小瓶）通过连接板依次进入进瓶传送带、绞龙，并以间歇运动的方式被送至各个工位。5 个工位依次为：①前充气工位；②灌液工位；③后充气工位；④预热工位；⑤充气 - 拉丝 - 封口工位。在灌液工位，6 个不锈钢柱塞泵通过灌装针将药液注入安瓿，装量可通过手轮调整。在预热工位，安瓿在滚轮的作用下自转，喷嘴吹出的液化气与氧气的混合燃烧气体将其预热。在拉丝封口工位，安瓿顶部进一步受热软化，被拉丝头拉丝封口，最后被推至瓶板，送入瓶盘内。以上全部作业均处于百级层流罩的保护下完成。

（二）验证目的

1. 经联动机洗瓶工序后，安瓿中微粒、微生物、内毒素下降水平应达到预定要求。

2. 通过对尘粒数的测试，证明联动机层流罩下（干热灭菌及灌装机）能达到局部百级，满足生产工艺的要求。

3. 通过隧道式干热灭菌器干热灭菌程序的验证，证明该设备在设定生产工艺条件下，能稳定运行并达到预期的去热原要求。

（三）验证内容

1. 空载联动线尘粒数的测试

在风机及输送带运行条件下（不洗瓶、不加热）不同时间测定各测试点的尘粒数，每升≥0.5μm 的尘粒数应小于或等于 3.5 粒，并无≥5μm 的尘粒数。空载联动线尘粒数的测试记录如表 8-5 所示。

表8-5 空载联动线尘粒数的测试记录

设备名称				编号	
洁净度级别	测定项目	测定标准（粒·L^{-1}）		测定位置	测定值（粒·L^{-1}）
100级	尘粒数	≥0.5μm	≤3.5		
		≥5μm	0		

2. 洗瓶及干热灭菌程序的验证

（1）洗瓶水套用流程

洗瓶水套用流程如图8-8所示。

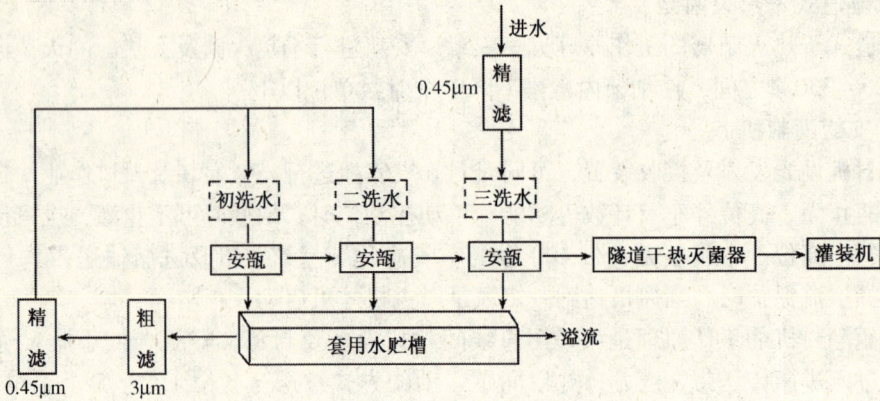

图8-8 洗瓶水套用流程

（2）洗瓶验证项目 包括进水、套用水水质检查，灭菌瓶检测。洗瓶验证项目及合格标准见表8-6。

表8-6 洗瓶验证项目及合格标准

工序	取样点	测定项目	合格标准		
			澄明度	细菌数	细菌内毒素
进水	联动机进水处0.45μm过滤前	澄明度、细菌数	符合注射剂标准	<100CFU/ml	
	联动机进水处0.45μm过滤后	澄明度、细菌数	同上	<100CFU/ml	
	联动机套用水贮槽内过滤前	澄明度、细菌数	同上	<100CFU/ml	
	联动机套用水贮槽内过滤后	澄明度、细菌数	同上	<100CFU/ml	
洗瓶	联动机待洗瓶处	细菌数	同上	<50CFU/ml	
	联动机三洗后	澄明度、细菌数	同上	<5CFU/ml	
烘瓶	隧道烘箱出口	澄明度、细菌内毒素	同上	无菌	鲎试剂凝胶法显阴性

（3）进水、套用水取样 用经清洁液浸泡洗净、无毛点注射用水冲洗3次后，再经干热灭菌的100ml具塞三角烧瓶取样。进水取样点位于联动机进水处，过滤前后分别取

样；套用水取样点位于套用水贮槽处，过滤前后分别取样。取样量约为取样瓶体积的2/3，盖塞送检。

（4）安瓿取样 用灭菌镊子分别在联动机洗瓶岗位抽检待洗瓶20支、隧道进瓶处抽检已洗湿瓶20支、在灌封机进瓶处抽检干安瓿20支，置于无菌容器中密闭送检。

（四）湿热灭菌程序的验证
详见第三章相关内容。

六、产品验证

小容量注射液的生产过程包括原辅包装材料检查、配制、过滤、洗瓶、干热灭菌、灌封、产品灭菌、检漏、灯检、包装、入库等过程。一些共性作业，如洗瓶、干热灭菌不必按品种进行验证，只有特殊品种的配液、灌装、产品灭菌、在线清洗需单独制订验证方案。对于同类产品，在有代表性的产品验证完成后，其他产品不必照搬该品种的验证方案进行过多的重复性验证试验，而可根据产品的具体情况对验证方案作适当调整。黏度及溶解性相同的产品，其配制及灌装差异甚小，一般可在试生产中适当多取一些样品进行检测，看工艺过程是否与有代表性的产品一样处于良好的受控状态，应收集的数据不得少于3个连续批号。

（一）验证目的
通过各工序监控点测试的数据分析证明生产工艺是否能确保产品的质量。

（二）验证内容

1. 验证项目与标准

按照设定的生产工艺试生产3批，测定产品装量、澄明度、菌检、含量、pH及其他理化指标，必须符合表8-7各项下的可接受标准。

表8-7 验证项目与标准

验证项目	可接受标准	验证项目	可接受标准
装量	法定标示量	含量	该品种法定标准含量
澄明度	≥98.0%	pH	该品种法定标准pH
菌检	无菌	其他理化指标	法定标准或企业内控标准

2. 澄明度

对灭菌后产品按灯检SOP进行澄明度检查（表8-8），记录缺陷品数（玻屑、色点、纤维等），统计澄明度合格率。

表8-8 澄明度检查记录

测定日期	批号	灌封数	缺陷品			澄明度	装量	菌检
			玻屑	色点	纤维			

澄明度合格率（%）＝成品产量/（成品产量＋缺陷品）

3. 装量

经联动机灌封并灭菌后的产品，每批次按不同灌封针头抽样 6 支，测其装量，每支均应达到企业内控标准。

4. 菌检

灌封灭菌后成品按抽样程序抽样检验应为无菌。

（三）验证结果与评估

通过对试生产 3 批所测含量、pH、澄明度、装量、菌检数据的统计分析，对产品验证中出现的偏差提出评估意见，经研究得出该生产工艺是否允许投入常规生产运行的结论。

七、清洁验证

小容量注射剂清洁验证的目的是确认按所制订的清洁 SOP 操作，能达到防止交叉污染和保证注射剂质量的要求。

配液是容易产生交叉污染的工序，其相关的容器、管路、滤器、玻璃管、双嘴过滤瓶等均需清洁。这里以配液工序的清洁验证为例，说明小容量注射剂清洁验证的实施过程。

（一）清洁程序

首先用饮用水冲洗使用过的工具和管路，然后用重铬酸钾硫酸洗涤液浸泡整个表面积，浸泡时间应不低于 15min，再用饮用水冲至 pH 呈中性、用注射用水冲洗瓶内壁 3 次，取最后 1 次淋洗水样作为清洗效果验证的样品。

（二）清洁验证的可接受标准

本例因采用重铬酸钾硫酸液为清洁剂，其清洁能力极强，故不再检测产品的残留量，而主要控制重铬酸钾硫酸液的残留量。可接受标准确定为：重铬酸钾残留物 $\leqslant 10 \times 10^{-6}$，pH 与注射用水的 pH 一致，杂菌数 $\leqslant 25 CFU/ml$，内毒素 $\leqslant 0.25 EU/ml$。

（三）验证的实施

1. 取样容器的准备 取 100ml 具塞三角瓶先用重铬酸钾硫酸液浸泡 15min 后，用饮用水冲洗至 pH 呈中性，用注射用水冲瓶内壁及外塞共 3 次，每次 50ml，最后在烘箱内 250℃ 干燥 1h，冷却待用。

2. 取样 用上述已经处理的 100ml 具塞三角瓶，对最后一次淋洗水取样，样品共取两份，一份供化学分析，另一份供杂菌及内毒素分析。

3. 检测方法 重铬酸钾残留物检测参照《中国药典》（2005 年版）附录，用分光光度法测定重铬酸钾浓度。

4. 验证结果

根据最终淋洗水的残留物、杂菌、内毒素均能达到预定指标，确定所制订的清洁 SOP 能达到预定的清洁要求，因此，该 SOP 可批准用于日常生产。

第二节 大容量注射剂的生产过程验证

大容量注射剂是指供静脉滴注、装量在 100ml 以上、最终产品采用湿热灭菌法制备的灭菌液体制剂。大容量注射剂的容器有瓶型与袋型两种，其材质有玻璃、聚乙烯、聚丙烯、聚氯乙烯或复合膜等。本节主要讨论玻璃瓶包装的大容量注射剂生产过程的验证。

大容量注射剂对无菌、无热原、不溶性微粒控制及高纯度的质量要求较小容量注射剂高，因此大容量注射剂的生产过程验证也较为复杂。下面主要从生产管理和质量控制、生产过程验证项目、工艺验证等几个方面讨论大容量注射剂验证的基本要求和一般程序。

一、生产管理和质量控制

（一）生产特殊要求

1. 由于产品直接进入人体血液，应在生产全过程中采取各种措施防止微粒、微生物、内毒素污染，确保安全。

2. 生产过程中使用的主要设备，包括灭菌设备、过滤系统、空调净化系统、制水系统均应验证，并按标准操作规程要求维修保养，实施监控。

3. 直接接触药液的设备、内包装材料、工器具（如配制罐、输送药液的管道）等的清洁规程须进行验证。

4. 当工艺或设备有重大变更时，其有效性应经过验证并需定期进行再验证。

5. 灭菌程序对每种类型被灭菌品的有效性应当验证，并定期进行再验证。

（二）工艺流程及环境区域划分

玻璃瓶装最终灭菌大容量注射剂工艺流程及环境区域划分见图8-9。

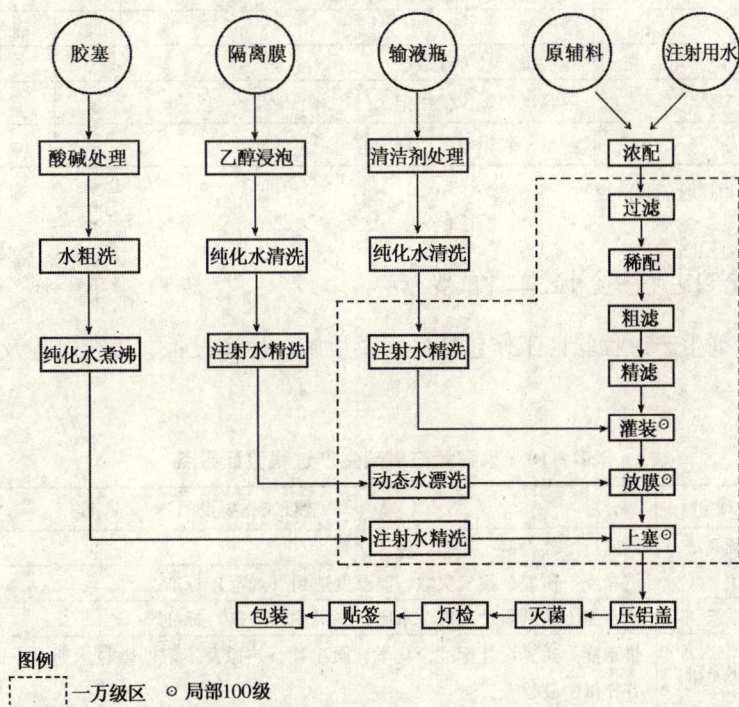

图8-9 输液剂（玻璃瓶装）工艺流程图

（三）质量控制要点

大容量注射剂生产的质量控制要点如表8-9。

表8-9 大容量注射剂质量控制要点

工序	质量控制点	质量控制项目	频次
制水	纯化水	电导率、pH、氯化物	2h/次
		《中国药典》全项	每周1次
	注射用水	pH、氯化物、铵盐、电导率、硫酸盐、钙盐	2h/次
		内毒素、微生物	每天1次
		《中国药典》全项	每周1次
洗瓶	过滤后纯化水	澄明度	定时/班
	过滤后注射用水	澄明度	定时/班
	洗瓶过程	水温、水压、毛刷、清洗剂浓度	定时/班
	洗净后瓶	残留水滴、淋洗水pH、瓶清洁度	定时/班
配液	配制原辅料	复核	每批
	药液	主药含量、pH、澄明度	每批
	微孔滤膜	完整性试验	使用前后
灌封	涤纶薄膜	洗涤水澄明度、氯化物	定时/班
	灌装后半成品	药液装量、澄明度、铝盖紧密度	定时/班
	灌装后半成品	微生物污染水平	每批
灭菌	灭菌柜	标记、装量、排列层次、压力、温度、时间、记录	每柜
	灭菌前半成品	外壁清洁度、标记、存放区	每柜
	灭菌后半成品	外壁清洁度、标记、存放区	每柜
灯检	灯检品	澄明度	定时/班
		灯检者工号、存放区	定时/班
包装	贴签	内容、外观、使用记录	每批
	装箱	数量、装箱单、印刷内容	每批

注：监控频次可根据验证和监控的结果调整。

二、生产过程验证工作要点

大容量注射剂生产过程验证工作包括厂房及设施、生产设备、工艺过程及人员等方面（表8-10）。

表8-10 大容量注射剂生产过程验证要点

内容分类	验证对象	验证工作要点
厂房及设施	净化空调系统	高效过滤器检漏、压差、换气次数
	生产厂房	洁净度、压差、换气次数、温湿度达到《规范》标准
	纯化水系统	供水能力达到设计标准，水质达到《中国药典》标准
	注射用水系统	供水能力达到设计标准，化学、微生物、热原及不溶性微粒达到《中国药典》标准并作澄明度检查
	灭菌冷却水	微生物、水温及供水能力
	氮气系统	纯度、微生物、微粒

内容分类	验证对象	验证工作要点
生产设备	洗瓶机	洗瓶效果：最终淋洗水样的澄明度、不溶性微粒、微生物、细菌内毒素、pH、氯化物
	洗塞机	洗塞效果：最终淋洗水样的澄明度、不溶性微粒、微生物、细菌内毒素
	配制罐	性能：搅拌、喷淋清洁的效果、升降温速度
	灌装机	速度、装量、充氮性能
	过滤设备	除菌能力、灌装前后过滤器完整性检查
	压盖设备	容器完整性检查、容器密封性检查（三指法拧盖不得有松动）
	灭菌柜	热分布、热穿透、灭菌程序
工艺过程	灭菌工艺	灭菌工艺条件（温度、时间、放置数量、排列层次）
	在线清洁	清洗消毒效果：活性成分残留量、不溶性微粒、微生物、细菌内毒素
	生产工艺变更	稳定性、化学指标均一性、澄明度、灭菌前微生物
	主要原辅料变更	对供应商质量审核、活性成分含量、稳定性、热原
人员	操作人员	培训、考核

三、关键设备验证

（一）洗瓶机

国内最终灭菌大容量注射剂的生产一般采用玻璃瓶清洗后直接进行灌封的工艺，因此玻璃瓶在灌装前应采取措施消除如纸质纤维、布质纤维、不溶性微粒、微生物及热原等污染物质。根据国产输液用中性玻璃瓶（以下简称输液瓶）在质量上存在洁净度较差等不足的现状，清洗工艺一般有两种选择，一种是使用低浓度碳酸氢钠或氢氧化钠作清洁剂的清洗工艺，一种是不使用清洁剂的清洗工艺。

1. 洗瓶工艺

无论是使用清洁剂的清洗工艺还是不使用清洁剂的清洗工艺，清洗的工艺流程基本相同。不使用清洁剂的清洗工艺如图 8-10 所示，清洗工艺由预洗段和精洗段两部分组成。

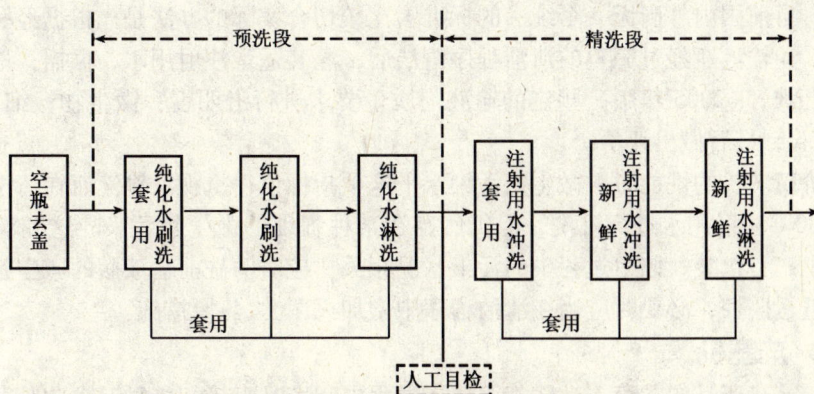

图 8-10　输液瓶清洗工艺流程

预洗段先将空瓶去盖，用套用纯化水刷洗瓶外表面 1 次，然后用纯化水刷洗瓶内表面 1
次、淋洗 1 次；精洗段分别用套用注射用水（80℃）洗瓶外表面 1 次、内表面 2 次，新鲜
注射用水（80℃）洗瓶外表面 1 次、内表面 2 次，最后用经 0.22μm 级膜滤器过滤的新鲜
注射用水（80℃）淋洗瓶内表面 2 次。为了提高成品收得率，在预洗段和精洗段之间增
设人工目检，以剔除不符合要求的输液瓶。

2. 输液瓶精洗机

洗瓶生产线往往由预洗机和精洗机组成，为了提高输液瓶清洁的环境要求，精洗机采
用隧道式装置，设置层流罩，控制隧道腔室的洁净度（图 8-11）。输液瓶进入精洗机时
被倒置，先通过淋洗头淋洗，然后经除菌过滤的压缩空气来吹除瓶内外的水珠，精洗完毕
的输液瓶在滴水状态下送往灌装机。这类精洗机通常跨区安装，进瓶口安装在一般控制
区，清洁瓶出口处安装在万级区与灌装机传送带相连。

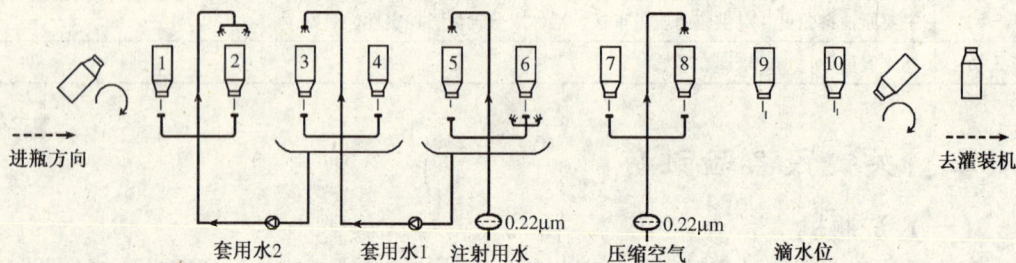

图 8-11　精洗机工作流程

3. 输液瓶精洗机的性能确认

隧道式精洗机在运行时，腔室洁净环境为 100 级，背景环境为 1 万级，在进瓶口设置
抽风机，洁净空气流向安排与进瓶方向相反，即由出瓶口流向进瓶口。为了确保洁净瓶免
受万级环境的两次污染，必须维持腔室对万级区的正压差大于 10Pa。所以，输液瓶精洗
机的性能确认应包括对气流方向、压差的确认。

精洗机验证的最终目的是清洁后输液瓶的清洁度。玻璃输液瓶清洁到什么程度可认为
达到要求，目前国内外尚无一个统一的标准。比较切合实际的办法是先根据经验设定一个
清洁程序，让输液瓶经过完整的清洁程序清洁后，灌装适量注射用水，振摇，取水样，再
按《中国药典》（2005 年版）规定的输液剂质量要求进行澄明度、微生物、细菌内毒素、
pH 等项检验，最后做出评价。

在评价精洗机的性能时，微生物污染水平这项指标值得重视。输液瓶在清洗过程中虽
然使用了 80℃注射用水进行淋洗，但仍然存在某种程度的微生物污染。这和清洗前输液
瓶的成型生产、包装、储运过程中的污染状况相关，应对清洗前输液瓶的微生物污染水平
及耐热性进行监控，必要时应当在清洁程序中增加灭菌/去热原措施。

（二）洗塞机

由于胶塞在产品的贮存、运输甚至使用过程中和产品直接相接触，因此胶塞是导致输
液剂产品污染微生物和热原的另一个潜在因素。对于最终灭菌产品而言，胶塞应当具有和

输液瓶相同的高清洁要求。

　　胶塞分天然橡胶塞与合成橡胶塞两类。天然橡胶塞为便于成型并具有一定的理化性质而加有固化剂、塑化剂等附加剂，这些成分均可能在产品灭菌或储藏过程中溶出。氯化丁基橡胶塞、溴化丁基橡胶塞等合成胶塞是天然橡胶塞的替代品，它主要克服了天然橡胶塞需要内衬隔离薄膜的缺点，但是其成型配方中仍需添加若干填料，仍未从根本上解决溶出物污染问题。胶塞和玻璃输液瓶相比表面比较粗糙，对微生物、热原物质及其他污染物有更强的吸附力；又不能经受180℃以上干热灭菌条件达到去热原的目的；使用清洁剂等辅助手段清洗胶塞又会带来清洁剂残留的处理难题，因此胶塞的清洁程序具有其特殊性。

　　目前国内大都采用气流及水流搅动的漂洗方法来清洗胶塞，如图8-12所示。清洁程序为：漂洗→硅化→121℃湿热灭菌20min→无菌空气干燥→冷却。整个清洁-干燥过程由一简单的程序控制器控制。清洗时，胶塞由加料口装载，卸载时，洗塞机需倒转。清洁过程中，水、压缩空气和蒸汽均从底部送入，污水从排水口溢出，经总管内的管道排入地漏。

　　气流及水流搅动可使胶塞表面的污染物解吸或洗脱，使沾在胶塞表面的不溶性微粒松弛，然后被水冲走。硅化可避免胶塞溶出物污染、克服表面润滑性能差等问题，硅化、灭菌、干燥过程一体化可实现清洗程序受控。

　　洗塞机的验证项目应包括制水系统、湿热灭菌条件、无菌空气、干燥温度等性能确认，胶塞清洗的合格标准是干燥前的最终淋洗水应达到表8-11的标准。

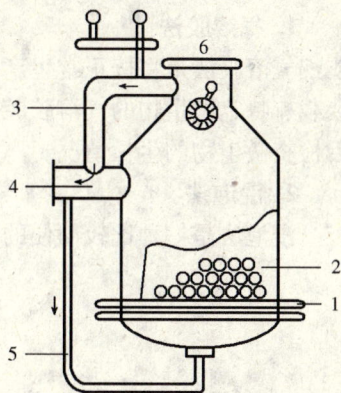

图8-12　洗塞机工作原理
1. 多孔挡板；2. 胶塞；3. 排水口；
4. 套管；5. 注射用水、纯蒸汽、压缩空气入口；6. 加料口

表8-11　洗胶塞最终淋洗水测试项目与标准

项目	澄明度	不溶性微粒允许数		热原	菌检
		25μm	10μm		
标准	澄明度符合产品工艺要求	≤2粒/ml	≤20粒/ml	鲎试验法呈阴性	≤10 CFU/100ml

（三）灌装机

　　灌装机是大容量注射剂生产的关键设备之一，安装确认和运行确认的内容和其他设备确认的要求相似。在设备安装确认和运行确认之后，验证的重点是确定不同装量规格的灌装速度及其装量差异可以接受的波动范围。影响灌装准确度的因素很多，如待灌装液体的黏度、温度、相对密度、溶解的气体、装量等。验证方法是通过水的模拟灌装试验和产品的灌装试验，确认产品在适当灌装速度下是否能达到预定的准确度。

（四）压盖机

　　输液剂的无菌保证不仅依赖于过滤、灭菌等工艺的可靠性，而且取决于产品的密封

性，后者需通过加塞和压盖作业来实现。使用翻边式天然橡胶塞的输液剂压盖通常很紧密，但对于使用 T 形胶塞的输液剂而言，其压盖松紧度波动的范围较大，瓶口外径及瓶子高度公差范围较大时更是如此。为了改善压盖的效果，确保每一瓶产品的密封性，在验证过程中必须调整好压盖机锭子上下弹簧的压力并且在压盖作业中保持这个合适的压力范围。压力低于这个范围时，产品的密封性得不到保证；高于这个范围时，有可能造成瓶口破裂。为确保输液剂加塞压盖的质量，应对容器密封性进行检查。

压盖机的扭力矩检测数据并不能完全说明容器压盖封口的密封性。从确保输液剂无菌状态的观点来看，微生物挑战性试验是一个比较直观而行之有效的验证方法。具体的方法有气溶胶法、浸泡法等，生物指示剂可以用大肠杆菌等。

1. 气溶胶法

气溶胶法是将按正常生产条件模拟灌装无菌培养基、加塞、压铝盖的产品放置在一个装载有特定微生物的气溶胶腔室内，在一定的温度、压力和相对湿度下放置一定时间，然后检查微生物的生长情况。

2. 浸泡法

浸泡法是一种比较简便的方法，其试验装置如图 8 – 13。

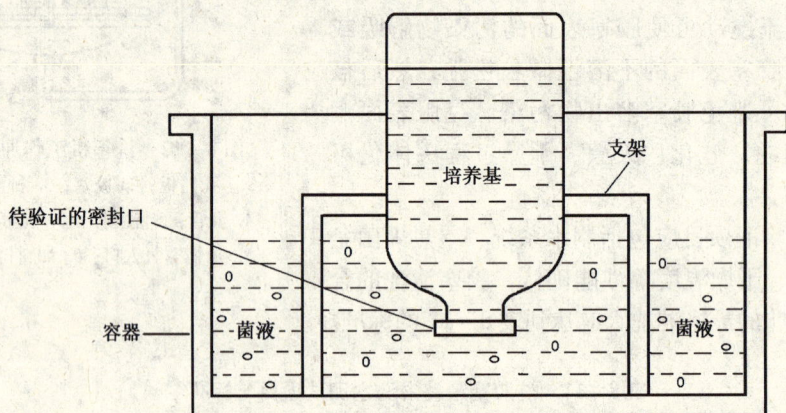

图 8 – 13　T 形胶塞密封性试验示意图

（1）取样　在常规生产条件下，用灌装线灌装 150 瓶无菌培养基（3% 胰蛋白胨大豆肉汤），如包装规格为 500ml 时，每瓶的灌装量为 400ml。然后将样品加塞、压盖，121℃灭菌 15min。

（2）菌液准备　配制一定量的 3% 的胰蛋白胨大豆肉汤。将此培养基倒入一只足以放置 150 瓶样品的容器中。再将此培养基于 35℃下接种大肠杆菌，并在 30～35℃下培养48h。当培养基出现混浊时，测定大肠杆菌在培养基中的浓度。

（3）试验方法　将样品浸入上述菌液中，再在该温度下培养 14 天。然后取出样品，分别用水及消毒剂淋洗后目检，同时再次测定大肠杆菌在培养基中的浓度。阳性对照组用样品 1 瓶，接种 50 个左右的大肠杆菌，在 35℃下培养 48 小时后观察结果。

（4）结论　检查样品中培养基是否出现混浊，并应检查出现混浊的样品瓶是否破裂。

除瓶子破裂可作例外处理后，样品均不得长菌，否则按密封性试验不合格论。阳性对照组应观察到明显长菌，否则该试验无效。

四、产品验证

产品验证的最终目的不是简单地检验产品质量，而是通过确认产品质量，验证在设定工艺条件下产品质量的可靠性和重现性。在大容量注射剂生产工艺中，影响产品质量的关键因素是如何控制灭菌前的微生物污染以及产品的不溶性微粒污染。因此在产品验证中，应当将这些关键因素作为重要项目，列入验证计划。

（一）灭菌前的微生物污染监控

1. 监控的原因

（1）GMP 的要求　产品灭菌前监控微生物污染是 GMP 的要求。世界卫生组织 GMP（1992 年版）规定，应制定产品灭菌前微生物污染的控制标准，并提议在可能的条件下采用无菌滤膜在灌装前过滤药液。我国药品生产质量管理规范指南（2001 年版）对非无菌操作条件下生产的产品规定，每批产品必须在灌装作业前后分别取样，严格监控灭菌前微生物污染的水平。

（2）产品工艺的要求　在非无菌操作条件下生产的注射剂，产品工艺要求严格控制耐热菌株污染，灭菌后的无菌保证值不仅与灭菌前产品的微生物污染程度有关，而且取决于细菌的耐热性。因此对灭菌前微生物污染的状况实施监控是对产品做无菌评价的先决条件。

（3）产品质量的要求　控制灭菌前微生物污染的程度是控制产品热原污染的重要手段。

2. 监控的标准

世界卫生组织的 GMP（1992 年版）和我国 GMP 都没有对灭菌前产品的微生物污染程度做出具体的规定。所以制药生产企业在日常生产中应积累批产品灭菌前微生物污染的数据，并以灭菌后产品污染率低于 10^{-6} 的要求及热原检查符合药典规定为最低目标，确定企业内控标准。美国 cGMP 采用的标准如下：

（1）每 100ml 药液中污染菌不得超过 100 个；

（2）在设定的灭菌程序下，污染菌的耐热性（即 D 值）不应导致灭菌后产品的微生物污染概率大于 10^{-6}。

3. 监控方法

（1）取样瓶　分别使用普通输液瓶和灭菌输液瓶，普通输液瓶是指产品灌装线上使用的清洁瓶。目的是当出现监测结果超标时，判断污染是来自生产系统（如配制系统、灌装系统及相应的在线灭菌系统）还是来自污染了的输液瓶。

（2）取样方法　从每批产品灌装开始、中间及结尾各取一瓶灌封好的产品做灭菌前微生物监控检查。

（3）试验方法

①污染水平检查：用 0.22μm 的无菌滤膜经灭菌的 5% 吐温充分湿润后，定量过滤药液，将此滤膜移至营养琼脂平板上，在 30~35℃ 培养 3~7 天，观察污染菌数。

②耐热性检查：用0.22μm的无菌滤膜经灭菌的5%吐温充分湿润后，过滤药液样品。将此滤膜转移入无菌试管中，在沸水浴上煮沸30min，然后在硫乙醇酸盐肉汤中30～35℃下培养，观察是否有耐热菌生长。

（4）讨论　当微生物污染水平超标时，应对污染菌进行鉴别，调查污染菌的来源并采取相应纠正措施。当发现药液存在耐热菌污染时，应测定污染菌的 D 值或采用定时沸腾法将它和已知生物指示剂的 D 值作比较，然后根据灭菌的 F_0 值及污染菌的耐热性对产品无菌做出评价。

（二）不溶性微粒监控

《中国药典》（2005年版）规定了100ml以上的静脉滴注用注射剂，每毫升中含10μm以上的微粒不得超过20粒，含25μm以上的微粒不得超过2粒。产品中的不溶性微粒主要来源于原辅料、容器、胶塞以及生产过程。因此监控点应包括过滤系统的完整性、胶塞和输液瓶的清洁作业、配制系统及灌装系统的清洁作业、T形胶塞自动供塞轨道的清洁作业等。

在产品验证阶段应当制订一个合适的抽样计划，以便弄清在实际生产过程中造成不溶性微粒污染的主要因素并采取必要的纠正措施。如在检测产品澄明度时，应当对目检中观察到的各种微粒进行分类统计，以考察不同运行参数/条件对结果的影响。如回滤/内循环时间，以40min为好还是需要1h；灌装线淋洗清洁一般需要多少升才能达到清洁目的等。

五、在线清洁与在线灭菌验证

在线清洁与在线灭菌是大容量注射剂生产中的共性作业。为了保证消除活性成分的交叉污染，降低不溶性微粒、微生物及热原对注射剂的污染，在线清洁与在线灭菌验证是工艺过程验证不可或缺的组成部分。

（一）在线清洁

在一个预定的时间内，将一定温度的清洁液和淋洗液以控制的流速通过待清洁的系统循环而达到清洁目的的方式称为在线清洁。在线清洁中，待清洁系统的位置不变、安装基本不变，只有局部因清洁的需要作临时性变动，清洁程序结束后，即恢复原样安装。在线清洁方式适用于灌装系统、配制系统及过滤系统等清洁，当更换批号或品种时，上述系统的清洁就显得更加重要。

1. 在线清洁程序的确认

在线清洁往往使用专用设备，包括贮罐、增压泵、自动控制阀、管路和单独的控制及监测系统。待清洁的对象不同，所需要的清洁设备也可能不同，因此应根据不同的清洁对象设计相应的清洁程序。在线清洁的验证实际上是确认清洁程序的可靠性和重现性。

下面以配液及过滤系统在线清洁的程序为例说明其清洁流程（图8-14）。

如图8-14中的在线清洁回路所示，在线清洁时，清洁罐内的清洁液通过增压泵输送至配液罐，由配液罐顶部预置的喷淋头对全罐内壁进行淋洗，也可通过自动控制阀门实现对配液输送管路的冲洗，并按照在线清洁程序决定清洁终点。

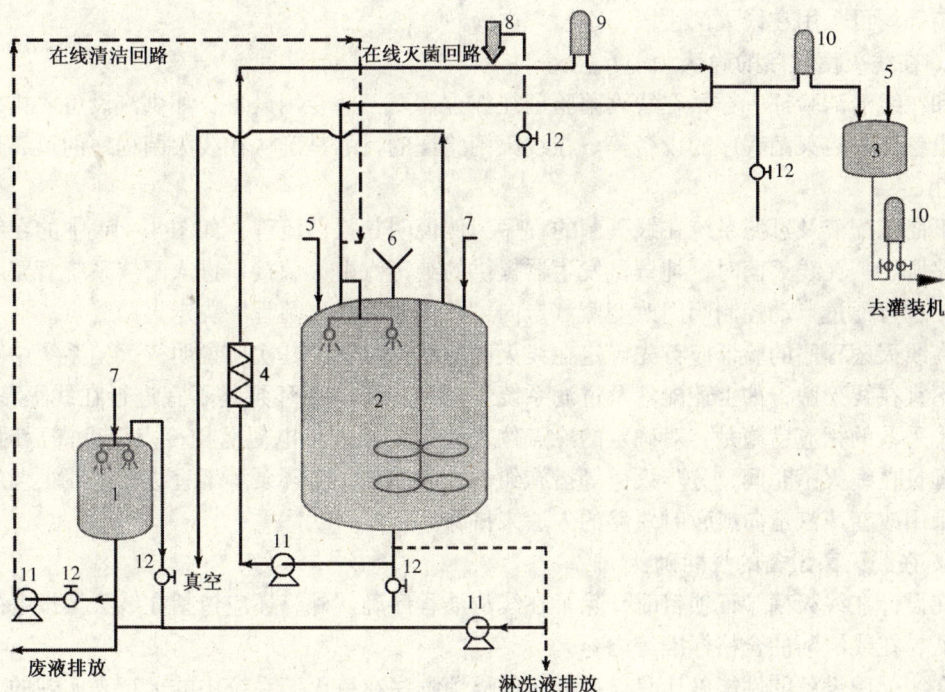

图 8 - 14　输液配制系统在线清洁 - 灭菌流程

1. 清洁罐；2. 配制罐；3. 缓冲罐；4. 热交换器；5. 氮气进口；6. 投料口；7. 注射用水进口；

8. 纯蒸汽进口；9. 0.45μm 精滤器；10. 0.22μm 精滤器；11. 泵；12. 阀门

在线清洁程序应包括确定清洁条件、选择清洁剂、设计清洁工具，并根据在线清洁过程中待监测的关键参数和条件（如时间、温度、电导、pH 和流量）来确定监控方法及监控仪表。另外，在线清洁还涉及微生物污染方面的问题，尤其是清洁后不再作进一步消毒或灭菌的系统，应特别注意避免微生物污染的风险。

清洁剂的选择取决于待清洁设备的表面及表面污染物的性质。在大容量注射剂生产中，碳酸氢钠可作为注射剂的原料、氢氧化钠则常用来调节注射剂的 pH，它们兼备去污力强及易被淋洗掉的特点，因而常常成为在线清洁中首选的清洁剂。

2. 在线清洁的合格标准

合格标准通常可以采用下述物理指标及化学指标来表示。

（1）物理标准　配制系统及灌装系统最终淋洗水的澄明度检查及不溶性微粒检查应符合《中国药典》的要求。

（2）化学标准　可采用分析方法能达到的灵敏度能力、生物学活性限度等方法来确定活性成分的残留量限度，采用最终淋洗水中细菌数小于 25 CFU/ml、细菌内毒素小于 25E. U. /ml 作为确定微生物污染限度的指标。

（二）在线灭菌

由于在线灭菌所需的拆装作业很少，容易实现自动化，从而减少操作人员因误操作所致的污染，大容量注射剂生产中管道输送线、配制柜、过滤系统、灌装系统、冻干机和制水系统等均可采用在线灭菌手段。

1. 在线灭菌程序的确认

和在线清洁验证一样，在线灭菌验证往往也需要一些专用设备，如供汽设备、排冷凝水的设备和监控灭菌程序的设备等。在线灭菌验证的目的是确认在线灭菌程序的可靠性和重现性。

下面以配液及过滤系统在线灭菌的程序为例说明其灭菌流程。如图 8 – 14 中的在线灭菌回路所示，在线灭菌时，纯蒸汽发生器提供的纯蒸汽由灭菌接口进入配液系统管路和配液罐，也可通过自动控制阀门改变蒸汽走向，并按照在线灭菌程序决定灭菌终点。

在线灭菌程序的验证应首先确定在线灭菌的冷点位置，其次应说明待灭菌系统中哪些设备不宜在线灭菌，如上述配液及过滤系统中的回滤泵、循环泵是不宜进行在线灭菌的。验证中采取的相应措施是：对确定的冷点位置处设置标准热电偶监控冷点温度滞后时间，通过延长在线灭菌时间、分步灭菌等措施纠偏；回滤泵、循环泵等不宜进行在线灭菌的设备可采用改变蒸汽走向或暂时短路的方法来排除。

2. 在线灭菌设备的性能确认

在设计在线灭菌验证项目时，除了在线清洁程序确认外，还应包括在线灭菌设备的性能确认、在线清洁的合格标准等内容。

在线灭菌设备的性能确认是通过设定的灭菌程序在待灭菌系统中的运行来实现的。通常可采用物理法、菌膜法或二者结合的方法。

（1）物理法　将标准热电偶探点安装在各个有代表性的位置，如管路系统允许，应尽可能安装在管路内壁，在管路系统不允许的情况下，也可安放在管路外壁，但其外侧应用保温材料包扎。在略低于设定的灭菌条件（主要指灭菌温度）下运行灭菌程序，运行确认该灭菌条件下的冷点位置的 F_0 值仍能达到合格标准。

（2）菌膜法　将一定浓度和耐热性的嗜热脂肪芽孢杆菌膜片放置在各个有代表性的位置，按设定的在线灭菌程序运行，然后将菌膜片取出，作无菌检查。如所有菌膜均无存活孢子，则可根据灭菌前菌膜片中嗜热脂肪芽孢杆菌的孢子数及 D 值，计算各点位置的 F_0 值；如尚有少数菌膜仍有孢子存活，则应按公式 $F_0 = D(\lg N_0 - \lg N)$ 计算冷点处的 F_0 值。其中 N_0 及 N 分别为灭菌前及灭菌后每片菌膜存活的孢子数。

3. 在线灭菌的合格标准

（1）在线灭菌程序的 F_0 应不低于15；

（2）在线灭菌程序的无菌保证值应大于6。

六、验证实例　大容量注射剂在线清洁验证方案

（一）验证目的

××企业大容量注射剂配制和灌封生产线按清洁规程×××进行在线清洁后的清洁效果能稳定达到预定要求。

（二）产品与规格

设定配制和灌封生产线原来生产复方氨基酸注射液，后转产葡萄糖注射液。各种规格

的产品中的水最难溶解物质列表如 8 - 12。

表 8 - 12　产品中的水最难溶解物质

产品	规格	活性成分	水最难溶解物质
复方氨基酸注射液	5%	氨基酸	胱氨酸
复方氨基酸注射液	8%	氨基酸	胱氨酸
复方氨基酸注射液	12%	氨基酸	胱氨酸
葡萄糖注射液	5%	葡萄糖	-
葡萄糖注射液	10%	葡萄糖	-

（三）在线清洁规程

1. 适用范围　该清洁规程适用于复方氨基酸注射剂转产葡萄糖注射剂时，在线清洁配液和灌封生产线。

2. 清洁剂的选择　最初清洁剂为碳酸氢钠，最终清洁剂为注射用水。

3. 清洁时间　略。

4. 最难清洁部位　灌装头。

5. 最难清洁物质　复方氨基酸产品中胱氨酸的溶解度最小，确定为最难清洁物质。

6. 清洁的可接受标准

（1）最终淋洗水中的总氨基酸浓度小于 10mg/L；

（2）最终淋洗水的澄明度与不溶性微粒应符合《中国药典》注射剂通则要求；

（3）最终淋洗水的微生物污染量应小于 10 个/100ml。

（4）特殊表面残留物浓度应小于 $10\mu g/cm^2$。

（四）取样计划

（1）在生产 12% 复方氨基酸注射液后按清洁规程实施清洁。

（2）按取样位置图的指示用普通取样瓶、无菌取样瓶各取两瓶最终淋洗水样品，每瓶 500ml。普通取样瓶样品用于总氨基酸浓度、澄明度及不溶性微粒检查，无菌取样瓶样品用于微生物污染量的检查。

（3）特殊表面取样方法　按擦拭取样位置图的指示取表面残留物样品和表面微生物样品。应先取微生物样品，后在邻近位置取残留物样品。

（4）各项取样完成后，填写取样记录表。（略）

（五）验证结论

验证试验应连续进行三次，根据样品检测结果，对照可接受标准确认在线清洁程序的可靠性和重现性。

第九章　粉针剂生产过程验证

第一节　概　　述

粉针剂是一类以不能在最后容器中灭菌为工艺特点的注射用产品，其主药一般在水溶液中易分解失效或对热不稳定。因此这类产品的无菌水平既不能选用过滤除菌的方法，也不能选用最终产品灭菌的方法来保证，通常采用将各种生产用的原料、辅料经过不同的灭菌工艺过程灭菌后，用无菌生产的方法将其分装成最终产品。

从严格意义上讲，粉针剂应完全不含有任何活的微生物，包括致病的和非致病的微生物。但由于目前检验手段的局限性，绝对无菌的概念不能适用于对整批产品的无菌性的评价。所以目前评价整批产品质量时所使用的"无菌"概念，不是绝对无菌的概念，而是概率意义上的"无菌"概念，即保证出现微生物污染的产品概率为国际通用的某个可以接受的概率范围之内。这种概率意义上的无菌质量特性取决于生产过程中严格控制洁净条件和杀灭微生物的灭菌工艺。

粉针剂的生产过程验证涉及到的工程技术范围比较广，内容也比较多。根据粉针剂的特点及无菌性要求，本章主要以粉针剂分装过程的验证为例，详细介绍验证工作的全过程。

一、工艺流程

粉针剂的生产工艺流程见图9-1。

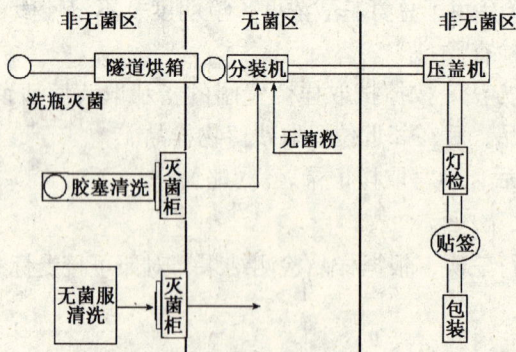

图9-1　无菌分装粉针剂生产工艺流程图

粉针剂的分装作业常采用容量分装法，系将精制的无菌粉末在无菌条件下直接进行分装。

（一）分装原料的准备

待分装原料可用无菌过滤、无菌结晶或喷雾干燥法处理，必要时需进行干燥、粉碎、过筛等，精制成无菌粉末，精制过程必须在 100 级洁净条件下进行。

（二）分装容器与附件的处理

分装容器和分装机械应根据物料的粉末晶形和松密度来选择。分装容器大致分为三种类型：西林瓶（5ml、7ml 管制瓶或模制瓶）、直管瓶、安瓿瓶，分装粉针剂主要用西林瓶。西林瓶清洗灭菌工艺基本同小容量注射剂工艺，在联动洗瓶线上采用超声波清洗和加压汽水喷射洗涤方法冲洗，洗净的小瓶立即在隧道式灭菌烘箱 280~340℃下干热灭菌后备用。为防止无菌粉末粘瓶，可用硅油处理西林瓶内壁。

胶塞清洗方法同输液胶塞，洗净后也要用硅油进行硅化处理，联动洗塞机可连续进行胶塞的清洗、硅化、灭菌处理。灭菌好的空瓶、胶塞应在净化空气保护下存放，存放时间不超过 24 小时。

铝盖在制造过程中带有较多油污时，可以用洗涤剂清洗，再用纯化水冲洗干净后置电热烘箱内 120℃、1 小时条件下干燥灭菌。如果铝盖本身经过涂塑处理，表面无油污，只需灭菌即可。

（三）分装

分装必须在高度洁净的无菌室中按照无菌操作法进行。除另有规定外，分装室温度为 18~26℃，相对湿度应控制在分装产品的临界相对湿度以下。分装机械有螺旋式分装机、插管式分装机和真空吸粉式分装机（亦称气流分装机）等数种。以气流分装机为例，该设备由真空泵、压缩空气泵、层流罩、空气净化系统、供瓶系统、分装系统、盖瓶机等机件组成。分装系统是气流分装机的重要组成部分，主要由装粉筒、搅粉斗、粉剂分装头及传动装置等组成，其中装粉筒用于盛装分装粉剂；搅粉斗由四片搅拌桨组成，作用是将装粉筒落下的药粉保持疏松并压进粉剂分装头的定量分装孔中；粉剂分装头靠分配盘与真空系统和压缩空气系统相连，通过间歇回转中的吸粉和卸粉，实现定量分装（图 9-2）。分装后的小瓶即加塞并用铝盖密封。

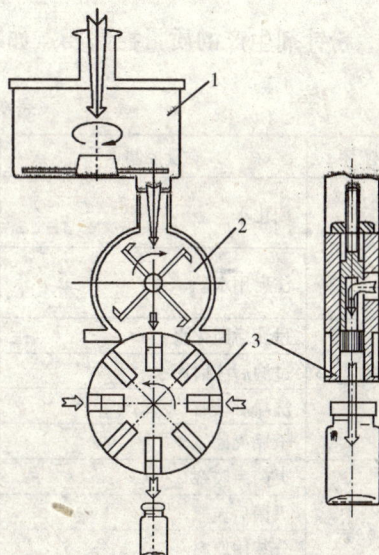

图 9-2 粉针剂分装系统示意图
1. 装粉筒；2. 搅粉斗；3. 粉剂分装头

（四）灭菌

不耐热的品种必须严格无菌操作，耐热的品种可以对最终产品补充灭菌。以青霉素粉针为例，结晶青霉素在干燥状态耐热，虽经 150℃、1.5 小时加热效价没有损失，因此生产上确定分装后需补充灭菌，其产品能达到较高的无菌保证水平。

二、生产管理的特殊要求

1. 无菌分装的注射剂一般吸湿性都较强，在生产过程中应注意无菌室的相对湿度、胶塞和瓶子的水分、工具的干燥和成品包装的严密性。

2. 为保证产品的无菌质量，需严格监测洁净室的空气洁净度，监控空调净化系统的运行。无菌操作与非无菌操作应严格分开，凡进入无菌操作区的物料及器具均必须经过灭菌或消毒，人员须按照无菌作业的标准操作规程执行。

3. 对影响无菌分装产品质量的设备及工艺均须进行验证及监控。应规定直接接触药品的包装材料、设备的清洁－灭菌到投入生产的最长等待时间。

4. 青霉素类粉针剂生产的特殊要求

（1）室内应保持正压，与相邻的室（区）应保持相对负压；

（2）操作区的排风口，应安装高效空气过滤器，使其引起的污染危险降低到最低限度；

（3）为防止污染，出车间的物料，如工作衣、废瓶、废胶塞、空容器、鞋需用1%碱溶液处理。

三、质量控制要点

粉针剂生产的质量控制要点如表9－1。

表9－1　粉针剂质量控制要点

工序	质量控制点	质量控制项目	频次[①]
制水	纯化水	电导率	1次/2h
		《中国药典》全项	1次/周
	注射用水	pH、氯化物、铵盐	1次/2h
		《中国药典》全项	1次/周
洗瓶	过滤后纯化水	澄明度	定时/班
	过滤后注射用水	澄明度	定时/班
	洗净后玻瓶	清洁度	1次/2h
	干燥灭菌	温度、时间	1次/班
分装	灭菌后胶塞	水分、清洁度	每箱
	灭菌后玻瓶	水分、清洁度	2次/班
	分装用原料	色泽、澄明度	1次/班
	分装后半成品	装量	随时/台
封口	西林瓶	密封性	随时/台
	安瓿	封口、长度、外观	随时/台
包装	在包装品	异物检查，每盘标记	随时/班
	印字	内容、字迹	随时/班
	装盒	数量、说明书、标签	随时/班
	标签	内容、数量、使用记录	每批
	装箱	数量、装箱单、印刷内容	每箱

①根据验证及监控结果适当调整

四、主要标准操作规程（SOP）目录

粉针剂主要 SOP 目录见表 9－2。

表 9－2 粉针剂的主要 SOP 目录

序号	名　称	序号	名　称
1	西林瓶洗涤、灭菌标准操作规程	20	胶塞灭菌标准操作规程
2	洗瓶机微孔滤膜清洗更换标准操作规程	21	分装用丝光毛巾、绸布清洗、消毒标准操作规程
3	设备清洗、消毒标准操作规程	22	消毒液配制供应标准操作规程
4	清场标准操作规程	23	注射用水储罐管道清洗、消毒标准操作规程
5	分装岗位标准操作规程	24	消毒水储罐、管道清洗、消毒标准操作规程
6	分装用过滤系统清洗标准操作规程	25	质量控制通用规则
7	洁净区乳胶手套、鞋、衣服的清洗、烘干、灭菌标准操作规程	26	原材料质量抽查标准操作规程
8	原、辅材料传递、接收标准操作规程	27	中间控制标准操作规程
9	仪器的校验标准操作规程	28	胶塞灭菌后水分质量抽查标准操作规程
10	无菌室消毒标准操作规程	29	分装量抽查标准操作规程
11	压盖岗位标准操作规程	30	洁净室温度、相对湿度、压差控制标准操作规程
12	灯检岗位标准操作规程	31	洁净室悬浮粒子测试标准操作规程
13	半成品交接标准操作规程	32	洁净室沉降菌测试标准操作规程
14	贴签机清理标准操作规程	33	无菌胶塞、小瓶无菌检查标准操作规程
15	不合格品处理标准操作规程	34	乳胶手套、塑料袋澄明度检查标准操作规程
16	包装岗位换字码标准操作规程	35	洁净室浮游菌测试标准操作规程
17	标签领发、回收标准操作规程	36	各岗位特殊情况处理标准操作规程
18	胶塞洗涤标准操作规程	37	万级洁净区环境卫生清洁标准操作规程
19	铝盖洗涤标准操作规程	38	无菌室人员进、出标准操作规程

第二节　生产过程验证要点

粉针剂生产过程验证的对象应包括下述几个方面。

一、厂房设施、公用工程系统的验证

1. 洁净厂房

洁净厂房性能验证的重点是厂房布局和运行确认。厂房布局确认的内容有：厂房布局是否符合无菌生产的生产流程及生产操作的要求，是否符合不同种类、不同级别的物料之间防止交叉污染的隔离要求，是否符合人流及人员隔离以防止污染的要求，是否符合辅助设备和设备维修区域与无菌生产区域的隔离要求等。运行确认是证明空气净化系统、照明系统、供电系统、工业用气和制水系统的运行状态是否符合设计确认所规定的各项指标。如气流方向、压差、温湿度、照明度、洁净度级别的确认。

2. 制水系统

如注射用水制备、贮存、分配和微生物控制系统的验证应包括系统的安装确认、运行确认、性能确认及最终产品的验证。具体验证内容详见本书第七章。

3. 纯蒸汽系统

纯蒸汽系统的验证包括蒸馏设备、贮罐、纯蒸汽发生器及纯蒸汽管路系统的安装确认、运行确认及性能确认。在纯蒸汽系统性能确认方案中应明确规定验证合格的质量标准及取样点等。各取样点纯蒸汽的冷凝水质量应符合现行《中国药典》或美国药典中关于注射用水的标准。

4. 净化空调系统

净化空调系统的验证内容应包括以下几个方面。

（1）高效过滤器检漏　对于 1 万级以上洁净度的单向流或非单向流洁净室应进行高效过滤器检漏试验，目的是通过测定其泄漏量发现过滤器及其安装的缺陷，以便采取补救措施。检漏方法一般采用气溶胶法，在一定的加热条件（39℃）和压力条件（0.1MPa）下，将聚 α - 烯烃产生的气溶胶烟雾送入高效过滤器上风侧，在下风侧用光度计采样，测定气溶胶的相对浓度。当上风侧的气溶胶浓度为 10 ~ 20μg/L 时，下风侧的气溶胶穿透率应小于 0.01% 。

（2）静压差　空气洁净级别不同的相邻房间之间的静压差应大于 5Pa，洁净室与室外大气的静压差应大于 10Pa。

（3）换气次数　1 万级以上洁净室的换气次数应不小于 20 次/h。

（4）工作区截面风速　100 级洁净室内垂直单向流空气的截面风速应不小于 0.25m/s，水平单向流空气的截面风速应不小于 0.35m/s。

二、灭菌系统的验证

1. 干热灭菌、除热原系统

隧道式干热灭菌系统的确认包括灭菌条件、空载热分布试验、装载热分布试验、热穿透试验、隧道腔室内压差和尘埃粒子试验等。通过试验，应能证明西林瓶经灭菌处理后，不溶性微粒数符合内控标准，细菌内毒素下降 3 个对数单位。

2. 湿热灭菌系统

在粉针剂生产中，湿热灭菌系统主要用于工作服、手套、分装机部件等的灭菌。灭菌柜应在运行灭菌程序时，通过热分布试验了解柜内温度的均匀性，确定柜内的冷点位置和冷点滞后时间，确定冷点位置的 F_0 值大于 8。

3. 其他灭菌系统

如 γ 射线照射灭菌、环氧乙烷灭菌的灭菌效果也需验证。

三、分装设备验证

无菌分装设备是粉针剂生产过程中的关键设备，分装设备的验证目的是证明设备在限定的范围内运行，分装出来的产品能始终如一地达到《中国药典》的质量标准，包括无菌性检测、不溶性微粒和装量差异检查。下面以螺杆式分装机的验证过程来说明验证的项目和内容。

（一）概述

1. 分装方式

通过螺杆容积分装，分装过程包括理瓶、进瓶、分装、盖塞等四步。

2. 设备组成

本机由储粉及输粉通路、供瓶系统、供胶塞系统、分装头和压塞机等五个部分组成，其中分装头是通过计量螺杆、粉杯来实现定量分装的。

3. 用途

本机适用于分装用国标模制或管制西林瓶包装的粉针剂。

4. 设备的主要技术参数

本机储粉及输粉通路密封性良好，分装头便于装拆、易于清洁。分装过程由计算机控制装量，装量精度符合分装工艺要求。主要技术参数见表 9-3。

表 9-3 螺杆分装机的主要技术参数

序 号	参数名称		指 标
1	分装瓶规格		产量
	2~10ml		120 瓶/min
	15~25ml		80 瓶/min
	25~100		50 瓶/min
2	装量差异		≤3%
3	分装盖塞运转率		$T_实/T_预 > 80\%$
4	胶塞定向失误率		≤3‰
5	自动盖胶塞成功率		≥99%
6	缺瓶不分装完成率		100%
7	挤瓶破损率		<0.1‰
8	空载运转噪音		≤70dB

5. 设备选材

设备选材符合 GMP 要求。与药粉直接接触的零部件均采用不锈钢 316L 制造，如螺杆、料斗、出粉口等；非直接接触药粉的外露表面均采用不锈钢 304 制成；非金属材料满足《药品生产质量管理规范》（1998 年修订）中第 32 条要求。

（二）安装确认

安装确认应对照设备生产厂家的说明书，确认安装场地和环境应具备的条件，安装程序和方法、各种工艺参数的校正是否能使设备达到最佳运行状态。主要内容有以下几点：

1. 安装条件

（1）安装场地须达 1 万级洁净度，其中分装间应有百级洁净度的层流保护。百级层流罩所用的高效过滤器需做完好性检测，过滤效率达到 99.97%；大于 0.5μm 的悬浮粒子数应不超过 3.5×10^3 个。

（2）分装间湿度检测应在 50±5%、温度检测应在 22~24℃之间。灌装室与万级区间的压差应大于 5Pa。

（3）分装机与隧道烘箱之间的隔断应用密封胶密封，与轧盖工序相连的输送带应按洁净度区域分段，输送口尽量小。

（4）室内的真空管线应标明名称和流向，真空指标确认：真空度 $6×10^{-2}$MPa，抽气速率达到 $14m^3/h$。

2. 安装参数标准

（1）机器的台面高度 900mm，要求纵向与横向误差小于 1mm；

（2）测量进瓶转盘的平面跳动情况，要求转盘转动一周，平面跳动小于 0.5mm；

（3）取 100 只分装用西林瓶校验自动计数器的性能，先将自动计数器校至零位，然后在最高速度下试运转 5min，自动计数准确率应达到 100%。

3. 其他安装确认项目

安装确认还应包括计算机控制系统、电气保障系统、设备相关资料及备品备件目录等项目。

（三）运行确认

运行确认是在安装确认完成后进行的，也是在草拟的操作规程指导下进行的，目的是验证设备各部分及设备整体在空载运行中的各种技术指标的可靠性。主要内容有以下几点：

1. 操作规程（草拟稿）的修订

通过空载运行试验，修订操作规程（草拟稿），形成正式使用的标准操作规程。

2. 空载运行试验

空载运行试验的目的是考察各技术参数的稳定性和可靠性。

（1）分装加塞运行　取 2~10ml 分装瓶 12 000 瓶，在额定最高转速下试运行 1~2h，其产量指标应达到 120 瓶/min，分装加塞运转率达 80% 以上。

$$分装加塞运转率 = \frac{实际运转时间}{预定运转时间} × 100\%$$

其中实际运转时间为：预定运转时间 – 中途停机时间。

（2）自动加塞成功率　运行条件同（1），自动加塞成功率应不低于 99%。

$$自动加塞成功率 = \frac{试验用分装瓶数 - 自动加塞失败瓶数}{试验用分装瓶数} × 100\%$$

（3）分装质量　运转平稳，目测分装过程无异常漏粉，分装瓶表面无沾粉现象。

（4）空载运转噪声　实测值应小于 70dB。

3. 运行及连锁功能

空载运行试验还应确认设备的运行控制及连锁功能的有效性。主要运行及连锁功能有以下几项：

（1）缺瓶不灌装及空瓶自动停车控制；

（2）分装螺杆与下粉口接触能自动停车并显示报警；

（3）自动剔除未盖塞瓶功能；

（4）根据前后工序分装瓶数量情况，能作运行控制并变频调速。

4. 电气系统性能

电气系统安全可靠，操作灵敏准确并应有接电装置及安全标志。

（四）性能确认

性能确认的目的是验证设备各部分及设备整体在装载运行中的各种技术指标的有效性和重现性。验证的主要内容有：

1. 装量试验

用标准法码校正电子天平后，每隔 10 分钟取样一次，每次 4 瓶，共取样 3 次。装量差异应小于 3%。

2. 空载状态不溶性微粒的测试

在生产线上取 15 个空瓶，其中 5 个空瓶作为空白对照，5 个空瓶通过分装螺杆工序，5 个空瓶通过盖塞工序。按《中国药典》（2005 年版）中注射液不溶性微粒检查法检查，均应符合企业内控限度要求。

3. 装载状态下不溶性微粒的测试

在生产线上每小时取 5 瓶产品，按《中国药典》（2005 年版）中注射液不溶性微粒检查法检查，均应符合企业内控限度要求。

4. 分装产品的无菌性检查

在生产线上每批产品至少应取样 20 瓶，按《中国药典》（2005 年版）中无菌检查法检查，应符合规定。如做培养基模拟分装试验，其微生物污染率应小于 0.1%。

四、无菌环境保持系统的验证

1. 控制污染源的验证

无菌区有很多不同的微生物污染源，其中物品传递系统和在无菌区工作的操作人员是污染的主要途径。控制这些污染源的方法是严格执行相应的标准操作规程，并制订定期再验证的方案。如未经消毒处理的物品不允许进入无菌区，经过消毒处理的物品也不允许通过一个非无菌区后再进入无菌区，物品在传递系统内消毒应严格按经验证过的消毒 SOP 操作。在无菌区工作的操作人员必须经过专门的无菌操作技术培训和无菌更衣技术培训，无菌服清洗灭菌、更衣均应按照各自的标准操作规程执行。为了防止或减少操作者引起的无菌区污染，在正常分装生产时应对操作者的无菌服、手套、眼镜、胸前、前臂等部位的微生物数量进行监测。

2. 无菌区的清洁消毒规程验证

灭活墙壁、地面、天花板、门窗及设备角落的微生物是保持无菌环境的重要途径。清洁消毒规程中应包括无菌区使用清洁剂或消毒剂的种类、清洁消毒方法、清洁消毒周期等规定。无菌区的消毒规程应经过验证，对无菌区内墙壁、门、设备及操作者可能接触的各种表面应进行无菌检查，验证取样可以采用擦拭取样或表面接触取样法。微生物内控标准可以参照美国标准或中国标准制定。如 100 级洁净室采用表面接触法取样，取样面积为 $24 \sim 30 \text{cm}^2$ 时，细菌数应少于 3 个。

3. 空气洁净度确认

监测空气中的微生物数量可分别采用沉降法测定沉降菌数，用撞击法测定浮游菌数，监测结果应符合我国 GMP（1998 年修订）的标准。

五、清洗过程的验证

清洗过程的验证对象应包括洗瓶过程、胶塞洗涤过程、在线清洗系统、设备部件清洗过程、无菌服的清洗过程等。

六、无菌操作人员的培训与考核

在无菌室工作的人员均应定期进行无菌生产操作技术培训，其中无菌分装人员必须通过培养基灌装试验考核，三批无菌灌装合格才能上岗。

第三节　粉针剂分装过程的验证

粉针剂分装过程的验证是在确认灭菌系统、公用工程系统、无菌环境保持系统、计算机控制系统、清洗过程等基础上进行的，特别要注意防止灭菌、清洁后的再污染。无菌分装室微生物污染是造成产品的污染或粉针剂分装过程验证失败的主要原因之一，产品或产品容器暴露的空间应设有 100 级层流空气保护，无菌室温度、湿度的控制不仅应考虑待分装药物的吸湿、防止微生物的生长，还应考虑操作者工作条件的舒适状况，以减少因操作不当而导致污染的机会。

粉针剂分装过程验证的目的是证明无菌分装过程无菌保证水平的可靠性。验证方法一般采用培养基模拟分装试验。

一、培养基模拟分装作业

模拟分装作业应严格执行分装岗位的标准操作规程，分装量应与产品常规装量相似，分装过程、产品及产品容器的暴露时间应与正常产品分装过程相似。模拟分装的过程是：先将定量的无菌粉末分装到无菌西林瓶中，盖胶塞，然后用无菌注射器将定量无菌培养基注入瓶内，最后铝盖封口。模拟分装出来的所有西林瓶应标记顺序号以便于调查其污染原因。

模拟分装试验前，应对无菌作业的环境进行全面监测，包括空气悬浮粒子监测、表面微生物监测、空气浮游菌监测、层流罩下的沉降菌监测以及人员的卫生监测等。只有各项监测结果达标时，方可进行培养基模拟分装作业。

二、模拟分装作业的合格标准

培养基模拟分装作业的国际通用标准规定，模拟分装样本大于 3000 瓶，可信限水平为 95% 时的分装污染率应小于或等于 0.1%，即分装药品的无菌保证水平（SAL）应大于或等于 3。

参照国际惯例，国内企业的粉针剂分装过程验证也必须首先确定合格标准。合格标准的指标可以从以下三个项目来确定。第一项是希望达到的无菌性可信限水平；第二项是可接受的分装污染率；第三项是通过前两项指标计算出来的一次模拟分装中至少应分装的瓶数。

合格标准的无菌保证水平是在概率统计学的基础上建立的，概率论中的泊松分布通常适用于描绘大量重复实验中稀有事件出现次数的概率分布。

1. 确定一次模拟分装中至少应分装的瓶数

假设无菌粉针剂生产过程中产品的批生产量（批量 N）相对较大，单个产品被污染的概率（P）服从泊松分布；培养基模拟分装作业也服从泊松分布。则可由泊松分布的近似值公式（9-1）计算出可信限为 95%，无菌分装药品的 SAL 不低于 3 时，一次模拟分装中至少应分装的瓶数。

$$P_{(X>0)} = 1 - e^{-Np} \qquad (9-1)$$

式中　P 表示被污染产品的概率；

　　　　X 表示被污染产品的污染率；

　　　　N 表示一次模拟分装中至少应分装的瓶数。

当 $P = 0.001$，一次模拟分装中至少应分装的瓶数（批量）为 2996 瓶。

2. 合格标准指标间的相互关系

根据模拟分装中检测到的污染瓶数由表 9-4 的 A 栏中查出与其相对应的污染数，由 B 栏中查出泊松分布 95% 可信限的控制上限，并由下述公式计算出分装污染率：

$$污染率 = \frac{95\% 可信限的控制上限（B）}{模拟分装的瓶数（C）} \times 100\% \qquad (9-2)$$

表 9-4　A、B、C 之间的关系

A	B	C	A	B	C
0	2.9557	N/A	3	7.7537	7 760
1	4.7439	4 750	4	9.1537	9 160
2	6.2958	6 300			

注：A 表示模拟分装中被污染的产品数；B 表示 95% 可信限的控制上限；C 表示可信限为 95%，保证产品的污染率 $\leq 0.1\%$ 时，一次模拟分装中被污染的产品数为 A 时至少应分装的瓶数。

下面举例说明模拟分装作业的合格标准指标间的相互关系。

（1）当一次模拟分装中被污染的产品数为 1、模拟分装的瓶数为 5000 时，95% 可信限的控制上限为 4.7439。按公式 9-2 计算：

污染率 $= 4.7439/5000 \times 100\% = 0.0949\%$

则此次模拟分装结果符合污染率的可接受标准。

（2）若一次模拟分装中被污染的产品数为 2，模拟分装的总瓶数为 5000 时，95% 可信限的控制上限为 6.2958。按公式 9-2 计算：

污染率 $= 6.2958/5000 \times 100\% = 0.1259\%$

则此次模拟分装不符合污染率的可接受标准。

3. 确定模拟分装的内控标准

模拟分装的内控合格标准可确定为：当可信限水平为 95%、产品允许的污染率为 0.1%，污染瓶的数量分别为：

（1）模拟分装的瓶数为 3000 瓶时，污染瓶数为 0；

（2）模拟分装的瓶数为 4750 瓶时，污染瓶数小于 2；

（3）模拟分装的瓶数为 6300 瓶时，污染瓶数小于 3。

三、培养基微生物生长性能试验

模拟分装试验可采用 TSB/SCDM 培养基（即胰酶酪胨大豆培养基），培养基微生物生长性能可以通过下述试验确认。首先根据标准操作规程制备 TSB/SCDM 培养基并灭菌，将灭菌后的培养基分装于预定数量的西林瓶中，一半西林瓶中接种枯草杆菌，另一半西林瓶中接种白色念珠菌，接种浓度小于 100 CFU/0.1ml。接种后盖塞、封口并分别在 30 ~ 35℃和 20 ~ 25℃培养 7 天，观察菌株生长情况，至少 50% 以上西林瓶的培养基中出现明显的枯草杆菌或白色念珠菌生长。

四、培养基无菌性试验

培养基模拟分装作业的结果受培养基无菌性的影响很大，若不能保证培养基在分装作业前的无菌性，则不能保证分装作业验证的可信性。培养基无菌性试验的主要方法是将灭菌后用于模拟分装的培养基分装于一定数量的无菌西林瓶中，盖塞、封口后在相应温度下培养 7 天，观察菌株生长情况，所有西林瓶的 TSB/SCDM 培养基中均应无任何微生物生长。

五、模拟分装用无菌粉末

用于模拟分装作业的无菌粉末应具有良好的流动性，可以用分装机分装；可溶于液体培养基；可以在干粉状态下灭菌，灭菌后的无菌性达到药典规定的要求；在试验应用的浓度下无抑菌性等特性。乳糖、甘露醇、PEG 6000、PEG 8000 等物料符合上述要求可以用于模拟分装，在选择应用前必须对无菌粉末的无菌性、抑菌性及能溶解性进行性能确认。

六、模拟分装产品的微生物培养

1. 阴性对照组

在模拟分装过程中随机取样，分别取预定数量装有培养基的西林瓶和分装无菌粉末的西林瓶作为阴性对照组，用于分装现场培养基无菌性试验。

2. 阳性对照

在模拟分装过程中随机取样，分别取预定数量装有培养基的西林瓶，一半接种枯草芽孢杆菌，另一半接种白色念珠菌，接种浓度小于 100CFU/0.1ml。接种后分别在其适宜的温度下培养 7 天，7 天内至少 50% 西林瓶的培养基中有明显的接种微生物的生长，并以此作为阳性对照。

3. 试验样品培养

模拟分装生产的全部样品应在适宜的温度下培养 14 天，先在 20 ~ 25℃下培养 7 天，然后在 30 ~ 35℃下培养 7 天。14 天时检查全部样品的微生物生长情况。若发现污染应记录西林瓶顺序号及污染瓶数，同时检查铝盖、胶塞的密封情况；若有破损应检查并记录其破损原因。对于微生物污染的样品应进行鉴别试验，鉴别的内容至少应包括菌落、细胞形态学及革兰染色特性等。

七、试验结果评价

评价模拟分装作业的主要指标之一是微生物污染水平，如果试验结果证明其污染水平超过规定的合格限度，则应立即停止生产，调查并记录污染产生的原因。在调查结束并采用相应的措施后应重复进行培养基模拟分装试验。

八、验证制度

为了保证粉针剂分装工艺过程符合粉针剂分装要求，粉针剂生产企业均应制定培养基模拟分装试验验证制度。

新建的粉针剂生产线在其正式投入生产前必须进行无菌模拟分装试验，合格后才能投入生产。对于已经投入使用的无菌粉针剂分装生产线，每年应至少进行 2 次无菌模拟分装试验，并保证每个在粉针剂分装生产线上工作的人员，每年至少参加 1 次成功的无菌模拟分装试验。除此以外，在生产用的设备、设施、人员结构及工艺方法有重大改动时都应该进行培养基模拟分装试验，以证明改动对已经验证了的粉针剂分装工艺过程不产生不良影响。

第十章 冻干粉针剂生产过程验证

在一般的贮存条件下，水溶性灭菌制剂中药物的化学降解过程都较快，产品的有效期较短。辅酶 A、注射用抑肽酶等一些酶制剂及血浆等生物制品由于其热敏性原因均不宜采用最终灭菌的工艺手段。

冷冻干燥工艺（以下简称冻干工艺）是将药物溶液进行无菌过滤、无菌分装后，以高真空、低温方式进行药液脱水、干燥，最终获得无菌冻干粉针剂的方法。

冻干粉针剂具有以下特点：

（1）优良的复溶性：由于药液在保持冻结状态下被干燥，形成多孔结构的干燥制品，所以它可以迅速地溶解在水中，恢复到最初的溶液状态；

（2）药液脱水后真空密封或充氮密封，有利于药品贮存，防止水解和氧化；

（3）整个生产过程在低温条件下进行，适用于热敏感的成分和对水不稳定的药物溶液的干燥。

冻干粉针剂的生产是一种较为特殊的生产过程，一个完整的冻干粉针剂生产工艺包括注射剂生产中的通用工艺，如配制、过滤、灌装、清洗、灭菌等，这些内容的验证已在本书的其他章节中介绍过，因此，本章将重点讨论冻干设备和冻干工艺的验证。

第一节 冻 干 工 艺

一、冻干过程

在冻干过程中，药物的水性溶液首先被冷冻，水被冻结成冰晶体，药物散布在这一晶体结构中形成冻结制品（以下简称为制品）。在维持冻结状态的条件下，用抽真空的方法降低制品周围的压力，当它低于该温度下水的饱和蒸汽压时，冰直接升华成为气体。升华的同时，还伴随着解吸附作用，从而可以除去制品中的结晶水、游离水和部分其他溶剂。冰升华的结果，在制品中造成了大量的枝状孔隙，因而在使用时，水可以很容易地渗透到这些孔隙中去，从而使制品迅速、完全地再溶解。冰升华干燥过程中，药物成型被保留，即其形状和药液冻结状态时的形状相同。由于干燥过程是在低温条件下进行的，因此药物受破坏的程度及其挥发性组分的损失降低到了最低程度。

随着升华的进行，水分和能量同时减少。为保持一定的升华速度，需要供给一定的热量，使制品处于"匀速升华"的被干燥状态。但供给的热量必须严加控制，绝不能使制品升温到出现局部熔融或液化的程度。升华干燥过程是冷冻干燥的主要干燥阶段，也称为一次干燥阶段。

当冰全部升华后，需将制品的温度逐渐升高，以去除其表面残余的吸附水。干燥过程的这个阶段称为二次干燥阶段。该阶段需持续进行，直至制品的水分含量减少到规定的指标，以符合产品的贮存要求。

整个冷冻干燥过程结束后，还需对冻干剂进行充氮、密封等工艺处理。

冻干工艺过程如图 10－1。

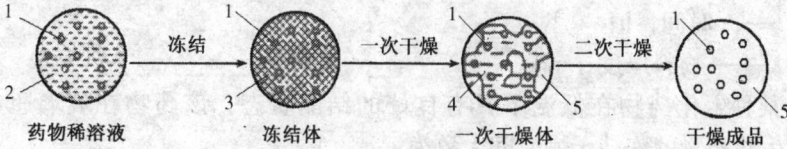

图 10－1 冻干过程示意图
1. 溶质；2. 溶剂；3. 冰晶；4. 吸附水；5. 枝状气隙

（一）冻结阶段

冻干过程的第一步为药液冻结。药液的冻结速度不仅影响制品升华干燥的效率，而且还影响到产品的活性、色泽以及溶解性能，因此应根据制品的特点来选择冻结方法。按冻结速度分类，常用的冻结方法有缓慢冻结法和快速冻结法两种。

缓慢冻结法是将药液缓慢冷却，逐渐达到最终冻结温度，由于冻结速度缓慢，溶质随着冰晶体的逐渐长大而缓慢析出结晶。该法制备的制品中冰晶体较大，溶质晶核与冰之间的间隙也较大，有利于升华水分的排出。

快速冻结法是将药液迅速降温直至冻结，其优点是在快速冻结的过程中，形成了更多微小的冰晶体，因而同一体积的药液，其冻干升华的表面积较大，可加快制品升华干燥的过程。抗生素类冻干粉针剂产品一般采用快速冻结法。

（二）一次干燥阶段

1. 一次干燥过程

药液完全冻结后，用抽真空的方法降低冻干箱的压力，当压力低于该温度下水蒸气的饱和蒸气压时，冰发生升华，水分不断被抽走，制品不断干燥。一次干燥的工艺过程分述如下：

（1）热量传导　热量由导热介质加热导热搁板、间接加热玻璃瓶，再传送到冻结的冰晶体内，最终传导至制品的表面；

（2）升华　冰晶体升华过程产生的水蒸气通过制品枝状孔隙（干燥通道）蒸发至制品表面；

（3）捕集水蒸气　从制品表面蒸发出来的水蒸气通过水分捕集器进入真空冷凝器；

（4）水蒸气冷凝　水蒸气在真空冷凝器中凝结成冰。

2. 一次干燥温度的确定

在一次干燥过程中，必须监控制品的干燥温度。当干燥温度高于制品的共熔点或崩解温度时，则会影响干燥过程的顺利进行。如干燥温度高于制品的共熔点时，制品会出现部分熔化现象，局部晶体结构被破坏，生成无定形体（玻璃化），冻结体发生收缩或膨胀，最终影响升华的继续进行；又如干燥温度高于制品的崩解温度时，制品会局部出现"塌方"，不仅影响升华的继续进行，而且会导致最终产品外观质量不合格。所以一次干燥的温度必须控制在制品的共熔点/崩解温度以下，并应根据产品的特性通过试验来确定。

3. 一次干燥时间的确定

晶体结构简单，制品晶形良好时，如物料厚度小于10mm，其标准一次干燥时间一般在10~30h之间，并可按以下经验公式估算：

$$t = K^{+1.5} \qquad\qquad (10-1)$$

式中　t——时间，h；

　　　　K——物料厚度，mm。

例如：某种生化药物在低温下具有良好的结晶状态，该药物在玻璃瓶中的厚度为9mm，则该生化药物的冻结干燥时间大致为：

$$t = 9^{+1.5} = 27 \ (h)$$

（三）二次干燥阶段

在一次干燥阶段，绝大部分水分随着冰晶体的升华逐步去除。如果将一次干燥的制品置于室温下，制品中残留的吸附水足以将制品分解。为了进一步去除制品中残留的吸附水分，应进行二次干燥。二次干燥过程应在制品共熔点/崩解温度以下，提高产品的温度，降低干燥室的压力，以缩短二次干燥的时间。应当指出，为了避免制品在干燥过程中出现玻璃化及药物降解，二次干燥的时间和温度参数必须通过试验来确定。

二、冻干工艺

冻干工艺主要用于生产生化制品、中药注射剂产品和对热敏感、遇水不稳定的抗生素类产品。常用的冻干工艺流程如图10-2所示。

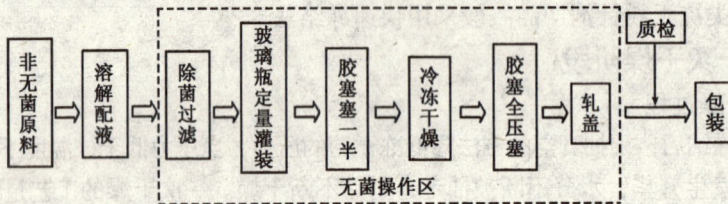

图10-2　冻干粉针剂生产工艺流程

冻干工艺的主要过程如下。

1. 药液配制

根据生产处方，将主药和辅料溶解在注射用水或含有部分有机溶剂的水性溶液中。

2. 药液过滤

根据药液的性质选择不同孔径的过滤器组合对药液进行分级过滤，终端过滤器采用经灭菌处理的0.22μm级膜滤器进行除菌过滤。

3. 药液灌装

将经除菌过滤的药液灌注到玻璃瓶中，胶塞半压塞。

4. 冻干机装载

把半压塞玻璃瓶转移至冻干箱的搁板上。

5. 冷冻干燥

运行冻干机，降低搁板温度使溶液冻结，抽真空，对搁板加热，分别完成一次干燥和二次干燥过程。

6. 封口

通过安装在冻干箱内的液压或螺杆升降装置全压塞。

7. 轧盖

将已全压塞的制品移出冻干机，然后用铝盖将胶塞与瓶口轧紧密封。

总之，冻干粉针剂的过滤、灌装、冻干机装载、冷冻干燥、封口等操作过程均应在100级生产环境中完成。

三、冻干设备

冷冻干燥机组（以下简称冻干机）是冻干工艺过程中的关键工艺装备。制品在冻干机内的无菌状态下完成冻干过程和全压胶塞等操作过程。为了满足冻干粉针剂的工艺要求，冻干机必须具备一些特殊的结构和功能。冻干机的设备配置见图10-3。

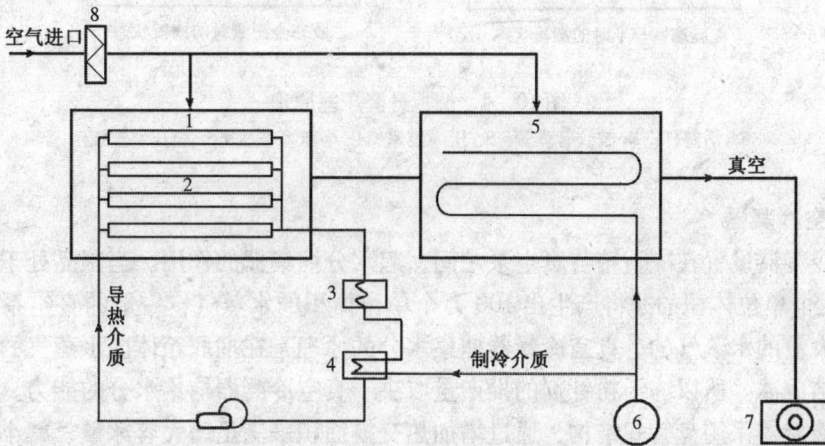

图10-3　冻干机设备配置图

1. 冻干箱；2. 导热搁板；3. 加热器；4. 热交换器；5. 真空冷凝器；
6. 制冷系统；7. 真空系统；8. 空气过滤器

通常由冻干箱、真空冷凝器、真空系统、热交换系统、制冷系统和仪表控制系统等六个部分组成。

1. 冻干箱

冻干箱是药品完成冻结和真空干燥过程的容器，箱内设置有多层导热搁板和搁板升降机构、充气装置、灭菌与清洗装置。导热搁板一般采用三合板式结构，导热介质不断地在栅板回路间循环流动提供升华所需热量，为保证箱体内各部分温度一致，箱体顶层还设置补偿搁板。搁板升降机构用于装瓶、玻璃瓶压塞和出瓶。

冻干工艺对冻干箱及其附设装置的性能要求是：

（1）冻干箱体具有良好的耐压性能 冻干箱在整个冻干工艺过程中处于受压状态，箱体必须既能承受制品升华过程中的较低压力（大约10Pa左右），又能承受121℃在线蒸汽灭菌时0.2MPa左右的较高压力。因此冻干箱的最大工作压力范围应达到5Pa~1.6MPa。

（2）搁板具有良好的导热性 由于制品的温度变化是靠箱内搁板的热传导来实现的，因此导热搁板表面应平整光洁，在长期热胀冷缩（-40℃~50℃）的工作条件下不变形、不渗漏，保证搁板与搁板之间的温差能控制在±1℃以内。

（3）搁板升降装置具有良好的密封性 搁板升降装置用于装料、玻璃瓶压塞和出料，压塞原理如图10-4所示。升降装置中的活塞杆与冻干箱内的搁板相连，为了消除液压机构可能带来的污染，搁板升降装置必须具有良好的密封性。

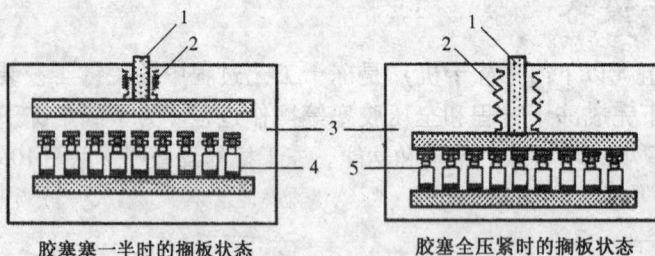

胶塞塞一半时的搁板状态　　　　　　胶塞全压紧时的搁板状态

图10-4 搁板升降压塞原理

1. 活塞杆；2. 波纹管弹簧；3. 干燥腔室；4. 半压塞玻瓶；5. 全压塞玻瓶

2. 真空冷凝器

真空冷凝器设置在冻干箱与真空泵之间，起水分捕集器的作用。当制品处于一次干燥阶段时，1个单位体积的冰将产生出100万个单位体积的水蒸气，一般的真空系统是无法处理这么大量的水蒸气的。真空冷凝器捕集水分的原理是在抽取箱体内水蒸气的同时，把水蒸气冻结成冰。所以冻干粉针剂的批产量取决于真空冷凝器捕集水分的能力。

真空冷凝器采用盘管式结构，通过增加热交换面积来满足增大容冰量、减小升华阻力的要求。在冻干箱与真空冷凝器之间还安装有隔离阀，其作用是在停机时，可使真空冷凝器中冰的融化和冻干箱内的装料同时进行。

按照冻干工艺的要求，真空冷凝器内还有各种接口，包括冷却盘管制冷剂的进出口，蒸汽进口，凝结水、化霜水的排出口，真空管接口，在线灭菌气体入口以及验证试验接口等。

3. 热交换系统和制冷系统

在冻干工艺中，冻干过程是通过制品与搁板的间接热传递来实现的，而搁板的"冷却-升温"则由冻干机的热交换和制冷系统来控制。热交换系统靠大流量循环泵强制循环热源介质，使搁板获得均匀的搁板温度；制冷系统则通过制冷压缩机压缩制冷剂，向热交换器和真空冷凝器提供冷源。

目前，冻干粉针剂生产中的冻干机均采用自动控制系统，可以根据制冷负载的变化情况自动分配和调节制冷量来控制温度，如制冷效果的技术指标确定为：搁板空载最低温度小于-50℃，冷凝器最低温度小于-75℃。

4. 真空系统

冻干机的真空系统一般选用回转真空泵和前置真空泵（罗茨泵）组成的真空泵机组，可获得较高的真空度。但为了保持冻干箱的压力恒定，还需要采取相应的控压措施，如采用周期性向冻干箱内引入定量经除菌过滤的空气或惰性气体的控压方法。

5. 仪表控制系统

冻干机的运行采用计算机程控方式，执行工艺过程的各种温度、压力、时间参数，并由记录仪自动记录监控数据。这些数据往往都是生产验证的原始凭证。

6. 公用工程系统

冻干机需要配置的公用工程一般是指干燥压缩空气、无菌压缩空气或无菌氮气、冷却介质、清洗介质（纯化水、洗涤剂、乙醇等）、灭菌介质（锅炉蒸汽、纯蒸汽、环氧乙烷混合气体）、电力供应等。为了保证冻干工艺过程中设备的安全和最终产品的质量，公用工程必须具备足够的供应能力并符合工艺要求的质量标准。

第二节　冻干设备验证

冻干工艺的技术参数最终都是由执行该工艺过程的设备来完成的，因此在冻干工艺验证之前，应对冻干机的设计能力进行确认，证明各设备的运行状况、系统整体运行时的各种参数和运行的可靠性都能够满足产品工艺的要求。

一、冻干机制冷性能的确认

冷冻是通过制冷剂在系统内的循环来实现的。制冷剂在制冷机内压缩，由气态变换为液态后进入冷凝器中，液化了的制冷剂经冷却器继续冷却，通过膨胀阀以喷雾的形式进入蒸发器，在液体转换为气体时，吸收大量的蒸发潜热而制冷，被蒸发的制冷剂又按上述方式返回到制冷机内，实现循环制冷。

在冻干工艺的不同阶段，制品冻结与干燥过程的温度通常需要在 $-40 \sim 50 \, ^\circ\!C$ 之间变化，起水分捕集作用的真空冷凝器内的温度需要始终维持在 $-70 \sim -50 \, ^\circ\!C$ 之间，温度超过冻干工艺的控制范围时还需要再冷却，因此冻干机的制冷能力及控温能力需要通过验证来确认。

冻干机制冷性能的确认通常需在空载与模拟满载两种状态下进行。

（一）空载运转时冷却能力的确认

空载状态下，冻干箱内的搁板或真空冷凝器降温速度的确认试验，一般安排在设备经过较大检修后进行。在进行此项确认之前，首先应检查制冷系统管路、装置有无泄漏，冷冻机试运转时各部分压力、冷却水温度是否正常，在此基础上使主冷冻机满负荷运行，对冻干箱内搁板或真空冷凝器进行冷却降温。空载状态下主冷冻机的冷却能力应达到下列参数值。

1. 冻干箱搁板的降温速度

（1）导热介质的温度从 $10 \, ^\circ\!C$ 降至 $-40 \, ^\circ\!C$ 所用时间不得超过 70min；

（2）导热介质的温度从 $10 \, ^\circ\!C$ 降至 $-50 \, ^\circ\!C$ 所用时间不得超过 90min，即平均降温速度应该大于 $1.5 \, ^\circ\!C/min$。

2. 真空冷凝器的降温能力

真空冷凝器的降温能力应能够达到低于 -70℃ 的水平。

（二）满载运转时冷却能力的确认

该项确认试验在空载运转状态确认后进行。首先根据正常生产品种确定冻干箱的满载量，然后在试验用平底托盘内加入相当于满载量体积的注射用水，移至冻干箱搁板上，开启主冷冻机 100% 功率，对冻干箱降温，测定相关降温数据。参数标准如下：

1. 冻干箱搁板的降温速度

导热介质的温度从 10℃ 降至 -35℃ 所用时间不得超过 100min；导热介质的温度从 10℃ 降至 -45℃ 所用时间不得超过 120min。

2. 真空冷凝器的降温能力

真空冷凝器的降温能力应能达到低于 -55℃ 的水平，制品处方中如含有较多有机溶剂时，真空冷凝器应能达到低于 -65℃ 的水平。

（三）真空冷凝器最大捕集水分的能力确认

冻干机在安装确认时已在说明书中获悉真空冷凝器最大捕集水分的能力数据，但是由于制品的工艺条件不同、配套的公用工程条件也不一样，因此必要在更换品种或在新产品的扩大生产时，再进行最大捕集水分的能力确认。确认试验是建立在满载运转试验基础上的过载试验方法，即往平底托盘中加入超量的水，当真空冷凝器中结满冰时观察系统运行情况，然后停车，将托盘中剩余水称重，通过计算来确定捕集能力。

二、冻干机控温能力的确认

冻干机在制品的一次干燥阶段以及二次干燥阶段中，当导热介质温度超限时必须进行精确的补偿控制，一般要求补偿控温精度为 ±1.0℃。控温能力确认试验的方法与冻干机制冷性能确认类同。

1. 空载运转时导热介质升温速度的确认

参数标准：空载运转状态下，开启电加热器 100% 功率，导热介质升温速度应大于 25℃/h，升温幅度超过 50℃。

2. 满载运转时导热介质升温速度的确认

参数标准：首先根据正常生产品种确定冻干箱的满载量，然后在试验用平底托盘内加入相当于满载量体积的注射用水，移至冻干箱搁板上，开启电加热器 100% 功率，导热介质升温速度应大于 20℃/h。

3. 导热介质的控温精度确认

参数标准：在导热介质升温过程中，若按指定的控制速率升温，其温度控制精度应在 ±1.0℃ 的范围内波动。

三、真空系统性能的确认

冻干工艺的干燥过程，必须在冻干箱内水蒸气分压低于该温度下饱和水蒸气压的条件下运行。当冻干箱内温度在 -50℃ 左右时，物体表面的压力需控制在 4Pa 以下的低真空状态，此时气体的流动呈现黏性流。为了达到 4Pa 以下的低真空状态，冻干机一般需配置回转真空泵和前置直空泵（罗茨泵）组成的两级真空泵机组，因为回转真空泵的抽气能力低，故作为初级真空泵，前置直空泵为二级真空泵。

（一）真空泵抽气速率的确认

真空泵抽气速率确认的方法为：首先测定包括冻干箱、真空冷凝器和主要真空管路的容积，然后记录从 10^5Pa 抽真空至 $133Pa$ 压力所需的时间，由此来计算实际的抽气速率，单位为 L/min。

（二）真空泵机组的性能确认

1. 初级真空泵的单机性能

空载状态下，要求从运转开始 $10min$ 内使冻干箱的压力从 10^5Pa 降至 $6.7Pa$ 以下。

2. 两级真空泵机组的性能

空载状态下，初期抽气速率应在 $20min$ 内使冻干箱的压力达到 $13.3Pa$ 以下，$6h$ 内使冻干箱的极限压力达到 $1.33Pa$ 以下。

（三）控压精度确认

制品在一次干燥或二次干燥阶段，均要求正确控制系统的压力。在一次干燥阶段，控制压力恒定的目的是使冰晶体匀速升华；在二次干燥阶段，控制压力的目的是强化从搁板到制品容器的热传导，以降低制品的残留水分。控压试验一般采用气体导入控制法，通过导入适量气体（空气或氮气）来平衡抽气系统的能力，恒定冻干箱内的压力。主要的确认内容是 N_2（或空气）控制阀的调节能力和无菌氮气（或空气）过滤器的过滤性能。一般冻干工艺的控压精度为 $\pm 3Pa$。

（四）真空系统泄漏率确认

泄漏通常是外部气体通过泄漏点进入真空系统内造成的，冻干机密封的可靠性是通过检查真空系统的总泄漏率来评价的。真空泄漏率试验的方法是：测定包括冻干箱、真空冷凝器和主要真空管路的容积，在空载状态下启动两级真空泵机组，保持冻干机的极限压力（系统压力达到 $1.33Pa$ 以下）一段时间后，关闭真空冷凝器阀门，记录从关闭阀门起的3分钟之内，每分钟系统内压力的升高值。真空系统泄漏率的参数标准为系统内压力升高值不得大于 $200L\cdot\mu mHg/s$。

四、冻干机运行确认的主要项目

冻干机运行确认的主要项目包括运行参数确认、冻干工艺程序确认。

1. 运行参数确认的项目

运行参数确认的项目至少应包括冻干箱箱体内的最低压力、允许最大真空泄漏率、搁板间的最大温差、搁板的降温速度和最低温度、真空冷凝器的降温速度和最低温度等。

2. 冻干工艺程序确认的项目

冻干工艺程序确认的项目至少应包括干燥程序试验、在线清洗-灭菌程序试验等。

第三节 冻干工艺验证

冻干工艺验证的目的是在确认冻干机运行参数的基础上，冻干程序是否能始终如一地生产出符合质量要求的制品。制品的冻干工艺参数较多，验证时选择足量的关键工艺参数进行考察是较为恰当的方法。限于篇幅，本节重点介绍冻干程序验证和在线清洁－灭菌程序验证等两个方面。

一、冻干程序验证

冻干程序验证包括冻结速度、制品温度与冻干时间、冻干压力等内容，并根据上述工艺参数的变化情况评价对制品质量的影响，以便确认产品冻干工艺的适应性和重现性。

（一）冻结速度

冻干机的制冷能力影响制品的冻结速度，并最终影响制品冻结质量。因此制品在冻结阶段的冻结速度应通过验证试验确认。

结晶性制品总是希望冻结速度不要太快，以使晶核较大，有利于形成大块冰晶体，加快升华速度。但是冻结速度太慢时结晶太大，可能造成晶核数量减少，影响制品的均匀性；相反，冻结速度太快可能使一些呈无规则网状结构的高分子药物在药液中迅速定型，有机溶剂迅速逸出，从而影响制品的复水性能。因此需要对药液的冻结速度进行验证，以确定符合制品成型工艺要求的降温速度。

（二）制品温度与干燥时间

制品在冻干过程中的温度一般由放置于玻璃瓶内的标准热电偶来测定。制品温度虽然能够被直接测量，但它是通过搁板的温度变化间接受控的，因此验证试验应测定不同冻干阶段的搁板温度与制品温度，以及搁板的温度梯度的变化对制品温度的影响，最终确定制品温度控制范围参数，确保最终产品的质量。

制品温度的验证分为以下几个方面进行。

1. 一次干燥阶段的制品温度

在一次干燥过程中，升华需要热量。理论上，传递到制品上的热量应与升华所耗热量相平衡。如果传递到制品上的热量太多，将导致制品温度明显升高，可能引起冻结制品底部熔融，使制品的热传递严重受阻，制品的水分含量偏高。反之，若热量太少，则会降低冰晶的升华速率。

理想的制品温度应能保证热量匀速地自下而上传递，干燥匀速地自上而下推进。因此，确认一次干燥阶段的制品温度必须结合对制品冻干效果的影响来验证。

2. 二次干燥阶段的制品温度和干燥终点的确定

在二次干燥阶段中，制品温度逐渐上升，最后与搁板等温。如果制品升温速度较快，干燥迅速，继续干燥将会使制品接受高温的时间延长，导致制品严重分解或变色；反之，如果干燥温度或干燥时间不够，则制品中的水分残留量超过标准。因此，该阶段验证试验的目的是确定二次干燥阶段的制品温度范围及干燥终点，还应通过验证试验确定干燥终点的方法是否合适。

确定干燥终点多采用经验法或制品水分残存量法。经验法是在制品干燥过程的后期，切断冻干箱与真空泵间通道，观察冻干箱内压力改变的速度。若压力的变化速度小于5Pa/3min时，则确定为已达到干燥终点，该方法只能获得大致的干燥终点。制品水分残存量法是通过测定同一制品不同干燥时间的制品水分残存量来确定干燥终点的，该方法存在必须中断冻干作业取样，检验耗时较长等缺点。如果将经验法和制品水分残存量法结合起来确定干燥终点，是一种较为理想的判断方法。

3. 二次干燥阶段的真空度

冻干工艺运行的实践证明，二次干燥阶段的真空度应低于一次干燥阶段的真空度，原因是在较低真空度条件下，箱内可形成空气的热对流，作为搁板间接热传导的补充，有利于干燥过程的顺利进行。出于同样的原因，当制品冰层较厚时，真空度可高一些；当制品冰层较薄时，真空度可低一些。二次干燥阶段的真空度应结合制品温度一起确认。

4. 真空冷凝器的工作温度

在冻干工艺运行时，真空冷凝器是特殊意义上的真空泵，它在抽取箱体内水蒸汽的同时，把水蒸汽冻结成冰。真空冷凝器的工作温度和制品溶液中的有机溶剂的量有关，如乙醇的蒸气分压比水蒸气分压还高时，其工作温度就应控制得低一些。一般在一次干燥阶段，真空冷凝器的工作温度应在 $-75 \sim -50℃$ 之间，正常的工作温度一般控制在 $-60℃$ 左右为宜，此时制品的温度大约在 $-35℃ \sim -10℃$ 之间。真空冷凝器的工作温度的验证实质上就是针对不同品种的制品，根据真空冷凝器内蒸发表面温度与仪表上测量温度，比较得出真空冷凝器的工作温度是否合适的结论。

二、在线清洁－灭菌程序验证

冻干工艺制造的药品多为无菌产品。在整个冻干过程中，制品始终都暴露在由冻干箱与真空冷凝器组成的冻干机中，因此在制品的冻干工艺过程中，需要把冻干箱与真空冷凝器组成的冻干机作为一个无菌空间来管理。由此可见，在线清洁－灭菌程序验证应包括对冻干箱和真空冷凝器清洁与灭菌的有效性、重现性的确认。

（一）冻干机的在线清洁验证

冻干机的在线清洁应根据清洁规程设定的清洗程序和清洗周期，对冻干箱和冷凝器的内表面进行清洁处理。冻干机的在线清洁方法一般采用手工清洁或自动清洁方法。

1. 手工清洁

（1）预洗　预洗的目的是清除冻干箱和冷凝器内可见的残留物，使清洁状态有一个基本一致的清洗起点。通常使用软管或喷水枪向箱体内喷洒饮用水或纯化水。预洗时，喷洒用水的温度可不作具体规定，关键是操作人员对预洗结果的检查。预洗检查的标准应尽可能明确，如对搁板表面和箱体底部进行检查时，不得有可见的残留物。

（2）清洗　为了获得稳定的清洁效果，如需要可使用化学清洁剂。选用化学清洁剂的原则是：清洁剂组成简单，成分确切，能有效溶解箱体内的残留物，清洁剂的残留量可用一般分析方法检测。冻干机常用的清洁剂有碳酸氢钠或氢氧化钠等。使用清洁剂时应有详细的书面规程规定清洁剂的名称、规格、组成、配制方法、使用浓度以及清洗温度等内容，以减少操作人员的操作偏差，提高清洗操作的重现性。

（3）淋洗 通过清洗步骤虽然已除去了绝大部分残留物，但设备上残留的清洁液中仍然含有清洁剂和残留的物料。淋洗是用水以固定的方法和固定的时间充分淋洗设备表面，目的是使残留物的浓度降至规定限度以下。淋洗步骤对淋洗水质的要求较高，一般使用纯化水或注射用水。

（4）最终淋洗 最终淋洗的目的是减少微生物污染风险，最终淋洗水应使用注射用水。

2. 自动清洁

一般 $5m^2$ 以上的冻干机由于体积较大，手工清洁不易操作等原因，大多采用自动清洁系统。该系统是在手工清洁作业的基础上，实施作业过程的自动控制。自动清洁是在一个预定的时间内，将清洁液或淋洗液以受控制的流速通过冻干箱箱体和真空冷凝器进行循环冲洗。

3. 冻干机的日常清洁

日常清洁是指冻干机在运行间隙中的清洁。冻干机的日常清洁步骤如下：

（1）手工清洁 以浸润方式刷洗待清洁的表面，清洗液可用水或一定浓度的洗涤液。

（2）自动清洁 使用冻干箱内配备的清洗装置，用注射用水以加压喷洒的方式淋洗后，再用无菌压缩空气或其他除水工具除去箱内水分，最后喷洒一定量的 75% 乙醇，关闭箱门放置 10～20min 待用。

（3）清洁效果确认 按设定的程序清洗结束后，取最后一次淋洗水水样检验清洁剂残留量，并对清洗表面作擦拭试验，目测检查有无可见异物。

（二）冻干机的在线灭菌验证

冻干机的在线灭菌一般采用饱和蒸汽灭菌和环氧乙烷气体灭菌等方法。

1. 饱和蒸汽在线灭菌验证

（1）饱和蒸汽灭菌过程 饱和蒸汽在线灭菌系统可使用饱和洁净的纯蒸汽同时对冻干箱、真空冷凝器和空气过滤系统灭菌，灭菌条件设定为121℃、绝对压力 $2.05 \times 10^5 Pa$。因为冻干箱是放置未密封无菌产品的容器，所以纯蒸汽的质量应符合注射用水标准。灭菌的基本步骤如下：①关闭冻干箱门及锁定门锁；②驱除箱体中的空气及不凝性气体；③引入饱和蒸汽直至达到设定的灭菌温度和压力；④保持灭菌温度及压力至设定的灭菌时间；⑤解除压力，冷却已经用纯蒸汽灭菌的冷凝器；⑥启动真空泵，将系统干燥；⑦开启制冷系统冷却搁板。

（2）验证试验 饱和蒸汽在线灭菌系统的验证可采用湿热灭菌工艺的验证试验进行，主要验证试验有热分布试验和生物指示剂试验等。

在线灭菌一般是在空载状态下进行的，因此热分布试验是指空载热分布试验。由于一般冻干箱的装机热电偶探头较少，不能正确反映灭菌时箱内的温度分布情况，因此热分布试验时应当适当增加箱内的标准热电偶探头数目，其总数应在 10～20 个之间，固定在箱内的不同位置。按121℃，15min 的灭菌条件连续灭菌3次，确定"冷点"位置，且冷点与各测温点的平均温差应小于 ±2.5℃。

生物指示剂试验是在热分布试验的基础上，将装有 10^6 个嗜热脂肪芽孢杆菌的密封安瓿 10～20 个，放置于冻干箱内各层搁板上的指定位置，其中包括冷点位置，然后按121℃，15min 的灭菌条件进行蒸汽灭菌。灭菌结束后按照《中国药典》规定的"无菌检查法"对样品做无菌检查，结果为阴性则确认灭菌完全；如为阳性则需查找原因，调整灭菌程序，适当延长灭菌时间，重新进行验证试验。

2. 环氧乙烷在线灭菌验证

环氧乙烷混合气体灭菌也可作为冻干机的在线灭菌方法。环氧乙烷属高效灭菌剂，具有杀菌谱广、灭菌能力强的特点，对微生物的繁殖体、细菌芽孢有较强的杀灭效果。但环氧乙烷具可燃性，当与空气混合时，其中空气含量达 2.0%（V/V）则易引起爆炸。关于环氧乙烷的灭菌程序、灭菌装置的性能确认等内容已在第三章中介绍过，下面主要讨论环氧乙烷灭菌机灭菌自控程序的可靠性验证。

（1）灭菌自控程序　将冻干系统内的真空度调节至 $8 \times 10^5 Pa$，以避免灭菌过程中有毒气体外溢；然后用注射用水润湿冻干箱和真空冷凝器，放置 10min 左右，保持相对湿度在（60±10）%；充入环氧乙烷混合气体，灭菌 90min；最后用新鲜的无菌空气置换冻干机内的环氧乙烷混合气体，观察并记录每一个步骤和仪器仪表运行状况。试验应进行 3 次，然后对环氧乙烷灭菌机的自控程序的可靠性做出评价。

（2）灭菌自控程序的可靠性评价　一般用生物指示剂验证试验进行可靠性评价。灭菌前，在冻干箱内各层搁板的指定位置和真空冷凝器内的适当位置放置盛有菌膜的培养皿，每个培养皿盛有两片菌膜，每片菌膜含有 1×10^6 个枯草芽孢杆菌（如 *NCTC* 10073、*ATCC* 9372），并放入经过校验、带记录装置的温湿度计。灭菌完成后，从冻干箱和真空冷凝器内取出培养皿密封送检，将其中一片菌膜做无菌检查，以判别枯草芽孢杆菌灭活的情况。若无菌检查呈阳性结果时，应取另一片作微生物计数试验，以检查菌膜片中的细菌残存数目；若无菌检查呈阴性结果，则说明灭菌完全，微生物计数检查可以不做。验证合格标准参见《中国药典》（2005 年版）附录。

第四节　冻干粉针剂生产过程验证

在冻干粉针剂的生产过程中，为了保证产品质量的稳定性和有效性，必须对生产过程中所涉及到的关键设备、工艺、试验方法及分析方法的可靠性予以验证。主要验证对象如表 10-1 所示。

表 10-1　生产过程验证对象与参考标准

验证对象	验证项目	验证参数	可接受标准
厂房及公用工程系统	生产环境	1. 厂房建筑、安装符合产品工艺的特殊要求； 2. 空气洁净度	符合产品工艺要求
	制药用水	1. 电导率指标 2. 微生物指标 3. 细菌内毒素指标	符合中国药典规定
	工业用气	1. 纯度 2. 微生物限度	符合产品工艺要求

验证对象	验证项目	验证参数	可接受标准
关键设备	冻干设备		符合产品工艺要求
	洗瓶机	洗涤能力 清洁程度	符合产品工艺要求
	洗胶塞机	洗涤能力 清洁程度	符合产品工艺要求
	灌装和半压胶塞机	灌装速度与精度	精度误差 < ±2.5%
		无菌灌装质量确认	SAL≥3
		半压胶塞成功率	≥80
	轧盖机	产品的密封性	符合产品工艺要求
	隧道式干热灭菌机	灭菌/去热原效果	SAL≥12
	蒸汽灭菌机	灭菌效果	SAL≥6
	除菌过滤器	膜孔径和孔径分布 过滤器的完整性	符合产品工艺要求
工艺过程	冻干工艺	适用性	符合产品工艺要求
	在线清洁－灭菌系统	可靠性 清洁与灭菌效果	符合产品工艺要求
产品		物理性状和色泽	符合中国药典规定
		水分	<2%
		不溶性微粒	符合中国药典规定
		溶液的浊度	符合中国药典规定
		效价	符合中国药典规定

表 10 - 1 所列的验证对象中，厂房及公用工程系统、冻干过程及冻干设备的验证已在相关章节详细介绍，本节主要介绍产品验证的相关内容。

一、产品包装容器的密封性验证

我们从图 10 - 2 所示的冻干粉针剂生产工艺流程中可以看出，玻璃瓶在定量灌装后，是在半压胶塞的状态下完成冻干过程的。为确保胶塞完全压入瓶内，后续工序胶塞全压塞的前提条件是玻璃瓶内必须保持一定的负压状态（约 $6.6 \times 10^3 \text{Pa}$），而且瓶内的负压也有利于维持瓶塞的气密性。

容器的密封性除与胶塞全压塞的质量有关外，还与轧盖机的轧制压力有关。轧制压力偏小，则产品的气密性得不到保证，反之则可能造成瓶口破裂。压盖作业选择的轧制压力范围应通过验证来确认（见第九章）。产品容器的气密性验证方法有以下两种。

（一）全压胶塞的压力试验

通常液压压力应设定在 18～20MPa 之间，在此压力范围内进行全压胶塞试验，目测检查全压塞质量，确认设定压力的适用性。

（二）玻璃瓶的密封性试验

1. 玻璃瓶内负压保持试验　取一定数量的玻璃瓶半压胶塞后放入冻干箱内，抽真空至 $8.8 \times 10^5 \text{Pa}$，在 18～20MPa 的压力下对玻璃瓶进行全压塞。然后解除冻干箱内的负压，取出玻璃瓶在轧盖机上按常规生产要求轧盖密封。放置 7 天后，用装有水的注射器刺入玻璃瓶内，观察注射器中的水能否自动进入玻璃瓶内。若注射器中的水能够自动进入玻璃瓶内，则可判断瓶内的负压保持良好。

2. 玻璃瓶轧盖密封性试验 取一定数量的玻璃瓶手工塞上胶塞，在已调试好轧制压力的轧盖机上轧盖密封，放入冻干机内，在 $1.8 \times 10^5 Pa$ 的真空条件下放置40min。取出玻璃瓶，用装有水的注射器刺入小瓶内，观察注射器中的水能否自动进入小瓶。若注射器的水不能够自动进入小瓶，则可判断轧盖的密封性为合格。

二、除菌过滤器的性能验证

（一）气体除菌过滤器

控制冻干箱内压力所用的压缩空气或氮气等气源一般需要经干燥和除菌过滤处理，因此在每个冻干过程中，气体除菌过滤器都应进行过滤器的完整性测试，以确认过滤器在冻干机运行期内截留细菌的性能，同时也须确认滤膜经过在线灭菌后，其孔径和孔径分布没有变化。

（二）液体除菌过滤器

药液配制后均应使用液体除菌过滤器过滤，液体除菌过滤器的性能验证详见第四章。下面主要介绍过滤器的清洁程序确认和过滤器对药液的适应性确认内容。

1. 过滤器的清洁程序确认

确认过滤器清洁程序的目的是证明经蒸汽灭菌后过滤器组件的适用性，并确认过滤器不会散发不溶性微粒。检测方法：将过滤器组件按照设定的清洗压力、流速和时间清洗后，在蒸汽灭菌机内121℃灭菌15min，先做过滤器的起泡点试验，然后用该过滤器过滤注射用水并定时抽取过滤后水样。水样按《中国药典》注射用水项下要求检测，重点检测水样中不溶性微粒数量。评价方法：根据检测结果，确认过滤器按照设定的清洁程序清洁后，是否达到"无微粒"的清洁要求。

2. 过滤器对药液的适应性确认

过滤器对药液适应性试验的目的是通过待过滤药液经某种除菌滤材过滤后，其理化性质有无变化，最终确认该滤材对药液的适用性。试验方法：按冻干工艺要求配制药液，用此药液"浸泡"经灭菌处理的过滤器。在"浸泡"的第4h、8h、12h、24h、48h、72h分别取"浸泡"液样品，测定pH、溶解状态及外观、色调、浊度、效价等项目，并取同一时间下未接触过滤器的药液作空白对照，试验结果无明显差别为合格。

三、培养基模拟灌装试验

冻干粉针剂的培养基模拟灌装试验和粉针剂的培养基模拟分装试验相同，其验证是在确认灭菌系统、公用工程系统、无菌环境保持系统、计算机控制系统、清洗过程等基础上进行的，目的是证明工艺过程无菌保证水平的可靠性。两者不同的是，培养基模拟灌装试验必须在灌装后，进行半压塞及冻干操作。因此模拟灌装试验的取样时间则须根据试验过程的长短来调整，如果试验全过程持续进行一天，则取样时间应分为上午开始、结束，下午开始、结束等4个时间。当每批灌装样本为3000瓶时，培养基灌装试验连续进行3次的结果，应能确认灌装样本的 SAL 值大于或等于3，即批污染品的概率不得超过千分之一。

四、产品验证

冻干工艺验证中的产品验证是在特殊监控条件下的试生产，系统地验证在设计的工艺条件下冻干产品的可靠性和重现性。产品验证通常包括下列内容。

（一）冻干产品的质量确认

1. 物理性状和色泽

药液冻结条件和制品冻干过程中的压力精度等因素都可能是最终造成冻干产品表层凹凸不平的原因，二次干燥阶段的温度偏高或时间太长还可能导致产品色泽不均匀。因此考察冻干产品的物理性状和色泽可以验证冻结条件和真空度的适用性。

2. 水分

冻干箱内各层搁板温度不一致是造成制品升华速度快慢不一，产品含水量波动的直接原因。一般冻干产品要求平均水分控制在 2% 以内，单个瓶样品水分也不得大于 3%，为了保证产品的含水量和水分均一性，可以通过对制品含水量的统计分析，找出高含水量产品的搁板位置，进一步确认冻干曲线的适用性。

3. 冻干产品复溶后的澄明度

在冻干过程中，胶塞中的附加剂（如矿物油、硫等）可能出现某种程度的解吸附作用，并在靠近胶塞的部位及产品的表面形成雾状。这些挥发性物质可能是影响冻干粉针剂复溶后澄明度较差的重要原因。因此，必须通过清洁验证进一步考察胶塞清洗过程的可靠性。

4. 其他质量检验项目

装量差异、不溶性微粒、无菌、细菌内毒素、热原等质量检验项目应根据《中国药典》（2005 年版）的检查方法检查，并均应符合各项下规定。

（二）冻干程序的确认

制品在进行试生产中，一般按照预先设计的冻干程序运行。但是，由于实际的生产条件、使用的设备、器具及公用工程设施等与设计方案不可能完全吻合，因此需要在试生产中通过若干验证试验来确认冻干程序对该制品的适用性和重现性。如通过制品的外观检查和水分检查，确认相关工艺参数的控制范围等，为最终修改冻干程序提供依据。

五、工艺环境的验证

冻干粉针剂的工艺环境既包括灌装、半塞胶塞、冻干、半成品进出冻干箱、轧盖等生产操作环境，也包括胶塞、铝盖、玻璃瓶及无菌区域内使用的容器具、无菌服等辅料的灭菌环境。针对冻干工艺的特殊要求，无菌工艺环境应能有效受控。工艺环境验证的目的实际上就是确认冻干粉针剂生产平面布置的工艺适用性。

冻干粉针剂的生产布置应充分考虑到整个生产过程的无菌操作特性。其基本要求是：

1. 无菌操作工序的设计是否有利于生产过程的无菌管理。如灌装后处于开口状态的产品，在输送到冻干机的全过程中，是否能确认在 100 级洁净度的洁净区域内运行。

2. 同一条生产线的无菌操作工序与非无菌操作工序是否采取了有效的防止微生物污染的措施。如在布置净化区域时，是否配置了与其相适应的净化空调系统。

3. 生产过程中物料的传递是否符合 GMP 的要求。如通过验证应能确认：未经过消毒或灭菌处理的物料不会进入无菌室；已经过消毒或灭菌处理的物料，不会再经过一个非无菌操作的区域进入无菌操作区。

第五节　冻干工艺的日常监控与再验证

在冻干工艺条件确认后，即可进入常规生产阶段。但是验证是药品生产企业的一项常规性的工作。工艺过程应有完善的日常监控计划，使其运行始终处于"验证确认的状态"之中。常规性生产中的各种数据应进行汇总、统计和趋势分析，必要时采取再验证活动。

一、冻干工艺的日常监控活动

在冻干工艺持续生产过程中，原材料、水、电、空气、蒸汽等公用工程介质不一定能够长期稳定地控制在设定的指标，因此经验证了的工艺仍需日常监控。为了确保冻干工艺过程的各种条件和设备的运行稳定，在前验证所确定的条件和状态上，应当通过验证确定工艺参数日常监控的内容和范围。验证过程应尽可能包括某些苛刻条件试验，即挑战性试验，以便运行过程出现某些偏差时，有比较充分的资料和依据，对偏差的后果做出恰当的评价。

二、冻干工艺的再验证

当设备和装置发生较大变更或做大检修后，或者制造方法、实验方法变更时，或者日常验证中发现重要的工艺特性出现异常、公用工程发生出现故障以及制品出现质量异常等情况下，应对冻干工艺验证的有关项目按照前验证采用的方法（或根据实际情况修订补充验证方案）进行"再实验"，以确认制造工艺的适应性和重现性。

第十一章 片剂生产过程验证

片剂生产由于受原辅料晶型、粒度、工艺条件及设备性能等因素影响较大，因此必须对生产过程中的设备进行验证，确认其有效性和重现性；必须对工艺及分析方法的可靠性进行验证，以确保含量的均一性；必须对因原辅料供应商的变更进行原工艺的再验证，必要时须作产品稳定性考察。

片剂属非无菌制剂，验证还应包括产品的卫生学标准。

在片剂的生产过程中必须对生产设备进行有效的清洁。特别是在更换品种时，清洁的效果必须用验证来确定。关于设备清洁验证的内容已在第六章作了详细介绍，本章不再重复。

第一节 概 述

为保证片剂的产品质量，按照 GMP 要求实施生产过程管理是十分必要的。本节结合生产工艺流程介绍片剂生产过程管理的若干要点。

一、生产工艺

片剂的生产一般是将药物与辅料混合后，按容积分剂量填充于一定形状的模孔内，经加压而制成片状。片剂的生产工艺可分为制粒压片法和直接压片法两种，前者根据制颗粒方法的不同，又可分为湿法制粒压片法和干法制粒压片法。片剂生产车间的工艺平面布置见图 11-1。

片剂车间的工艺平面布局必须符合 GMP 的要求，保证人流与物流的合理性。

（一）生产环境区域划分

为了防止产品生产中的污染、混药和差错，片剂生产过程强调工艺流程的衔接顺序与空气洁净度级别的协调。从图 11-1 中可以看出，片剂生产按一般生产区、控制区工艺卫生要求划分生产区域，原料粉碎、过筛、配料、制粒、压片、包衣、分装等工序划为"控制区"，其他工序划为"一般生产区"。控制区的洁净级别确定为30 万级。

（二）工艺平面布局特点

1. 设置净化设施 为防止污染，对进入控制区的人员和物料要进行净化处理。员工入口处应设置如换鞋、更衣、盥洗、缓冲等人体净化设施，物料入口处要设置清除外包装的房间。

2. 合理安排人流、物流 为防止污染，要尽量分清人流、物流通道。控制区人员和一般生产区人员分开通行，以保证良好的操作环境。各工序的物料流向基本按生产流程顺序流动。

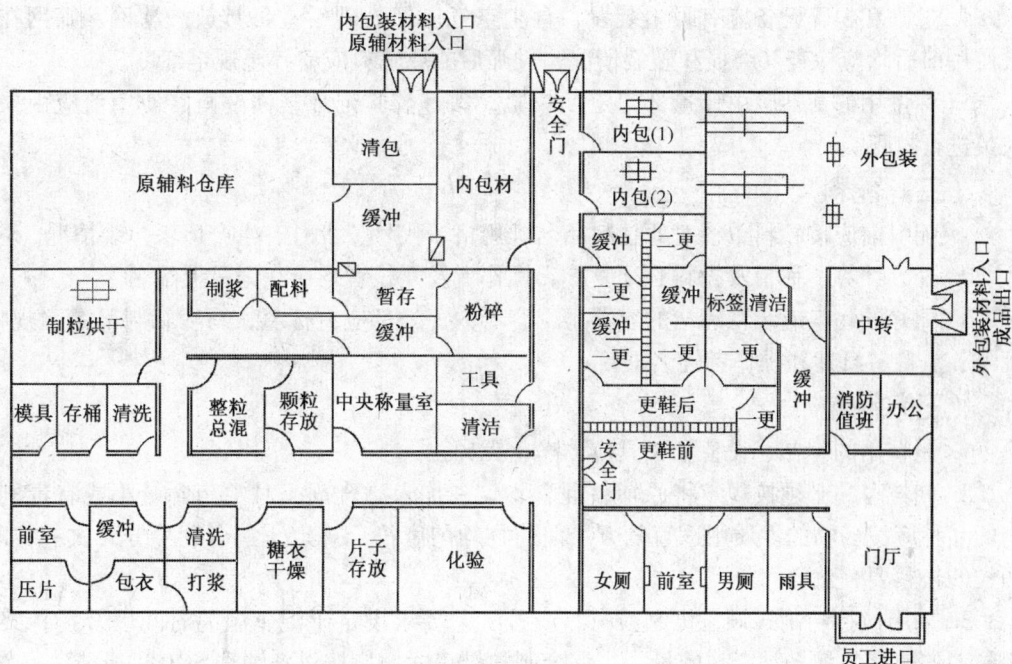

图 11-1 片剂车间工艺平面布置示意图

3. 设置中间站 可按工艺要求设中间站，其环境区域为 300 000 级。中间站的职责范围包括：

（1）制订各工序半成品的入站、移交、验收、贮存及发放制度，各工序容器保管、发放制度；

（2）物料的存放必须设置能区分检验前和检验后的原辅料、半成品和成品的存放区，以便有效地分出待验品、合格品和不合格品；

（3）统一管理车间半成品的各种周转容器及盛具，各车间使用后的容器及盛具退回中间站后要清洗并烘干后才能再使用。

4. 设置中央称量室 应在控制区内设置中央称量室，并有专人负责按处方正确称量，负责保管、校验、维修称量设备。

二、生产过程管理

（一）原辅料的预处理

1. 原辅料须检验合格后方可使用。原辅料生产商的变更应通过小样试验，必要时须通过验证。

2. 原辅料应经缓冲区脱外包装或经适当清洁处理后才能进入备料室。配料室应有捕尘装置和防止交叉污染的措施。

3. 过筛操作前需核对原辅料的品名、规格、批号和重量等。过筛后的原辅料应在盛器内外贴有标签，写明品名、代号、批号、规格、重量、日期和操作者等，作好相关记录。

4. 过筛和粉碎设备应有吸尘装置，含尘空气应经处理后方可排放。滤网、筛网在每次使用前后均应检查其磨损和破裂情况，过筛后的原辅料应粉碎至规定细度。

5. 称量用的衡器应由计量部门定期校验，做好校验记录，称量衡器使用前应由操作人员进行校正。

（二）配料

1. 配料前应按领料单核对原辅料品名、规格、代号、批号、生产厂、包装情况。

2. 处方计算、称量及投料必须复核，操作者及复核者均应在记录上签名。

3. 配好的物料应装在清洁的容器里，容器内、外都应有标签，写明物料品名、规格、批号、重量、日期和操作者姓名。

（三）制粒

1. 制粒用的容器、设备和工具应洁净，无异物。

2. 制粒时，必须按规定将原辅料混合均匀，加入黏合剂，对主药含量小或有毒剧药物的品种应按药物的性质用适宜的方法使药物均匀度符合规定，一个批号分几次制粒时，颗粒的松紧要一致。

3. 采用搅拌切割式颗粒机制粒时，应按工艺要求设定干混、湿混时间以及搅拌桨和制粒刀的速度与加入黏合剂的量。当混合制粒结束时，应按设备清洗 SOP 进行清洗操作。

4. 干法制粒时，应按品种特点对黏合剂的品种、数量，干压制粒的压力制订必要的技术参数；流化喷雾制粒时，应选用合适的黏合剂，严格按照设定的流化室喷雾压力、温度、浓度操作，并注意观察颗粒翻腾状态、注意防爆。

（四）干燥

1. 严格控制干燥温度，防止颗粒融熔、变质。

2. 采用流化床干燥时所用的空气应净化除尘，排出的气体要有防止交叉污染的措施。更换品种时必须洗净或更换滤袋。

（五）整粒与混合

1. 整粒机必须装有除尘装置。特殊品种如抗癌药、激素类药物的操作室应与邻室保持相对负压，操作人员应有隔离防护措施，排除的粉尘应集中处理。

2. 整粒机的落料漏斗应装有金属探测器，除去意外进入颗粒中的金属屑。

3. 宜采用 V 型混合机或多向运动混合机进行总混，每混合一次为一个批号。

4. 混合机内的装量一般不宜超过该机总容积的三分之二。

5. 混合好的颗粒装在洁净的容器内，容器内、外均应有标签，写明品名、规格、批号、重量、日期和操作者等，及时送中间站。

（六）压片

1. 压片室与外室保持相对负压，粉尘由吸尘装置排除。

2. 压片前应试压，并检查片重、硬度、厚度、崩解度、脆碎度和外观，必要时可根据品种要求，增加检查含量、溶出度或均匀度。符合要求后才能开车，开车后应定时（最长不超过 30min）抽样检查平均片重。

3. 应设冲模室，并由专人负责建立冲模使用档案和冲模清洁保养管理制度，保证冲模质量，提高冲模使用率。

4. 压片机的加料宜采用密闭加料装置，减少粉尘飞扬。压片机应有吸尘装置，除去粉尘。

5. 压制好的半成品放在清洁干燥的容器中，容器内，外均应有标签，写明品名、规格、批号、重量、操作者和日期，然后送中间站。

6. 压片过程中取出供测试的药片不得放回成品中。

（七）包衣

1. 包衣操作室与外室保持相对负压，粉尘由吸尘装置排除。使用有机溶剂的包衣室和配制室必须符合防火、防爆要求。

2. 包衣锅内干燥用空气应经过滤，所含微粒应符合规定要求。

3. 包衣浆料必须按照要求配制，并做好配制记录。

4. 包衣用的糖浆须用纯化水配制、煮沸、滤除杂质。食用色素须用纯化水溶解、过滤，再加入糖浆中搅匀，并做好包衣液的配制记录。

5. 薄膜包衣时，根据工艺要求计算薄膜包衣的重量，包衣材料的浓度。核对品名、规格、包衣颜色。

6. 包薄膜衣时，应控制进风温度、出风温度、锅体转速、压缩空气的压力，使包衣片快速干燥、不粘连而细腻。

（八）包装

1. 包装材料的选用应符合国家食品药品监督管理局第 21 号令《药品包装用材料、容器管理办法》（暂行），在使用前应经预处理；

玻璃瓶用饮用水洗干净，最后用纯化水冲洗并经干燥灭菌，30 万级洁净环境中贮存，贮存时间不得超过 3 天，超过规定时间应重洗；

塑料瓶（袋）、泡罩式铝塑包装应严密，内部清洁干燥。必要时采取适当方法清洁消毒；

直接接触药品的内包装材料应与药品不起作用，并采取适当方法清洁消毒，消毒后干燥密闭保存。

2. 旋转式分装机和铝塑包装机上部都应有吸尘装置。

3. 对包装标签的品名、规格、批号、有效期等必须复核校对。包装结束后，应准确统计标签的实用数、损坏数及剩余数，与领用数相符。剩余标签和报废标签按规定处理。

4. 包装全过程应随时检查包装质量。要求贴签端正、批号正确、封口纸平整严密、PVP 泡罩和铝箔热压熔合均匀、装箱数量准确及外箱文字内容清晰正确。

（九）清场

现场生产在换批号和更换品种、规格时，每一生产工序需进行彻底清场。清场合格后应挂标示牌。清场合格证应纳入批生产记录。

（十）生产记录

各工段应即时填写本工段的生产记录，并由车间质量管理员按批及时汇总，审核后交质量管理部门放入批档案，以便进行批成品质量审核及评估，符合要求者出具成品合格证书，放行出厂。

三、生产工艺监控项目

以湿法制粒压片生产工艺为例，其生产工艺监控项目如图 11 - 2 所示。

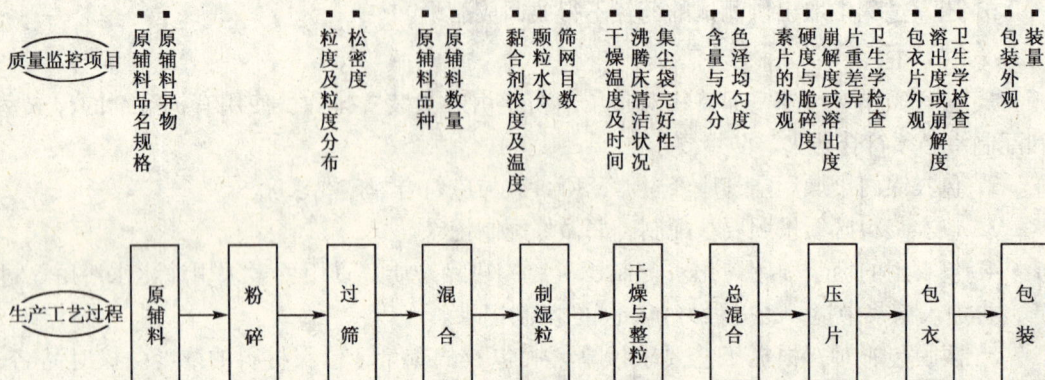

图 11 - 2   片剂生产工艺监控项目

四、主要标准操作规程

片剂生产中的主要标准操作规程见表 11 - 1。

表 11 - 1   主要标准操作规程

序号	名称	序号	名称
1	进出洁净区人员更衣程序及卫生管理操作规程	21	生产区、仓库的废弃物处理规程
2	进出一般生产区人员更衣程序及卫生管理操作规程	22	原辅料外包装的清洁、拆除操作规程
3	工作服、鞋清洗、更换管理操作规程	23	原辅料粉碎操作规程
4	状态标志的管理操作规程	24	筛粉操作规程
5	批号系统编制与管理操作规程	25	配料操作规程
6	物料平衡管理操作规程	26	混合制粒操作规程
7	异常情况处理规程	27	沸腾干燥操作规程
8	不合格品管理与处理规程	28	烘箱干燥操作规程
9	中间控制操作规程	29	整粒操作规程
10	记录填写规范管理规程	30	颗粒总混操作规程
11	工段间原辅料、半成品、成品的交接、贮存与发放规程	31	淀粉浆、HPMC 液配制操作规程
12	清洁工具的清洁与管理规程	32	压片操作规程
13	容器及设备的清洁与管理规程	33	包衣操作规程
14	清洁剂、消毒剂的配制与使用规程	34	薄膜包衣操作规程
15	地漏的清洁消毒规程	35	糖浆配制操作程序
16	进风、回风装置清洁与管理规程	36	明胶糖浆配制操作规程
17	洁净区的清洁卫生与使用规程	37	HPMC 包衣液配制操作规程
18	清场管理规程	38	包装操作规程
19	成品零头管理规程	39	包装工序清场操作规程
20	废标签管理与销毁规程		

第二节 生产过程验证对象

片剂生产过程的验证对象应包括如下要素:

一、厂房

厂房验证的项目包括建筑物和环境,主要验证厂房的设计、结构监控和维护系统是否适合本产品生产。

二、设备

设备验证的项目包括过筛机、粉碎机、混合制粒机、沸腾干燥器、干燥箱、混合器、压片机、包衣机、铝塑泡罩包装机等。主要确认新设备运行有效、老设备的关键仪表得到必要的校准。

三、原辅料

原辅料验证的项目包括淀粉、羟基乙酸淀粉钠、聚维酮(PVP)、羟丙基甲基纤维素(HPMC)、微晶纤维素、硬脂酸等,主要确认原辅料是否符合有关标准。原辅料生产商的变更应通过小样试验,必要时须通过验证。

四、内包装材料

内包装材料验证的项目包括无毒聚氯乙烯、铝箔等。主要确认内包装材料是否符合有关标准。

五、仪器

仪器验证的项目包括分析仪器、天平、磅秤、硬度仪、水分仪、崩解仪等。主要确认新仪器经过有效的验证、原有仪器经过必要的校准和维护。

六、公用设施

公用设施验证的项目包括制水系统和净化空调系统。制水系统的主要验证内容是贮罐及用水点水质(化学项目、电导率、微生物)、水流量、压力等指标符合要求;净化空调系统的主要验证内容是确认悬浮粒子、微生物、温湿度、换气次数、送风量、静压差等指标符合要求。

七、质量标准与分析方法

质量标准与分析方法的主要验证内容包括:确认成品质量标准在新产品申报时是否已完成方法验证;半成品化验方法是否已通过验证;原辅料标准是否是《药典》规定的法定标准或经过验证的分析方法。

八、人员

人员验证的项目包括培训记录和评估记录。主要验证内容是确认参与生产的相关人员均接受过技术培训。

九、生产工艺

产品工艺的验证内容是对配料、制粒、干燥、总混、压片、包衣、包装等工序制订的SOP进行可靠性验证，证明连续 3 个批次的产品符合质量标准。

第三节　生产设备验证

生产设备验证的对象包括单机设备和生产联动线。验证的目的是通过一系列的文件检查和设备考察，以确认该设备的安装和运行符合 GMP 要求和产品的生产工艺要求。片剂生产过程中需要验证的主要设备有粉碎机、过筛机、制粒机、颗粒干燥机（或一步造粒机）、混合机、压片机、包衣机等。

一、设备验证的一般程序

设备验证的程序通常由预确认（设计确认）、安装确认、运行确认和性能确认组成。

（一）预确认

设计和选型属于设备的预确认，是从设备的价格、性能及设定的参数等方面，参照说明书加以考查，考查它是否适合生产工艺、维修保养、清洗等方面的要求。如压片机、包衣机等应采用密闭性结构，不让粉尘散发出来；V 型混合机等直接接触药物的设备应选用低含碳量的不锈钢材料制作等。

（二）安装确认

安装确认的范围包括设备安装位置、计量仪表的精确度及性能参数的确认，并通过检查影响工艺及生产的关键部位的性能，证明安装是按照该设备的安装程序完成的。用安装确认测得的数据制定设备校正、维护保养、标准操作规程，可以为运行确认提供基础。

（三）运行确认

运行确认是在完成安装确认后，根据草拟的标准操作规程对设备的每一部分及整体进行足够的空载试验，来证实该设备能在规定的限度范围和误差范围内运行。这一过程有可能要对标准操作规程进行适当的补充和修改，对不符合技术参数的关键部位采取纠偏措施。

（四）性能确认

性能确认是对设备在装载情况下进行的试生产运行，以确认设备在用空白料模拟生产运行或试生产运行中的适应性和重现性。如粉碎机的一次出粉合格率、异物剔除功能，混合机的混合均匀程度，制粒机的颗粒粒度和细粉含量，压片机的片重差异限度、剔废功能，包衣机的包衣质量等。

二、关键设备验证

新购设备的验证需完成以上四步验证内容，而对一台或一台组正在使用的设备，其验证内容一般只要结合产品工艺进行性能确认。以混合机为例，若为新购设备，可以用色素在空白物料中的混合均匀程度来确认其混合可靠性；若为正在使用的混合机，可以采用试生产方式，通过检测产品的混合质量来确认其混合的重现性。本节以制粒机、压片机为例介绍设备性能确认的内容。

（一）制粒机的性能确认

制粒机有多种类型，此处介绍快速湿法制粒机的性能确认。

1. 设备概述

快速湿法制粒机用于片剂生产过程中的混合制粒。本机由主机、操作部分及配电箱三部分组成。其中主机包括混合锅体、搅拌装置、切碎装置、出料机构、水气转换装置、传动装置及安全连锁装置等。

（1）工作流程 该机能一次完成混合、加湿及制粒过程。粉料加入锅体内，先由搅拌桨进行预搅拌，然后加粘合剂，再开启搅拌桨和切碎刀进行混合制粒（图11-3）。制粒完成后，打开出料机构，颗粒由出料口放出进行下一步操作。

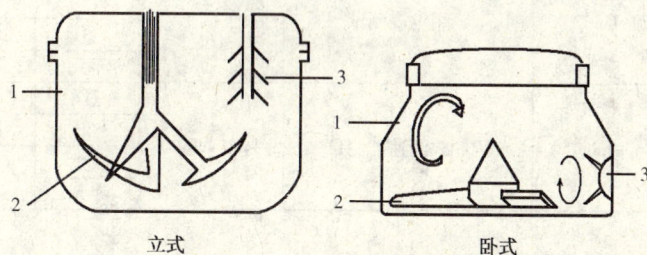

图11-3 快速湿法制粒机制粒原理
1. 容器；2. 搅拌桨；3. 切割刀

（2）安全连锁装置 当锅盖开启时，搅拌桨及切碎刀电机均不能开动；当电机运转时，锅盖能自动闭锁；当打开出料口时，电机不能启动。为防止物料进入转轴间隙，当气源压力低于0.5MPa时，设备不能启动。

（3）标准操作规程（SOP） 该设备的标准操作规程包括制粒操作SOP、制粒机维护检修SOP、制粒机清洁SOP等。

2. 运行确认

在开始运行确认之前，应确保所有的关键仪表均已校正。运行确认的主要内容有：

（1）设备安全连锁系统的确认 目的是确定各控制器能正常发挥功能。见表11-2。

表 11-2 安全连锁系统的确认项目

编号	确认项目	设计标准	实测结果	是否合格
1	锅盖开启装置	搅拌桨及切碎刀电机均不能开动	符合标准	合格
2	排料口开启装置	电机不能开动	符合标准	合格
3	锅盖自动闭锁装置	电机运转时，锅盖自动闭锁	符合标准	合格
4	气源压力控制装置	当气源压力低于 0.5MPa 时，设备不能启动	符合标准	合格

（2）设备混合制粒系统的测试

设备混合制粒系统的测试内容见表 11-3。

表 11-3 设备混合制粒系统的测试记录

编号	测试项目	测试方法	参数值	实测值		是否合格
				搅拌桨	切割刀	
1	低速运转电流（A）	三用电表测试		①		
				②		
				③		
				平均		
2	低速运转转速（r·min⁻¹）	闪频式测速器测试	1680~1800	①		
				②		
				③		
				平均		
3	高速运转电流（A）	三用电表测试		①		
				②		
				③		
				平均		
4	高速运转转速（r·min⁻¹）	闪频式测速器测试	3480~3600	①		
				②		
				③		
				平均		

3. 性能确认

性能确认采用空白料满载模拟生产运行。空白粉料可选用无水乳糖、微晶纤维素、硬脂酸镁等按一定比例配制，色料可选用蓝色淀粉，黏合剂可选用淀粉或明胶等。测试步骤如下：

（1）投料 将空白粉料和计算量的色料加入混合桶内，其中空白粉料应按设备设计的最大负荷量投料，扣紧桶盖。

（2）启动搅拌桨 打开电源启动电动机，并设定计时器，按下搅拌桨慢速开关，开始混合至计时器停止。

（3）检测色料分布情形 打开桶盖，检测并记录色料分布情形。色料应均匀分布。

（4）启动搅拌桨和切割刀 盖紧桶盖，由桶盖上的加料口加入黏合剂，按下搅拌桨慢速开关，启动切割刀。观察电流计所示的电流强度，读数应逐渐加大。

（5）确定制粒结束时间 当电流强度达到工艺规定的 A 值时，打开排料口排出颗粒。检测颗粒粒度及细粉比例。

4. 性能确认的结果

根据混合均匀程度、颗粒粒度及细粉比例的测试记录，确认通过模拟生产运行，该设备在满载状态下各仪表和运行性能能够满足制粒工艺的需要。

（二）旋转式压片机的性能确认

旋转式压片机的性能确认采用空白颗粒模拟实际生产情况进行试车。性能确认内容与要求见表11-4。

表11-4 旋转式压片机性能确认内容与要求

序号	确认内容	要求	方法	结果
1	片剂质量			
1.1	片剂外观	外观光洁，无缺陷	目测	
1.2	片剂厚度	按实际压制厚度确定	卡尺测定	
1.3	片重差异	±7.5%（平均重量<0.3g）	天平测定	
		±5.0%（平均重量≥0.3g）		
1.4	片剂硬度	>7kg	硬度计测定	
2	运行质量			
2.1	吸粉质量	有较高的吸粉效果	目测	
2.2	充填质量	无不可调整的异常漏粉现象	目测	
2.3	运转质量	运转平稳，无异常振动现象	目测	
2.4	操作质量	操作方便	目测	
3	维护保养情况			
3.1	清洗情况	清洗方便，无死角，无泄漏	目测	
3.2	装拆情况	加料器、料斗、模具等装拆方便	目测	
3.3	保养情况	润滑点清晰，操作、观察方便	目测	

1. 试车条件

（1）试验颗粒：20~100目，细粉含量不超过30%的空白颗粒；

（2）试车时间：连续负荷运行1h，每隔15分钟取样一次，共取4次；

（3）转台转速确定：当压制片厚4mm的Φ12mm斜边形片时，转台转速22r/min；当压制片厚3mm的Φ5mm斜边形片时，转台转速36r/min。

2. 成品质量评定规则

（1）片剂重量差异评定计算公式

$$(G_{min} - G_{20})/G_{20} \times 100\% \tag{11-1}$$

$$(G_{max} - G_{20})/G_{20} \times 100\% \tag{11-2}$$

其中：

式（11-1）——片剂最小重量差异限度公式；

式（11-2）——片剂最大重量差异限度公式；

G_{min}——被检片剂最小重量；

G_{max}——被检片剂最大重量；

G_{20}——被检片剂20片平均重量。

（2）硬度评定方式

从20片片剂中任意抽取4片，测定片剂硬度，允许经过调整后再次测定。

（3）外观质量评定

片剂外观应光洁，无缺陷、松片、裂片、麻点等现象，允许经过调整后再次测定。如能确认该设备运行已能适合生产工艺，应由验证小组将相关资料汇总，报请有关领导审批后，对产品进行连续运行试生产。压片验证试验数据可按表11-5格式记录。

表11-5 压片验证试验数据记录表

批号：　　　　　日期：

压片

压片时间	15min		30min		45min		60min	
样品号	1	2	1	2	1	2	1	2
崩解								
溶出度/%								
硬度/N								
含量								
压片时间	75min		90min		105min		120min	
样品号	1	2	1	2	1	2	1	2
崩解								
溶出度/%								
硬度/N								
含量								
压片时间	135min		150min		165min		180min	
样品号	1	2	1	2	1	2	1	2
崩解								
溶出度/%								
硬度/N								
含量								
压片时间	195min		210min		225min		240min	
样品号	1	2	1	2	1	2	1	2
崩解								
溶出度/%								
硬度/N								
含量								
压片时间	255min		270min		285min		300min	
样品号	1	2	1	2	1	2	1	2
崩解								
溶出度/%								
硬度/N								
含量								

质量评定	崩解	平均值		CV%	
	溶出度/%	平均值		CV%	
	硬度/N	平均值		CV%	
	含量	平均值		CV%	
片重	平均片重		幅度		CV%
脆碎度	片数		碎片		

化验员：　　　　　　　　　　　　　操作人：

第四节 生产工艺验证

在片剂生产工艺验证中，为了保证产品质量的均一性和有效性，必须对生产过程中所涉及到的起料物料、中间产品、生产工艺和关键工序的可靠性予以验证。

一、物料的质量监控

物料包括生产过程中的起始原料、辅料、包装材料等。化学原料、中药原药材及其提取物、辅料及包装材料都应有质量标准，除了国家颁发的法定标准、行业制定的行业标准外，企业应根据生产实际需求制定切实可行的企业内控标准。

1. 物料的采购

制药企业应按规定的质量标准购进物料。对符合本企业制定的原辅材料和包装材料标准、质量稳定、信誉可靠的生产厂家，经对其评估审定后，可作为本企业的主要物料供货单位，同时将该供应系统纳入企业药品生产的管理中。

制药企业应对供货商实行质量审核，制定质量审核规程。审核的重点应了解供货商的生产车间、生产工艺、中间控制情况及防止交叉污染和混淆的措施。对直接接触药品的包装材料、容器，还应审核其是否有国家主管部门核发的《药用包装材料容器生产许可证》。对标签印刷厂应重点审核是否有防止差错和混淆的措施。

2. 化学原料药的质量监控

（1）药品纯度 药品纯度及其化验方法、杂质限度及其检测方法是药品生产研究的一项重要内容。某些药品若含有微量杂质，即存在对疗效的影响和不良反应等潜在危险，应根据原料药的质量标准检测。

（2）药品的稳定性 化学原料药容易受外界的物理和化学因素影响，引起质量的变化。例如，某些药品（如阿司匹林）在一定的湿度、温度、光照下发生水解、氧化、脱水等现象，造成药品失效或增加不良反应。因此，药品在储运中也应考虑药品稳定性问题。

（3）药品的生物有效性 有的药物因晶形不同而产生药物在体内吸收、分布及其动力学变化过程的差异，即药物的生物有效性不相同。例如无味氯霉素有 A、B、C 3 种晶形及无定型，其中 A、C 为无效型，而 B 及无定型为有效型。原因是有效型口服给药时易为胰脂酶水解，释出氯霉素而显示其抗菌作用，而 A、C 型结晶不能为胰脂酶所水解，故无效。

3. 中间产品的质量监控

生产过程中的中间产品的质量控制简称为中间控制或在线控制。它是过程控制的重要组成部分，其目的在于监控药品生产全过程，及时查明并纠正可能导致中间产品和成品质量变异的偏差。如片剂的重量差异、崩解时限、混合均匀度等质量控制。

中间控制与成品控制的项目、检测方法、标准均不完全相同。如企业可将崩解度试验作为中间检测项目，而将溶出度试验作为成品检测项目；中间控制宜采用快检方法，而成品控制则采用全检方法；中间控制标准较成品控制标准更为严格，例如片剂的主药标示量为 90.0% ～110.0% 时，中间控制标准可定为 95.0% ～105.0%，只有当中间控制标准符合内控标准时，最终产品才能放行。

4. 药品包装用材料、容器的质量监控

原国家药品监督管理局 2000 年 4 月颁发了《药品包装用材料、容器管理办法》。该办法将药品包装用材料及容器分为Ⅰ、Ⅱ、Ⅲ类，Ⅰ类指直接接触药品且直接使用的药品包装用材料及容器；Ⅱ类指直接接触药品，但便于清洗，在实际使用过程中经清洗后消毒灭菌的包装用材料及容器；Ⅲ类指Ⅰ、Ⅱ类以外其他可能直接影响药品质量的药品包装材料及容器。制剂包装的目的是使制剂不受周围环境的影响，不受微生物的污染，不进入异物，以保证制剂的稳定性、有效性和安全性。所以药品包装用材料、容器的供货商发生变更时，也应进行再验证。

二、生产工艺的确认

在一个新的制剂产品开发过程中，首先要筛选合理的处方和工艺，然后进行工艺验证，并通过稳定性试验获得足够的技术数据，以确认工艺处方的可靠性和重现性。当处方和工艺经批准注册后，按批准的工艺投入某一生产线进行常规生产前，也需要进行工艺验证。

（一）处方筛选

在制剂的处方筛选前，先要设计筛选方案，通常需结合拟定工艺考虑下述因素：

1. 主药（活性成分）的理化性状；
2. 选择辅料的组成、比例，尤其是崩解剂和黏合剂的选择；
3. 根据主药的临床常用量拟定片剂的含量，设计片重、片形、片径等产品参数；
4. 选择最终产品特征为素片还是包衣片，如为包衣片，还需选择包衣材料、溶剂等组成。

（二）预试验

根据设计的处方，采用拟定工艺生产，观察工艺路线对产品质量和稳定性的影响。在完成预试验后应写出试验小结供申报批次确认。

（三）工艺的确认

根据预试验小结，在初步完成处方筛选和确认工艺路线后进行 3～5 个试制批次供申报临床试验用，连续成功批次不少于 3 批。使用的质量标准和分析方法需经验证确定。

1. 在试制过程中对关键工序进行必要的验证，如对混合均匀度进行考察以便确定混合时间和转速。考察数据可作为申报生产中试批次的依据。

2. 试制批产品必须进行不少于 3 个月的加速稳定性试验和室温条件下的留样考察试验，并写出总结报告作为对生产处方、工艺条件合理与否的技术支持数据。

三、关键工序验证

最终混合（以下简称总混）往往是片剂生产过程中的关键工序，总混验证方案由以下要素组成。

1. 验证接受标准

总混质量控制的关键点是均匀度。总混均匀度验证的可接受标准一般为：

（1）10 次测试的平均含量必须达到产品质量标准。

（2）相对标准偏差（RSD）不得超过 5%。

（3）每个样品含量测试结果必须达到平均值的 95% ~ 105%，从而保证装量和最终成品的含量测试结果符合产品的质量标准。

2. 取样规程

为了验证总混后成品中活性成分的含量均匀度，取样必须要有代表性。从静止的混合机中正确取样，要有足够的取样点和取样量，所以必须确定一个总混的取样规程。取样规程应包括下列内容。

（1）取样应在混合机中直接抽取，不要将物料卸到小桶后抽取。

（2）混合机有多种型式或形状，造成了混合时间和均匀度的差异，因此取样应在相同的工艺操作参数下进行。

（3）从混合机中交叉取 10 个地方的样品，取样位置应包括最难混合的位置。

（4）取样量一般为剂量活性成分的 1 ~ 3 倍量或检验量的 3 倍量。

3. 总混后最长放置时间的确认

物料混合后至压片的最长放置时间为"确认的总混放置时间"。若还没有确定，一般可规定为 10 天，并在生产批记录或 SOP 中加以记录，也可以根据计划和今后生产的实际周转情况，定一个最大的放置时间，然后用 1 个总混批加以确认。

4. 总混后的测试

总混合后所有的物料测试项目达到标准，则说明验证是成功的。

以方形筒式混合器为例，用取样器至少从混合器中交叉收集 10 个样品。样品的取样位置应包括最难混匀的地方，取样位置见图 11 - 4，其中混合筒转角连接处取样点 4、5、6、7 为最难混合的位置。每点取样量约为 60g，其中 20g 用于均匀性测试，40g 用于其他项目的测试。

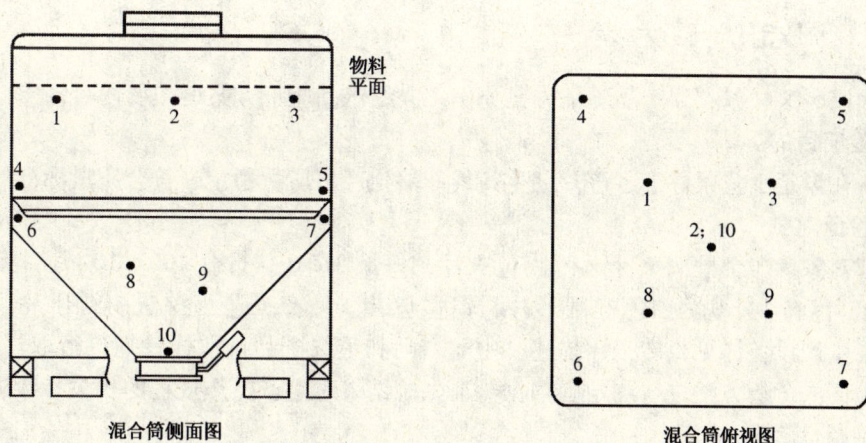

图 11 - 4　方形混合筒取样点位置示意图

混合验证试验数据按表11-6填写。

表11-6 混合验证试验数据

批号＿＿＿＿＿＿＿ 日期＿＿＿＿＿＿＿

混合时间	5min					备注
样品号	1	2	3	4	5	
水分（%）						平均值%
含量（mg/g）						平均值%
混合时间	10min					
样品号	1	2	3	4	5	
水分（%）						平均值%
含量（mg/g）						平均值%
混合时间	15min					
样品号	1	2	3	4	5	
水分（%）						平均值%
含量（mg/g）						平均值%
混合时间	20min					
样品号	1	2	3	4	5	
水分（%）						平均值%
含量（mg/g）						平均值%

第五节 产品验证

产品验证是指在特定监控条件下的试生产，也是验证过程的最后阶段。产品验证方案应包括考察影响片剂质量的关键因素，确认在设定的工艺条件下产品的可靠性和重现性。

一、产品验证方案

下面以×××包衣片产品验证方案为例，介绍产品验证方案的主要内容。

1. 验证目的

确认在设定工艺条件下，该片剂生产线能够生产出质量稳定、符合质量标准的产品。

2. 验证对象

验证对象为3个批次×××薄膜包衣片，每批315kg，折合 100×10^4 片，素片片重0.315mg，包衣片外观为白色椭圆形片，铝塑包装。生产工艺为湿法制粒压片、薄膜包衣。主要生产设备详见生产工序描述。中间产品和最终产品按取样计划进行取样、监测，并按经验证的分析方法进行测定。根据验证试验结果对生产操作规程的相关参数进行确认或做偏差调整。

3. 产品处方

按处方列出每片、每千片所用主药（活性成分）、辅料、包衣材料的用量或百分比。素片或包衣片应标明每片的理论重量。

4. 工艺简介

主药及辅料按生产操作规程要求进行粉碎或过筛后备料，使用混合制粒机湿法制粒，湿颗粒在流化干燥机中干燥，干颗粒整粒后加入崩解剂和润滑剂在 V 型混合桶中总混合，用高速旋转式压片机压片，在薄膜包衣锅中包衣，在××包装线上进行铝塑包装。

5. 生产工序和设备

(1) 备料工序　备料工序流程为粉碎→过筛→备料。生产设备有粉碎机、过筛机。

(2) 制粒工序　制粒工序流程为制粒→干燥→整粒→总混合。生产设备有混合制粒机、沸腾干燥机、整粒机、混合机。

(3) 压片工序　生产设备有高速压片机、金属检测器、除尘器等。

(4) 包衣工序　生产设备有薄膜包衣锅、衣料溶解罐等。

(5) 包装工序　生产设备有包装机、装箱机等。

6. 工艺流程图（略）

7. 工艺验证项目

(1) 原辅料备料前的监控　质量管理部门需对原辅料逐一进行检验，合格后方可备料。

(2) 粉碎与过筛　主要通过粒度及粒度分布来考察粉碎机的粉碎效果。

(3) 制粒　在设定的制粒参数和处方用量下，检查颗粒的水分、粒度分析、松密度等指标。

(4) 总混合　在设定的混合时间，分析粒度和松密度，不同颜色组分的产品须检查色泽均匀度。

(5) 压片　确定转速、压力后，设定压片取样时间，检查片剂外观、片重差异、硬度、溶出度、含量等指标。如片剂需进一步包衣，则应检查厚度、脆碎度等中间产品内控指标，质量应符合包衣要求。

(6) 热合包装　按包装操作规程操作，检查包装外观是否渗漏，应符合产品质量标准。

8. 取样计划

取样计划包括取样时间、取样点、取样量、取样容器、取样编号等。

9. 验证报告

在验证活动完成后，整理收集有关数据，提出总结报告。总结报告内容应包括验证的目的与内容、相关的验证文件、验证的合格标准、验证的实施情况和主要结果、发现的偏差和纠偏措施、验证的结论等。

二、中间产品验证

中间产品验证的目的在于查明并纠正可能导致中间产品和成品质量变异的偏差。工艺变量是造成这些偏差的主要原因，所以中间产品的监控往往将工艺变量和中间产品的质量检查结合在一起来分析考察。

1. 粉料的质量

主料采用××粉碎机粉碎，80 目筛网过筛，平均粒径应在 44～55μm 之间，粒度分

布为大于 $100\mu m$ 的不得超过 10%，经考察应符合要求。

2. 颗粒的质量

按制粒生产操作规程规定的搅拌条件及时间、干燥温度及时间、黏合剂浓度及用量等制粒参数制粒，取样检测颗粒水分、粒度及松密度等项目，应符合内控质量标准（表11-7）。

表11-7 制粒工艺变量与中间产品质量

项目	参数	A 批	B 批	C 批
纯水用量/%	13	13	13	13
排风温度/℃	40	39	40	40
进风温度/℃	70	70	71	71
干燥时间/min	40 ± 5	42	40	41
颗粒水分	0.5% ~ 1.5%	1.4%	1.1%	1.2%
松密度/g·ml^{-1}	0.550 ~ 0.558	0.555	0.554	0.555
筛目分析				

3. 混合料质量

按总混合生产操作规程规定的混合时间混合，取样检测混合料的主药含量、均匀度、水分等项目，应符合内控质量标准（表11-8）。

表11-8 总混合工艺变量与中间产品质量

项目	参数	A 批	B 批	C 批
混合时间/min	10			
含量	2 ± 5%	1.95	1.98	2.02
均匀度		符合规定	符合规定	符合规定
水分/%	0.8 ~ 1.8	符合规定	符合规定	符合规定

4. 素片质量

按压片生产操作规程规定的转速、压力等压片参数压片后，根据压片时间设定每15min 取样一次，检测外观、片重、硬度、含量等项目，应符合药典标准。检测厚度、脆碎度等项目应满足包衣要求并符合中间产品质量标准（表11-9）。

表11-9 压片工艺变量与中间产品质量

项目	参数	A 批	B 批	C 批
片重差异	315mg ±3% 306 ~ 324mg	310 ~ 320mg	310 ~ 318mg	308 ~ 320mg
硬度/N	70 ~ 130	80 ~ 98	82 ~ 101	85 ~ 105
厚度/mm	3.34 ~ 3.90	3.58 ~ 3.68	3.60 ~ 3.68	3.357 ~ 3.66
含量/%	95 ~ 105	98.5	98.8	99.0
外观		符合规定	符合规定	符合规定
脆碎度/%	<0.8	第一次：0.2 第二次：0.1 第三次：0.1	第一次：0.1 第二次：0.2 第三次：0.1	第一次：0.2 第二次：0.2 第三次：0.1

三、最终产品验证

最终产品验证的目的是通过包衣片质量和包装质量的确认，证明现有的工艺、设备能保证产品质量达到预期的质量标准。

1. 包衣片质量

按包衣生产操作规程规定的包衣锅转速、排风与进风温度、包衣液浓度与用量、喷射速度等包衣参数包衣，检测外观、溶出度等项目，应符合药典标准。

表 11 - 10 包衣工艺变量与产品质量

项目	参数	A 批	B 批	C 批
锅速/r·min^{-1}	3 ~ 6	起始为 5 ~ 6	起始为 5 ~ 6	起始为 5 ~ 6
排风温度/℃	50 ~ 60	52 ~ 58	51 ~ 57	53 ~ 59
进风温度/℃	80 ~ 90	80 ~ 85	82 ~ 86	82 ~ 87
喷射速率/ml·min^{-1}	110 ~ 180	150	150	150
溶出度/%	≥80（浆法 30min）	93	94	92
含量/%	95 ~ 105	98.5	98.8	99.0
外观		符合规定	符合规定	符合规定

2. 热合包装质量

按热合包装生产操作规程规定的运行速度、热封温度、热封压力等包装参数包装，主要目测泡罩式包装的外观，确认包装有无渗漏现象及卫生学检查等，应符合标准。

其中渗漏试验方法及判定方法如下：每次取 6 板（6 袋），包装好的产品放入渗漏检测器内的有色液体中，在 0.08MPa 的真空压力下，30s，解除真空压力，检查有无渗漏。6 板应全部通过为合格，如有 1 板（袋）渗漏应查明原因后再检查 6 板。12 板（袋）中不得超过 1 板（袋）以上渗漏，即为符合规定。

附录一

药品生产质量管理规范

（1998 年修订）

第一章 总 则

第一条 根据《中华人民共和国药品管理法》规定，制定本规范。

第二条 本规范是药品生产和质量管理的基本准则。适用于药品制剂生产的全过程、原料药生产中影响成品质量的关键工序。

第二章 机构与人员

第三条 药品生产企业应建立生产和质量管理机构。各级机构和人员职责应明确，并配备一定数量的与药品生产相适应的具有专业知识、生产经验及组织能力的管理人员和技术人员。

第四条 企业主管药品生产管理和质量管理的负责人应具有医药或相关专业大专以上学历，有药品生产和质量管理经验，对本规范的实施和产品质量负责。

第五条 药品生产管理部门和质量管理部门的负责人应具有医药或相关专业大专以上学历，有药品生产和质量管理的实践经验，有能力对药品生产和质量管理中的实际问题作出正确的判断和处理。药品生产管理部门和质量管理部门负责人不得互相兼任。

第六条 从事药品生产操作及质量检验的人员应经专业技术培训，具有基础理论知识和实际操作技能。对从事高生物活性、高毒性、强污染性、高致敏性及有特殊要求的药品生产操作和质量检验人员应经相应专业的技术培训。

第七条 对从事药品生产的各级人员应按本规范要求进行培训和考核。

第三章 厂房与设施

第八条 药品生产企业必须有整洁的生产环境；厂区的地面、路面及运输等不应对药品的生产造成污染；生产、行政、生活和辅助区的总体布局应合理，不得互相妨碍。

第九条 厂房应按生产工艺流程及所要求的空气洁净度级别进行合理布局。同一厂房内以及相邻厂房之间的生产操作不得相互妨碍。

第十条 厂房应有防止昆虫和其他动物进入的设施。

第十一条　在设计和建设厂房时，应考虑使用时便于进行清洁工作。洁净室（区）的内表面应平整光滑、无裂缝、接口严密、无颗粒物脱落，并能耐受清洗和消毒，墙壁与地面的交界处宜成弧形或采取其他措施，以减少灰尘积聚和便于清洁。

第十二条　生产区和储存区应有与生产规模相适应的面积和空间用以安置设备、物料，便于生产操作，存放物料、中间产品、待验品和成品，应最大限度地减少差错和交叉污染。

第十三条　洁净室（区）内各种管道、灯具、风口以及其他公用设施，在设计和安装时应考虑使用中避免出现不易清洁的部位。

第十四条　洁净室（区）应根据生产要求提供足够的照明。主要工作室的照度宜为300勒克斯；对照度有特殊要求的生产部位可设置局部照明。厂房应有应急照明设施。

第十五条　进入洁净室（区）的空气必须净化，并根据生产工艺要求划分空气洁净度级别。洁净室（区）内空气的微生物数和尘粒数应定期监测，监测结果应记录存档。

第十六条　洁净室（区）的窗户、天棚及进入室内的管道、风口、灯具与墙壁或天棚的连接部位均应密封。空气洁净度级别不同的相邻房间之间的静压差应大于5帕，洁净室（区）与室外大气的静压差应大于10帕，并应有指示压差的装置。

第十七条　洁净室（区）的温度和相对湿度应与药品生产工艺要求相适应。无特殊要求时，温度应控制在18~26℃，相对湿度控制在45%~65%。

第十八条　洁净室（区）内安装的水池、地漏不得对药品产生污染。

第十九条　不同空气洁净度级别的洁净室（区）之间的人员及物料出入，应有防止交叉污染的措施。

第二十条　生产青霉素类等高致敏性药品必须使用独立的厂房与设施，分装室应保持相对负压，排至室外的废气应经净化处理并符合要求，排风口应远离其他空气净化系统的进风口；生产β-内酰胺结构类药品必须使用专用设备和独立的空气净化系统，并与其他药品生产区域严格分开。

第二十一条　避孕药品的生产厂房应与其他药品生产厂房分开，并装有独立的专用的空气净化系统。生产激素类、抗肿瘤类化学药品应避免与其他药品使用同一设备和空气净化系统；不可避免时，应采用有效的防护措施和必要的验证。放射性药品的生产、包装和储存应使用专用的、安全的设备，生产区排出的空气不应循环使用，排气中应避免含有放射性微粒，符合国家关于辐射防护的要求与规定。

第二十二条　生产用菌毒种与非生产用菌毒种、生产用细胞与非生产用细胞、强毒与弱毒、死毒与活毒、脱毒前与脱毒后的制品和活疫苗与灭活疫苗、人血液制品、预防制品等的加工或灌装不得同时在同一生产厂房内进行，其贮存要严格分开。不同种类的活疫苗的处理及灌装应彼此分开。强毒微生物及芽胞菌制品的区域与相邻区域应保持相对负压，并有独立的空气净化系统。

第二十三条　中药材的前处理、提取、浓缩以及动物脏器、组织的洗涤或处理等生产操作，必须与其制剂生产严格分开。中药材的蒸、炒、炙、煅等炮制操作应有良好的通风、除烟、除尘、降温设施。筛选、切片、粉碎等操作应有有效的除尘、排风设施。

第二十四条　厂房必要时应有防尘及捕尘设施。

第二十五条 与药品直接接触的干燥用空气、压缩空气和惰性气体应经净化处理，符合生产要求。

第二十六条 仓储区要保持清洁和干燥。照明、通风等设施及温度、湿度的控制应符合储存要求并定期监测。仓储区可设原料取样室，取样环境的空气洁净度级别应与生产要求一致。如不在取样室取样，取样时应有防止污染和交叉污染的设施。

第二十七条 根据药品生产工艺要求，洁净室（区）内设置的称量室和备料室，空气洁净度级别应与生产要求一致，并有捕尘和防止交叉污染的设施。

第二十八条 质量管理部门根据需要设置的检验、中药标本、留样观察以及其他各类实验室应与药品生产区分开。生物检定、微生物限度检定和放射性同位素检定要分室进行。

第二十九条 对有特殊要求的仪器、仪表，应安放在专门的仪器室内，并有防止静电、震动、潮湿或其他外界因素影响的设施。

第三十条 实验动物房应与其他区域严格分开，其设计建造应符合国家有关规定。

第四章 设 备

第三十一条 设备的设计、选型、安装应符合生产要求，易于清洗、消毒或灭菌，便于生产操作和维修、保养，并能防止差错和减少污染。

第三十二条 与药品直接接触的设备表面应光洁、平整、易清洗或消毒、耐腐蚀，不与药品发生化学变化或吸附药品。设备所用的润滑剂、冷却剂等不得对药品或容器造成污染。

第三十三条 与设备连接的主要固定管道应标明管内物料名称、流向。

第三十四条 纯化水、注射用水的制备、储存和分配应能防止微生物的滋生和污染。储罐和输送管道所用材料应无毒、耐腐蚀。管道的设计和安装应避免死角、盲管。储罐和管道要规定清洗、灭菌周期。注射用水储罐的通气口应安装不脱落纤维的疏水性除菌滤器。注射用水的储存可采用80℃以上保温、65℃以上保温循环或4℃以下存放。

第三十五条 用于生产和检验的仪器、仪表、量具、衡器等，其适用范围和精密度应符合生产和检验要求，有明显的合格标志，并定期校验。

第三十六条 生产设备应有明显的状态标志，并定期维修、保养和验证。设备安装、维修、保养的操作不得影响产品的质量。不合格的设备如有可能应搬出生产区，未搬出前应有明显标志。

第三十七条 生产、检验设备均应有使用、维修、保养记录，并由专人管理。

第五章 物 料

第三十八条 药品生产所用物料的购入、储存、发放、使用等应制定管理制度。

第三十九条 药品生产所用的物料，应符合药品标准、包装材料标准、生物制品规程或其他有关标准，不得对药品的质量产生不良影响。进口原料药应有口岸药品检验所的药品检验报告。

第四十条 药品生产所用的中药材，应按质量标准购入，其产地应保持相对稳定。

第四十一条 药品生产所用物料应从符合规定的单位购进，并按规定入库。

第四十二条 待验、合格、不合格物料要严格管理。不合格的物料要专区存放，有易于识别的明显标志，并按有关规定及时处理。

第四十三条 对温度、湿度或其他条件有特殊要求的物料、中间产品和成品，应按规定条件储存。固体、液体原料应分开储存；挥发性物料应注意避免污染其他物料；炮制、整理加工后的净药材应使用清洁容器或包装，并与未加工、炮制的药材严格分开。

第四十四条 麻醉药品、精神药品、毒性药品（包括药材）、放射性药品及易燃、易爆和其他危险品的验收、储存、保管要严格执行国家有关的规定。菌毒种的验收、储存、保管、使用、销毁应执行国家有关医学微生物菌种保管的规定。

第四十五条 物料应按规定的使用期限储存，无规定使用期限的，其储存一般不超过三年，期满后应复验。储存期内如有特殊情况应及时复验。

第四十六条 药品的标签、使用说明书必须与药品监督管理部门批准的内容、式样、文字相一致。标签、使用说明书须经企业质量管理部门校对无误后印制、发放、使用。

第四十七条 药品的标签、使用说明书应由专人保管、领用，其要求如下：

1. 标签和使用说明书均应按品种、规格有专柜或专库存放，凭批包装指令发放，按实际需要量领取。

2. 标签要计数发放、领用人核对、签名，使用数、残损数及剩余数之和应与领用数相符，印有批号的残损或剩余标签应由专人负责计数销毁。

3. 标签发放、使用、销毁应有记录。

第六章 卫 生

第四十八条 药品生产企业应有防止污染的卫生措施，制定各项卫生管理制度，并由专人负责。

第四十九条 药品生产车间、工序、岗位均应按生产和空气洁净度级别的要求制定厂房、设备、容器等清洁规程，内容应包括：清洁方法、程序、间隔时间，使用的清洁剂或消毒剂，清洁工具的清洁方法和存放地点。

第五十条 生产区不得存放非生产物品和个人杂物。生产中的废弃物应及时处理。

第五十一条 更衣室、浴室及厕所的设置不得对洁净室（区）产生不良影响。

第五十二条 工作服的选材、式样及穿戴方式应与生产操作和空气洁净度级别要求相适应，并不得混用。洁净工作服的质地应光滑、不产生静电、不脱落纤维和颗粒性物质。无菌工作服必须包盖全部头发、胡须及脚部，并能阻留人体脱落物。不同空气洁净度级别使用的工作服应分别清洗、整理，必要时消毒或灭菌。工作服洗涤、灭菌时不应带入附加的颗粒物质，工作服应制定清洗周期。

第五十三条 洁净室（区）仅限于该区域生产操作人员和经批准的人员进入。

第五十四条 进入洁净室（区）的人员不得化妆和佩带饰物，不得裸手直接接触药品。

第五十五条　洁净室（区）应定期消毒。使用的消毒剂不得对设备、物料和成品产生污染。消毒剂品种应定期更换，防止产生耐药菌株。

第五十六条　药品生产人员应有健康档案。直接接触药品的生产人员每年至少体检一次。传染病、皮肤病患者和体表有伤口者不得从事直接接触药品的生产。

第七章　验　证

第五十七条　药品生产验证应包括厂房、设施及设备安装确认、运行确认、性能确认和产品验证。

第五十八条　产品的生产工艺及关键设施、设备应按验证方案进行验证。当影响产品质量的主要因素，如工艺、质量控制方法、主要原辅料、主要生产设备等发生改变时，以及生产一定周期后，应进行再验证。

第五十九条　应根据验证对象提出验证项目、制定验证方案，并组织实施。验证工作完成后应写出验证报告，由验证工作负责人审核、批准。

第六十条　验证过程中的数据和分析内容应以文件形式归档保存。验证文件应包括验证方案、验证报告、评价和建议、批准人等。

第八章　文　件

第六十一条　药品生产企业应有生产管理、质量管理的各项制度和记录：

1. 厂房、设施和设备的使用、维护、保养、检修等制度和记录；

2. 物料验收、生产操作、检验、发放、成品销售和用户投诉等制度和记录；

3. 不合格品管理、物料退库和报废、紧急情况处理等制度和记录；

4. 环境、厂房、设备、人员等卫生管理制度和记录；

5. 本规范和专业技术培训等制度和记录。

第六十二条　产品生产管理文件主要有：

1. 生产工艺规程、岗位操作法或标准操作规程

生产工艺规程的内容包括：品名，剂型，处方，生产工艺的操作要求，物料、中间产品、成品的质量标准和技术参数及储存注意事项，物料平衡的计算方法，成品容器、包装材料的要求等。岗位操作法的内容包括：生产操作方法和要点，重点操作的复核、复查，中间产品质量标准及控制，安全和劳动保护，设备维修、清洗，异常情况处理和报告，工艺卫生和环境卫生等。标准操作规程的内容包括：题目、编号、制定人及制定日期、审核人及审核日期、批准人及批准日期、颁发部门、生效日期、分发部门，标题及正文。

2. 批生产记录

批生产记录内容包括：产品名称、生产批号、生产日期、操作者、复核者的签名，有关操作与设备、相关生产阶段的产品数量、物料平衡的计算、生产过程的控制记录及特殊问题记录。

第六十三条 产品质量管理文件主要有：

1. 药品的申请和审批文件；

2. 物料、中间产品和成品质量标准及其检验操作规程；

3. 产品质量稳定性考察；

4. 批检验记录。

第六十四条 药品生产企业应建立文件的起草、修订、审查、批准、撤销、印制及保管的管理制度。分发、使用的文件应为批准的现行文本。已撤销和过时的文件除留档备查外，不得在工作现场出现。

第六十五条 制定生产管理文件和质量管理文件的要求：

1. 文件的标题应能清楚地说明文件的性质；

2. 各类文件应有便于识别其文本、类别的系统编码和日期；

3. 文件使用的语言应确切、易懂；

4. 填写数据时应有足够的空格；

5. 文件制定、审查和批准的责任应明确，并有责任人签名。

第九章 生产管理

第六十六条 生产工艺规程、岗位操作法和标准操作规程不得任意更改。如需更改时，应按制定时的程序办理修订、审批手续。

第六十七条 每批产品应按产量和数量的物料平衡进行检查。如有显著差异，必须查明原因，在得出合理解释，确认无潜在质量事故后，方可按正常产品处理。

第六十八条 批生产记录应字迹清晰、内容真实、数据完整，并由操作人及复核人签名。记录应保持整洁，不得撕毁和任意涂改；更改时，在更改处签名，并使原数据仍可辨认。批生产记录应按批号归档，保存至药品有效期后一年。未规定有效期的药品，其批生产记录至少保存三年。

第六十九条 在规定限度内具有同一性质和质量，并在同一连续生产周期中生产出来的一定数量的药品为一批。每批药品均应编制生产批号。

第七十条 为防止药品被污染和混淆，生产操作应采取以下措施：

1. 生产前应确认无上次生产遗留物；

2. 应防止尘埃的产生和扩散；

3. 不同产品品种、规格的生产操作不得在同一生产操作间同时进行；有数条包装线同时进行包装时，应采取隔离或其他有效防止污染或混淆的设施；

4. 生产过程中应防止物料及产品所产生的气体、蒸气、喷雾物或生物体等引起的交叉污染；

5. 每一生产操作间或生产用设备、容器应有所生产的产品或物料名称、批号、数量等状态标志；

6. 拣选后药材的洗涤应使用流动水，用过的水不得用于洗涤其他药材。不同药性的药材不得在一起洗涤。洗涤后的药材及切制和炮制品不宜露天干燥。药材及其中间产品的灭菌方法应以不改变药材的药效、质量为原则。直接入药的药材粉末，配料前应做微生物检查。

第七十一条 根据产品工艺规程选用工艺用水。工艺用水应符合质量标准，并定期检查，检验有记录。应根据验证结果，规定检验周期。

第七十二条 产品应有批包装记录。批包装记录的内容应包括：

1. 待包装产品的名称、批号、规格；

2. 印有批号的标签和使用说明书以及产品合格证；

3. 待包装产品和包装材料的领取数量及发放人、领用人、核对人签名；

4. 已包装产品的数量；

5. 前次包装操作的清场记录（副本）及本次包装清场记录（正本）；

6. 本次包装操作完成后的检验核对结果、核对人签名；

7. 生产操作负责人签名。

第七十三条 每批药品的每一生产阶段完成后必须由生产操作人员清场，填写清场记录。清场记录内容包括：工序、品名、生产批号、清场日期、检查项目及结果、清场负责人及复查人签名。清场记录应纳入批生产记录。

第十章 质量管理

第七十四条 药品生产企业的质量管理部门应负责药品生产全过程的质量管理和检验，受企业负责人直接领导。质量管理部门应配备一定数量的质量管理和检验人员，并有与药品生产规模、品种、检验要求相适应的场所、仪器、设备。

第七十五条 质量管理部门的主要职责：

1. 制定和修订物料、中间产品和成品的内控标准和检验操作规程，制定取样和留样制度；

2. 制定检验用设备、仪器、试剂、试液、标准品（或对照品）、滴定液、培养基、实验动物等管理办法；

3. 决定物料和中间产品的使用；

4. 审核成品发放前批生产记录，决定成品发放；

5. 审核不合格品处理程序；

6. 对物料、中间产品和成品进行取样、检验、留样，并出具检验报告；

7. 监测洁净室（区）的尘粒数和微生物数；

8. 评价原料、中间产品及成品的质量稳定性，为确定物料贮存期、药品有效期提供数据；

9. 制定质量管理和检验人员的职责。

第七十六条 质量管理部门应会同有关部门对主要物料供应商质量体系进行评估。

第十一章 产品销售与收回

第七十七条 每批成品均应有销售记录。根据销售记录能追查每批药品的售出情况，必要时应能及时全部追回。销售记录内容应包括：品名、剂型、批号、规格、数量、收货单位和地址、发货日期。

第七十八条　销售记录应保存至药品有效期后一年。未规定有效期的药品，其销售记录应保存三年。

第七十九条　药品生产企业应建立药品退货和收回的书面程序，并有记录。药品退货和收回记录内容应包括：品名、批号、规格、数量、退货和收回单位及地址、退货和收回原因及日期、处理意见。因质量原因退货和收回的药品制剂，应在质量管理部门监督下销毁，涉及其他批号时，应同时处理。

第十二章　投诉与不良反应报告

第八十条　企业应建立药品不良反应监察报告制度，指定专门机构或人员负责管理。

第八十一条　对用户的药品质量投诉和药品不良反应应详细记录和调查处理。对药品不良反应应及时向当地药品监督管理部门报告。

第八十二条　药品生产出现重大质量问题时，应及时向当地药品监督管理部门报告。

第十三章　自　　检

第八十三条　药品生产企业应定期组织自检。自检应按预定的程序，对人员、厂房、设备、文件、生产、质量控制、药品销售、用户投诉和产品收回的处理等项目定期进行检查，以证实与本规范的一致性。

第八十四条　自检应有记录。自检完成后应形成自检报告，内容包括自检的结果、评价的结论以及改进措施和建议。

第十四章　附　　则

第八十五条　本规范下列用语的含义是：

物料：原料、辅料、包装材料等。

批号：用于识别"批"的一组数字或字母加数字。用以追溯和审查该批药品的生产历史。

待验：物料在允许投料或出厂前所处的搁置、等待检验结果的状态。

批生产记录：一个批次的待包装品或成品的所有生产记录。批生产记录能提供该批产品的生产历史以及与质量有关的情况。

物料平衡：产品或物料的理论产量或理论用量与实际产量或用量之间的比较，并适当考虑可允许的正常偏差。

标准操作规程：经批准用以指示操作的通用性文件或管理办法。

生产工艺规程：规定为生产一定数量成品所需起始原料和包装材料的数量，以及工艺、加工说明、注意事项，包括生产过程中控制的一个或一套文件。

工艺用水：药品生产工艺中使用的水，包括：饮用水、纯化水、注射用水。

纯化水：为蒸馏法、离子交换法、反渗透法或其他适宜的方法制得供药用的水，不含任何附加剂。

洁净室（区）：需要对尘粒及微生物含量进行控制的房间（区域）。其建筑结构、装备及其使用均具有减少该区域内污染源的介入、产生和滞留的功能。

验证：证明任何程序、生产过程、设备、物料、活动或系统确实能达到预期结果的有文件证明的一系列活动。

第八十六条　不同类别药品的生产质量管理特殊要求列入本规范附录。

第八十七条　本规范由国家药品监督管理局负责解释。

第八十八条　本规范自一九九九年八月一日起施行。

附录二

药品生产质量管理规范附录

（1998 年修订）

一、总则

1. 本附录为国家药品监督管理局发布的《药品生产质量管理规范》（1998 年修订）对无菌药品、非无菌药品、原料药、生物制品、放射性药品、中药制剂等生产和质量管理特殊要求的补充规定。

2. 药品生产洁净室（区）的空气洁净度划分为四个级别：

洁净室（区）空气洁净度级别表

洁净度级别	尘粒最大允许数/立方米		微生物最大允许数	
	≥0.5μm	≥5μm	浮游菌/立方米	沉降菌/皿
100 级	3 500	0	5	1
10 000 级	350 000	2 000	100	3
100 000 级	3 500 000	20 000	500	10
300 000 级	10 500 000	60 000	—	15

3. 洁净室（区）的管理需符合下列要求：

（1）洁净室（区）内人员数量应严格控制。其工作人员（包括维修、辅助人员）应定期进行卫生和微生物学基础知识、洁净作业等方面的培训及考核；对进入洁净室（区）的临时外来人员应进行指导和监督。

（2）洁净室（区）与非洁净室（区）之间必须设置缓冲设施，人、物流走向合理。

（3）100 级洁净室（区）内不得设置地漏，操作人员不应裸手操作，当不可避免时，手部应及时消毒。

（4）10 000 级洁净室（区）使用的传输设备不得穿越较低级别区域。

（5）100 000 级以上区域的洁净工作服应在洁净室（区）内洗涤、干燥、整理，必要时应按要求灭菌。

（6）洁净室（区）内设备保温层表面应平整、光洁，不得有颗粒性物质脱落。

（7）洁净室（区）内应使用无脱落物、易清洗、易消毒的卫生工具，卫生工具要存放于对产品不造成污染的指定地点，并应限定使用区域。

（8）洁净室（区）在静态条件下检测的尘埃粒子数、浮游菌数或沉降菌数必须符合规定，应定期监控动态条件下的洁净状况。

（9）洁净室（区）的净化空气如可循环使用，应采取有效措施避免污染和交叉污染。

（10）空气净化系统应按规定清洁、维修、保养并做记录。

4. 药品生产过程的验证内容必须包括：

（1）空气净化系统；

（2）工艺用水系统；

（3）生产工艺及其变更；

（4）设备清洗；

（5）主要原辅料变更。

无菌药品生产过程的验证内容还应增加：

（1）灭菌设备；

（2）药液滤过及灌封（分装）系统。

5. 水处理极其配套系统的设计、安装和维护应能确保供水达到设定的质量标准。

6. 印有与标签内容相同的药品包装物，应按标签管理。

7. 药品零头包装只限两个批号为一个合箱，合箱外应标明全部批号，并建立合箱记录。

8. 药品放行前应由质量管理部门对有关记录进行审核，审核内容应包括：配料、称重过程中的复核情况；各生产工序检查记录；清场记录；中间产品质量检验结果；偏差处理；成品检验结果等。符合要求并有审核人员签字后方可放行。

二、无菌药品

无菌药品是指法定标准药品中列有无菌检查项目的制剂。

1. 无菌药品生产环境的空气洁净度级别要求：

（1）最终灭菌药品：

100级或10 000级背景下的局部100级：大容量注射剂（≥50毫升）的灌封；

10 000级：注射剂的稀配、滤过；

　　　　　　小容量注射剂的灌封；

　　　　　　直接接触药品的包装材料的最终处理。

100 000级：注射剂浓配或密闭系统的稀配。

（2）非最终灭菌产品：

100级或10 000级背景下的局部100级：

灌装前不需除菌滤过的药液配制；

注射剂的灌封、分装和压塞；

直接接触药品的包装材料最终处理后的暴露环境。

10 000级：灌装前需除菌滤过的药液配制。

100 000 级：轧盖，直接接触药品的包装材料最后一次精洗的最低要求。

（3）其他无菌产品：

10 000 级：供角膜创伤或手术用滴眼剂的配制和灌装。

2. 灭菌柜应具有自动监测、记录装置，其能力应与生产批量相适应。

3. 与药液接触的设备、容器具、管路、阀门、输送泵等应采用优质耐腐蚀材质，管路的安装应尽量减少连（焊）接处。过滤器材不得吸附药液组份和释放异物。禁止使用含有石棉的过滤器材。

4. 直接接触药品的包装材料不得回收使用。

5. 批的划分原则：

（1）大、小容量注射剂以同一配液罐一次所配制的药液所生产的均质产品为一批。

（2）粉针剂以同一批原料药在同一连续生产周期内生产的均质产品为一批。

（3）冻干粉针剂以同一批药液使用同一台冻干设备在同一生产周期内生产的均质产品为一批。

6. 直接接触药品的包装材料最后一次精洗用水应符合注射用水质量标准。

7. 应采取措施以避免物料、容器和设备最终清洗后的二次污染。

8. 直接接触药品的包装材料、设备和其他物品的清洗、干燥、灭菌到使用的时间间隔应有规定。

9. 药液从配制到除菌或无菌过滤的时间间隔应有规定。

10. 物料、容器、设备或其他物品需进入无菌作业区时应经过消毒或灭菌处理。

11. 成品的无菌检查必须按灭菌柜次取样检验。

12. 原料、辅料应按品种、规格、批号分别存放，并按批取样检验。

三、非无菌药品

非无菌药品是指法定药品标准中未列无菌检查项目的制剂。

1. 非无菌药品生产环境空气洁净度级别的最低要求：

（1）100 000 级：非最终灭菌口服液体药品的暴露工序；

　　　　　　　　深部组织创伤外用药品、眼用药品的暴露工序；

　　　　　　　　除直肠用药外的腔道用药的暴露程序。

（2）300 000 级：最终灭菌口服液体药品的暴露工序；

　　　　　　　　口服固体药品的暴露工序；

　　　　　　　　表皮外用药品暴露工序；

　　　　　　　　直肠用药的暴露工序。

（3）直接接触药品的包装材料最终处理的暴露工序洁净度级别应与其药品生产环境相同。

2. 产尘量大的洁净室（区）经捕尘处理仍不能避免交叉污染时，其空气净化系统不得利用回风。

3. 空气洁净度级别相同的区域，产尘量大的操作室应保持相对负压。

4. 生产性激素类避孕药品的空气净化系统的气体排放应经净化处理。

5. 生产激素类、抗肿瘤类药品制剂，当不可避免与其他药品交替使用同一设备和空气净化系统时，应采用有效的防护、清洁措施和必要的验证。

6. 干燥设备进风口应有过滤装置，出风口应有防止空气倒流装置。

7. 软膏剂、眼膏剂、栓剂等配制和灌装的生产设备、管道应方便清洗和消毒。

8. 批的划分原则：

（1）固体、半固体制剂在成型或分装前使用同一台混合设备一次混合量所生产的均质产品为一批。

（2）液体制剂以灌装（封）前经最后混合的药液所生产的均质产品为一批。

9. 生产用模具的采购、验收、保管、维护、发放及报废应制定相应管理制度，设专人专柜保管。

10. 药品上直接印字所用的油墨应符合食用标准要求。

11. 生产过程中应避免使用易碎、易脱屑、易长霉器具；使用筛网时应有防止因筛网断裂而造成污染的措施。

12. 液体制剂的配制、滤过、灌封、灭菌等过程应在规定时间内完成。

13. 软膏剂、眼膏剂、栓剂生产中的中间产品应规定存储期和存储条件。

14. 配料工艺用水及直接接触药品的设备、器具和包装材料最后一次洗涤用水应符合纯化水质量标准。

四、原料药

1. 从事原料药生产的人员应接受原料药生产特定操作的有关知识培训。

2. 易燃、易爆、有毒物质的生产和储存的厂房设施应符合国家的有关规定。

3. 原料药精制、干燥、包装生产环境的空气洁净度级别要求：

（1）法定药品标准中列有无菌检查项目的原料药，其暴露环境应为 10 000 级背景下局部 100 级；

（2）其他原料药的生产暴露环境不低于 300 000 级；

4. 中间产品的质量检验与生产环境有交叉影响时，其检验场所不应设置在该生产区域内。

5. 原料药生产宜使用密闭设备；密闭的设备、管道可以安置于室外。使用敞口设备或打开设备操作时，应有避免污染措施。

6. 难以精确按批号分开的大批量、大容量原料、溶媒等物料入库时应编号；其收、发、存、用应制定相应的管理制度。

7. 企业可根据工艺要求、物料的特性以及对供应商质量体系的审核情况，确定物料的质量控制项目。

8. 物料因特殊原因需处理使用时，应有审批程序，经企业质量管理负责人批准后发放使用。

9. 批的划分原则：

（1）连续生产的原料药，在一定时间间隔内生产的在规定限度内的均质产品为一批。

（2）间歇生产的原料药，可由一定数量的产品经最后混合所得的在规定限度内的均质产品为一批。混合前的产品必须按同一工序生产并符合质量标准，且有可追踪的记录。

10. 原料药的生产记录应具有可追踪性，其批生产记录至少从粗品的精制工序开始。连续生产的批生产记录，可作为该批产品各工序生产操作和质量监控的记录。

11. 不合格的中间产品，应明确标示并不得流入下道工序；因特殊原因需处理使用时，应按规定的书面程序处理并有记录。

12. 更换品种时，必须对设备进行彻底的清洁。在同一设备连续生产同一品种时，如有影响产品质量的残留物，更换批次时，也应对设备进行彻底的清洁。

13. 难以清洁的特定类型的设备可专用于特定的中间产品、原料药的生产或储备。

14. 物料、中间产品和原料药在厂房内或厂房间的流转应有避免混淆和污染的措施。

15. 无菌原料药精制工艺用水及直接接触无菌原料药的包装材料的最后洗涤用水应符合注射用水质量标准；其他原料药精制工艺用水应符合纯化水质量标准。

16. 应建立发酵用菌种保管、使用、储存、复壮、筛选等管理制度，并有记录。

17. 对可以重复使用的包装容器应根据书面程序清洗干净，并去除原有的标签。

18. 原料药留样包装应与产品包装相同或使用模拟包装，保存在与产品标签说明相符的条件下，并按留样管理规定进行观察。

五、生物制品

1. 从事生物制品制造的全体人员（包括清洁人员、维修人员）均应根据其生产的制品和所从事的生产操作进行专业（卫生学、微生物学等）和安全防护培训。

2. 生产和质量管理负责人应具有相应的专业知识（细菌学、病毒学、生物学、分子生物学、免疫学、医学、药学等），并有丰富的实践经验以确保在其生产、质量管理中履行其职责。

3. 生物制品生产环境的空气洁净度级别要求：

（1）100 级：灌装前不经除菌过滤的制品其配制、合并、灌装、冻干、加塞、添加稳定剂、佐剂、灭活剂等；

（2）10 000 级：灌装前需经除菌过滤的制品其配制、合并、精制、添加稳定剂、佐剂、灭活剂、除菌过滤、超滤等；

体外免疫诊断试剂的阳性血清的分装、抗原 - 抗体分装；

（3）100 000 级：原料血浆的合并、非低温提取、分装前的巴氏消毒、轧盖及制品最终容器的精洗等；

口服制剂其发酵培养密闭系统环境（暴露部分需无菌操作）；

酶联免疫吸附试剂的包装、配液、分装、干燥；胶体金试剂、聚合酶链反应试剂（PCR）、纸片法试剂等体外免疫试剂；

深部组织创伤用制品和大面积体表创面用制品的配制、灌装。

4. 各类制品生产过程中涉及高危致病因子的操作，其空气净化系统等设施还应符合特殊要求。

5. 生产过程中使用某些特定活生物体阶段，要求设备专用，并在隔离或封闭系统内进行。

6. 卡介苗生产厂房和结核菌素生产厂房必须与其他制品生产厂房严格分开，其生产设备要专用。

7. 芽孢菌操作直至灭活过程完成之前必须使用专用设备。炭疽杆菌、肉毒梭状芽孢杆菌和破伤风梭状芽孢杆菌制品须在相应专用设施内生产。

8. 如设备专用于生产孢子形成体，当加工处理一种制品时应集中生产。在某一设施或一套设施中分期轮换生产芽孢菌制品时，在规定时间内只能生产一种制品。

9. 生物制品的生产应注意厂房与设施对原材料、中间体和成品的潜在污染。

10. 聚合酶链反应试剂（PCR）的生产和检定必须在各自独立的建筑物中进行，防止扩增时形成的气溶胶造成交叉污染。

11. 生产人免疫缺陷病毒（HIV）等检测试剂，在使用阳性样品时，必须有符合相应规定的防护措施和设施。

12. 生产用种子批和细胞库，应在规定储存条件下，专库存放，并只允许指定的人员进入。

13. 以人血、人血浆或动物脏器、组织为原料生产的制品必须使用专用设备，并与其他生物制品的生产严格分开。

14. 使用密闭容器系统生物发酵罐生产的制品可以在同一区域同时生产，如单克隆抗体和重组 DNA 产品。

15. 各种灭活疫苗（包括重组 DNA 产品）、类毒素及细胞提取物，在其灭活或消毒后可以与其他无菌制品交替使用同一灌装间和灌装、冻干设施。但在一种制品分装后，必须进行有效的清洁和消毒，清洁消毒效果应定期验证。

16. 操作有致病作用的微生物应在专门的区域内进行，并保持相对负压。

17. 有菌（毒）操作区与无菌（毒）操作区应有各自独立的空气净化系统。来自病原体操作区的空气不得再循环，来自危险度为二类以上病原体的空气应除菌过滤排放，滤器的性能应定期检查。

18. 使用二类以上病原体强污染性材料进行制品生产时，对其排除污物应有有效的消毒设施。

19. 用于加工处理活生物体的生产操作区和设备应便于清洁和去除污染，能耐受熏蒸消毒。

20. 用于生物制品生产的动物室、质量检定动物室必须与制品生产区各自分开。动物饲养管理要求，应符合实验动物管理规定。

21. 生产用注射用水应在制备后 6 小时内使用；制备后 4 小时内灭菌 72 小时内使用，或者在 80℃以上保温、65℃以上保温循环或 4℃以下存放。

22. 管道系统、阀门和通气过滤器应便于清洁和灭菌，封闭性容器（如发酵罐）应用蒸气灭菌。

23. 生产过程中污染病原体的物品和设备均要与未用过的灭菌物品和设备分开，并有明显标志。

24. 生物制品生产用的主要原辅料（包括血液制品的原料血浆）必须符合质量标准，并由质量保证部门检验合格签证发放。

25. 生物制品生产用物料须向合法和有质量保证的供方采购，应对供应商进行评估并与之签订较固定供需合同，以确保其物料的质量和稳定性。

26. 动物源性的原材料使用时要详细记录，内容至少包括动物来源、动物繁殖和饲养条件、动物的健康情况。用于疫苗生产的动物应是清洁级以上的动物。

27. 需建立生产用菌毒种的原始种子批、主代种子批和工作种子批系统。种子批系统应有菌毒种原始来源、菌毒种特征鉴定、传代谱系、菌毒种是否为单一纯微生物、生产和培育特征、最适保存条件等完整资料。

28. 生产用细胞需建立原始细胞库、主代细胞库和工作细胞库系统。细胞库系统应包括细胞原始来源（核型分析，致瘤性）、群体倍增数、传代谱系、细胞是否为单一纯化细胞系、制备方法、最适保存条件等。

29. 生产、维修、检验和动物饲养的操作人员、管理人员，应接种相应疫苗并定期进行体检。

30. 患有传染病、皮肤病、皮肤有伤口者和对制品质量产生潜在的不利影响的人员，均不得进入生产区进行操作或进行质量检验。

31. 生产生物制品的洁净区和需要消毒的区域，应选择使用一种以上的消毒方式，定期轮换使用，并进行检测，以防止产生耐药菌株。

32. 在含有霍乱、鼠疫苗、HIV、乙肝病毒等高危病原体的生产操作结束后，对可疑的污染物品应在原位消毒，并单独灭菌后，方可移出工作区。

33. 在生产日内，没有经过明确规定的去污染措施，生产人员不得由操作活微生物或动物的区域到操作其他制品或微生物的区域。与生产过程无关的人员不应进入生产控制区，必须进入时，要穿着无菌防护服。

34. 从事生产操作的人员应与动物饲养人员分开。

35. 生物制品应严格按照《中国生物制品规程》或国家药品监督管理部门批准的工艺方法生产。

36. 对生物制品原材料、原液、半成品及成品应严格按照《中国生物制品规程》或国家药品监督管理部门批准的质量标准进行检定。

37. 生物制品生产应按照《中国生物制品规程》中的"生物制品的分批规程"分批和编写批号。

38. 生物制品国家标准品应由国家药品检验机构统一制备、标化和分发。生产企业可根据国家标准品制备其工作品标准。

39. 生物制品生产企业质量保证部门应独立于生产管理部门，直属企业负责人领导。必须能够承担物料、设备、质量检验、销售及不良反应的监督与管理。生产质量管理及质量检验结果均符合要求的制品方可出厂。

六、放射性药品

1. 负责生产和质量管理的企业负责人、生产和质量管理的部门负责人应具有核医学、核药学专业知识及放射性药品生产和质量管理经验。

2. 从事质量检验的人员应经放射性药品检验技术培训，并取得岗位操作证书。

3. 从事生产操作的人员应经专业技术及辐射防护知识培训，并取得岗位操作证书。

4. 生产企业应设辐射防护管理机构，其主要职责为：

（1）组织辐射防护法规的实施，开展辐射防护知识的宣传、教育和法规培训；

（2）负责对辐射防护工作的监督检查；

（3）及时向有关部门报告放射性事故，并协助调查处理。

5. 厂房应符合国家关于辐射防护的有关规定，并获得放射性同位素工作许可证。

6. 放射性药品生产环境的空气洁净度级别要求同无菌药品、非无菌药品和原料药中的规定；放射免疫分析药盒各组分的制备应在300000级条件下进行。

7. 操作放射核素工作场所的地面、工作台应使用便于去污的材料；操作放射性碘及其他挥发性核素应在通风橱内进行，通风橱的技术指标应符合国家有关规定。

8. 含不同核素的放射性药品生产区必须严格分开。放射性工作区应与非放射性工作区有效隔离。应在污染源周围划出防护监测区并定期监测。

9. 生产区出入口应设置去污洗涤、更衣设施，出口处应设置放射性剂量检测设备。

10. 贮存放射性物质的场所应安全、可靠、便利，有明显的放射性标志，具有防火、防盗、防泄露等安全防护措施，并符合辐射防护的要求。

11. 重复使用的放射性物质包装容器应有专有的去污处理场所。

12. 必须具备与放射性药品生产和质量控制相适应的其他设施。

13. 放射性核素、标准放射源应专库或专柜存放，专人保管，专册登记。

14. 标签应按放射性药品的特殊规定印制。

15. 放射性药品的外包装材料应符合国家有关辐射防护的规定。

16. 从事放射性药品生产人员的体表、衣物及工作场所的设备、墙壁、地面的表面污染程度，应符合国家有关规定。

17. 从事放射性药品生产人员，应根据不同工作需要，配备工作服、工作帽、手套和口罩。甲、乙级工作场所还应配备工作鞋、袜、附加工作服等防护用品。生产人员在可能受到放射性气体、蒸汽污染的工作场所工作时，应供给高效能的口罩；在严重污染的条件下，应根据需要供给呼吸面罩、隔绝式呼吸器、气衣等装备。

18. 从事放射性药品生产人员的工作服清洗前应进行放射性污染检测，已被污染的工作服应作特殊处理或按放射性废物处理。

19. 被放射性污染的场所应在防护人员监督下进行专业清理，检测合格后方可继续使用。

20. 放射性工作区应设置盛放放射性废物的容器，放射性废物应按国家有关规定处理。

21. 放射性废液、废气排放前应采取相应净化处理措施，排放标准应符合国家有关规定。

22. 应按总则规定进行验证工作，并增加辐射防护效果、通风橱技术指标、废气、废液排放等验证工作。

23. 必须建立批记录，内容包括：批生产记录、批包装记录、批检验记录等。

24. 必须建立放射性核素的贮存、领取、使用、归还制度，并有记录。

25. 必须建立严格的辐射防护监督检查制度，并有记录。

26. 必须建立放射性废液、废气、固体废物处理制度，并有记录。

27. 放射性药品分内、外包装。外包装应贴有标签和放射性药品标志，并附使用说明书；内包装必须贴有标签。

28. 运输放射性药品或核素的空容器，必须按国家有关规定进行包装、剂量检测并有记录。

29. 放射性药品的包装和运输应具有与放射剂量相适应的防护装置。

30. 放射性药品出厂前必须进行辐射防护安全检查。

31. 即时标记放射性药品应配备专用运输工具。

32. 发现射线对患者超剂量的危害，应及时向当地药品监督管理部门报告。

七、中药制剂

1. 主管药品生产和质量管理的负责人必须具有中药专业知识。

2. 中药材、中药饮片验收人员应经相关知识的培训，具备识别药材真伪、优劣的技能。

3. 非创伤面外用药制剂及其他特殊的中药制剂生产厂房门窗应能密闭，必要时有良好的除湿、排风、除尘、降温等设施，人员、物料进出及生产操作应参照洁净室（区）管理。

用于直接入药的净药材和干膏的配料、粉碎、混合、过筛等的厂房应能密闭，有良好的通风、除尘等设施，人员、物料进出及生产操作应参照洁净室（区）管理。

其他中药制剂生产环境的空气洁净度级别要求同无菌药品、非无菌药品中相关要求。

4. 中药材的库房应分别设置原料库与净料库，毒性药材、贵细药材应分别设置专库或专柜。

5. 非洁净厂房地面、墙壁、天棚等内表面应平整，易于清洁，不易脱落，无霉迹，应对加工生产不造成污染。

6. 净选药材的厂房内应设拣选工作台，工作台表面应平整、不易产生脱落物。

7. 中药材炮制中的蒸、炒、炙、煅等厂房应与其生产规模相适应，并有良好的通风、除尘、除烟、降温等设施。

8. 中药材、中药饮片的提取、浓缩等厂房应与其生产规模相适应，并有良好的排风及防止污染和交叉污染等设施。

9. 中药材筛选、切制、粉碎等生产操作的厂房应安装捕吸尘等设施。

10. 与药品直接接触的工具、容器应表面整洁，易清洗消毒，不易产生脱落物。

11. 进口中药材、中药饮片应有口岸药检所的药品检验报告。

12. 购入的中药材、中药饮片应有详细记录，每件包装上应附有明显标记，标明品名、规格、数量、产地、来源采收（加工）日期。毒性药材、易燃易爆等药材外包装上应有明显的规定标志。

13. 中药材使用前须按规定进行拣选、整理、剪切、炮制、洗涤等加工。需要浸润的要做到药透水尽。

14. 中药材、中药饮片的储存应便于养护。

15. 批的划分原则：

（1）固体制剂在成型或分装前使用同一台混合设备一次混合量所生产的均质产品为一批。如采用分次混合，经验证，在规定限度内所生产一定数量的均质产品为一批。

（2）液体制剂、膏滋、浸膏、流浸膏等以灌装（封）前经同一台混合设备最后一次混合的药液所生产的均质产品为一批。

16. 生产中所需贵细、毒性药材、中药饮片，须按规定监控投料，并有记录。

17. 中药制剂生产过程中应采取以下防止交叉污染和混淆的措施：

（1）中药材不能直接接触地面。

（2）含有毒性药材的药品生产操作，应有防止交叉污染和混淆的特殊措施。

（3）拣选后药材的洗涤应使用流动水，用过的水不得用于洗涤其他药材。不同的药材不宜在一起洗涤。

（4）洗涤及切制后的药材和炮制品不得露天干燥。

18. 中药材、中间产品、成品的灭菌方法应以不改变质量为原则。

19. 中药材、中药饮片清洗、浸润、提取工艺用水的质量标准应不低于饮用水标准。

附录三

世界卫生组织的 GMP：
生产过程验证指导原则 （1996）

引　言

本指导原则并没有在药品生产质量管理规范（GMP）范围内增加新的要求。此附件（注：WHO—GMP 专家委员会第 34 次报告的附件）的目的是解释和加强验证的概念，在实施验证程序时帮助确立优先权和选择方法。由于世界卫生组织的 GMP 指导基本上是用于药物制剂生产的，因此，本文也涉及这些最终制剂的生产。但是，本文所列的生产过程验证条文主要是针对活性成分的制备。虽然强调的是生产过程，许多建议也适用于规范操作，如清洁。本文对分析方法的验证不做讨论[注1]，可进一步参见"药物检验中分析步骤的验证"。

关于药品 GMP 的指导（见第 5 部分）要求验证关键性的过程以及可能会影响产品质量的生产过程的变化。经验表明，生产过程中几乎都有可能引起最终产品质量变化的"关键性"步骤。因此，一个谨慎的制造商通常要对所有生产过程和有关操作，包括清洁操作，都要进行验证。本文件中"关键性过程"一词是指需要特别关注的过程、操作或步骤，例如灭菌，对于产品质量的影响是非常关键的。还需要注意的是有些 GMP 指南，如欧共体的，从验证角度来讲，是不分关键和非关键过程的。

术　语

下列定义仅适用于本指导，在其他文件中可能有不同含义。

校准：为确保在生产过程或分析过程（生产或质量检验）中所用的测量仪器（如温度、重量、pH 测量）准确性在规定的范围内所做的检测试验和重复试验工作。

证书：在常规使用的生产过程的验证或再验证的最终审评和正式批准。

极限试验/最坏情况：在标准操作规程中一种或一组条件包括生产条件和环境条件的上限及下限，与理想条件相比时，能造成最大的机会，或产品失败。

设施合格性：通过检测试验保证生产过程所用设施（如机器、测量设备、公共设施、生产区）选择得当和安装正确。并按照确定的规程运作。

生产过程：通过一步操作或一系列操作（包括安装、人事、文件、环境）将起始原料转化成最终产物（药物或制剂）。

运行合格证：系统或分支系统能在所有预计的操作有效范围内执行任务的书面证明。

设备合格证明：对设备进行计划和试验、并记录试验结果证明其能完成预期任务的行为。测量设备和系统应予校准。

再验证：对于已批准的过程（或部分）的重新验证，以确保其继续符合规定的要求。

验证：从生产开发阶段开始，一直到生产阶段，都要收集和评估数据，以确保生产过程（包括设备、厂房、人员、材料）能在连续一致的基础上达到预期的结果。验证是书面证明的确立，证明系统能按预期运作。此外还有其他定义，如药品GMP指导原则中定义的。

验证方案（或计划）：描述在验证过程中活动的文件，包括作常规应用的生产过程（或一部分）的验收标准。

验证报告：汇总一个完整的验证方案的记录、结果和评估的文件。还可能包含对生产过程或设备的改进建议。

总　　则

验证是质量保证的一部分，但这个术语的应用和生产联系起来时往往难度很大。如上述定义，它包含对于生产系统、设施和过程的系统性研究，目的是检查它们是否按规定精确、连续地执行其目标功能。一个验证的操作是指能够提供高水平保证的操作，以确保能生产出均匀的符合规格的批号，因此可被正式批准。

和GMP的其他要求不同，验证本身并不改进生产过程，它只能证明（或不能证明）生产过程已经过适当的开发或处于控制之下。理想的话，任何开发活动的后期应以一个验证阶段[注2]来结束。这包括研究用药的生产，及生产过程从小批量试产放大到规模生产。作为生产规范的GMP，从开发过程转入生产，起始原料和设备有所改进之后，或进行定期重新验证时，仅需对上述情况进行重新验证。

尽管如此，并不能保证全世界的医药工业生产在开发阶段都经过正当的验证。因此，这里讨论的验证，广义上指作为一种活动，在开发阶段中启动，然后延续直到能达到全规模生产阶段。事实上，它是一直处于确定关键性生产过程、步骤或单元操作的发展过程之中。

规范的验证要求各部门密切合作，例如涉及到的开发、生产、工程、质量保证和质量控制等部门。这一点在药品经过开发和中试操作后进入常规的规模生产时最为重要的。考虑到有利于后来的在质量检查或例行检查过程中的验证和评估，建议将所有反映这种转变的文件归入分开的卷宗中集中存放在一起（技术转移文件）。

充分的验证对制造商有许多益处：

◎加深对生产过程的理解，减少加工问题的风险，从而保证生产过程平稳运行。

◎降低费用不足的风险。

◎减少管理上的不服从。

◎一个充分验证的生产过程需要较少的生产过程中的控制和最终产品检查。

1. 生产过程验证的类型

按生产验证进行的时间，划分为预期性验证，同时发生的一致性验证，回顾性验证，或重新验证。

预期性验证：在开发阶段进行，以生产过程风险分析为手段，可划分为几个步骤；然后根据过去的经验来评估以决定它们是否能导致关键性结果。当可能的关键结果被确认，即对风险进行评估，考察其潜在原因并估计其可能性及程度，起草试验计划，确定优先因素，进行试验和评价以及全面评估。如果最终结果是可接受的，则该过程是令人满意的。不符合要求的生产过程，则要修改和改进直至验证运行证明其已符合要求。为了限制在规模化生产上出错的风险（例如在制备注射剂时），这种形式的验证是必要的。

一致性验证：在正常生产中执行。这种验证方法只有在开发阶段对生产原理有适当认识时才有效。必须尽可能全面地监测前 3 批的规模生产情况[注3]。随后的生产过程中以及最终试验的性质和规格就是基于这种监控结果的评价。

一致性验证以及包括稳定性的趋势应在整个产品寿命中进行到适当的程度。

回顾性验证：包含以组成、程度、设备保持不变为依据，检查过去生产的经验；然后评估这些经验以及生产过程和最终质量控制试验的结果。对生产中记录的困难和失败加以分析来决定生产参数的限度。可进行趋势分析以决定在允许范围内生产参数的水平。

很显然回顾性验证本身不是质量保证的手段，根本不能应用于新的生产过程或产品，它只是在特殊环境下予以考虑，如验证要求初次引入一家公司时。这时回顾性验证对验证程序中确定优先权很有用处。如果回顾性验证的结果是肯定的，这表明不需要立刻关注生产过程，可以按正常时间安排进行验证。对于用合格设备在各个压力敏感性槽中压制的片剂，回顾性验证对于这种剂型的全部生产过程是最全面的检验。此外，回顾性验证不得应用于无菌产品的生产。

重新验证：对于生产过程或生产环境的变化（无论是有意的还是无意的），要确保这些变化对生产的特性和产品质量都没有负面影响，必需进行重新验证。

重新验证可划分为两大类别：

◎在怀疑任何变化会影响产品质量时的重新验证；

◎在规定的时间段内，定期重新验证。

变化后的重新验证：任何情况的变化若影响到生产和（或）产品性能特点的规格标准时，必须进行重新验证。这类变化可包括起始原料、包装材料、生产过程、仪器、生产中控制、生产区域、或供给系统（水、蒸汽等）等的变化。每一个变化都需经过合法验证组的审核，决定它是否足以需进行重新验证。如果是肯定的，其程度又如何。

变化后的重新验证可以用初始验证时使用的同样试验和做法为基础，包括子过程和有关设备的试验。需要重新验证的一些典型变化包括如下：

◎起始原料的变化。诸如活性成分或辅料的密度、粘度、粒径分布、晶型和变体等物理性质的变化，会影响原料的机械性质，其结果可能对生产或产品产生不良影响。

◎包装材料的变化。例如：用玻璃替代塑料，在包装过程上需要改动，因而会影响产品稳定性。

◎生产过程的变化。例如：混合时间变化，干燥温度和冷却体系的变化会影响随后的生产步骤和产品质量。

◎设备的变化。包括测量仪器，可能会同时影响生产和产品；修理、维护工作，例如主要设备部件的更换，可能会影响生产过程。

◎生产区和供给系统的变化。例如：厂区和（或）供给系统的重新安置会导致生产过程的改变。供给系统，如通风橱的修理和维护可能改变环境条件，因此随后进行重新验证或重新给予合格证是必要的，主要是生产无菌产品时。

◎在自我检查或审计，或在生产数据的连续倾向分析时可能观察到不可预料的变化和偏差。

定期重新验证：众所周知，即使是有经验的操作者按照规定的方法进行正确的操作，生产过程中也会发生逐渐的改变。同样，设备损耗也会导致渐进的变化。因此，即使没有蓄意的改变也建议定期进行重新验证。

定期重新验证的决定必须是根据对历史数据（即最后一次验证之后，在生产过程和最终产品的验证中所得数据）的审核。旨在验证生产是在控制之下。在审查这类数据的过程中，对所收集数据中的任何倾向都应进行评估。

在一些生产过程中，如灭菌，需要附加其他生产试验，来补充历史数据。所需的试验程度应明显不同于初始验证。另外，在定期重新验证期间还应检查以下几点：

◎一些主要的处方、方法、批量大小等是否发生变化？如有变化，对产品的影响是否已评估？

◎是否按确定程序和时间表进行仪器校准？

◎是否按确定程序和时间表进行预防性维护？

◎标准操作规程（SOPs）是否适当地更新？

◎是否执行 SOPs？

◎是否执行清洁和卫生程序？

◎分析检验方法是否作过改动？

2. 生产过程验证的先决条件

在生产验证开始之前，生产设备、检验仪器以及处方必须证明合格。药物制剂的处方在开发阶段，即在向主管当局递交上市申请之前，应进行详细的研究，证明合格。这些研究包括处方前研究，活性成分和辅料相容性研究，最终成品、包装材料、稳定性研究等。

生产的其他方面也必须经过验证，包括关键的服务设施（水、空气、氮气、动力供给等）及辅助操作，如设备清洁和厂房卫生。适当的人员训练和促动因素对成功的验证也是必要的条件。

3. 方法

验证过程本身存在两种方法（除了生产所用的设备合格，检验和测量仪器的校准，环境因素的评估等），即实验方法和基于历史数据的分析方法。

实验方法适用于预期性验证和一致性验证，包括：

◎广泛的产品试验。

◎模拟生产试验。

◎极限/最坏情况试验。

◎生产参数的控制（大多是物理参数）。

生产验证最适用的形式之一（主要是对非无菌产品）就是对产品最后试验的范围比常规质量检验要求的更广。它包括广泛的取样，远超过常规质量检验和普通质量检验规定的实验范围，而且通常只对某个参数。例如，每批要称量几百片片剂来测定单位剂量均匀度。然后用统计方法处理所得结果来确证其呈"正态"分布，并从平均重量测定其标准偏差。估计出每个结果的置信限和整批产品的均匀度。如果置信限在规定范围内，便强有力地表明随机取样的样品是符合规定要求的。

同样，进行广泛取样和实验要考虑到各项质量要求。此外中间步骤也应按同样方式验证，例如，通过含量均匀度实验分别测定数十个样品来验证低剂量片剂生产中的混合或制粒步骤。可偶尔检查产品（中间或最终）的非常规性质。这样，非肠道制剂中似乎可见的微粒物质要通过电子仪器测定，或片剂/胶囊剂做出溶出度曲线，此类实验并不是每批都要做。

模拟生产试验主要用于验证不能最终灭菌的非肠道产品的无菌灌封。包括在安瓿内灌注正常的培养基，经过培养和细菌生长对照。过去，污染水平低于 0.3% 认为是可以接受的，但现在的目标应不超过 0.1%。

极限试验用于测定生产过程的承受程度，即当参数接近可接受的限度时，生产能否平稳运作的能力。实验批次中起始原料在质量参数范围的应用，就有可能估计出生产过程能生产出符合规定的最终产品的程度。

在正常生产管理中，检测生产中的物理参数可获得生产过程中额外信息及其可靠信息。安装在高压灭菌器或干热灭菌器（常用的探针除外）的附加热敏装置可允许几次负荷的热分布的深入研究。对于高粘度的注射剂或体积多于 5ml 的注射剂，建议采用热渗透测量法。装有压力敏感槽的压片机有助于收集满冲均匀度的统计数据，从而获得质量均匀度。

在基于历史数据分析的方法中，回顾性验证不需要实验，但取而代之的是，将一些批生产的历史数据合并起来分析。如果在验证期间生产进行顺利的话，生产中检验和产品最终试验所得数据要合并，进行统计处理。所得结果（包括生产能力研究结果，趋势分析等）将表明生产能否得到控制。

质量检验表可用于回顾性验证。为此总共要用 10～25 批或更多批数，最好是将生产后不超过 12 个月的产品一起审查（不包括未经常规质量检验的批次，因为它们属于不同的"类别"，但失败的考察结果应分开进行）。要选择最终产品的关键质量参数，例如测定值和效价，单位剂量均匀度，崩解时间，溶出程度。在审核时，可从过去提交的批生产文档中提取这些批参数的分析结果，一起使用，而每批的结果应分组处理。计算出总平均数（"生产平均数"）和控制限，并按许多出版物中有关控制图表的指导绘制成图或图表。

仔细审查图表可以估计出生产过程的可靠性。如果作图所用参数在控制范围内，而且每个结果变化是稳定或趋于下降，那么就可以认为该生产过程是可靠的。否则就需要进行调研或进行可能的改进[注4]。

此外，也要分析产品有关问题的信息。如果在相当的时间内没有回绝、投诉、返回、无法解释的不良反应等，生产的可靠性就得到证实。如果统计分析结果是肯定的，且无严重问题记录，生产就得到回顾性验证的证明。然而，还要强调此法不适用于无菌产品的生产。

4. 组织形式

现有几种可行的组织验证的方式，其一就是成立验证小组。为此管理部门任命一个人（验证官员）负责验证，并成立验证小组（队，或委员会）。小组由组长领导，并代表所有重要部门，如开发、生产、工程、质保和质检部门。小组的成员应经常更换，这样可以给其他人产生新见解的机会，和获得经验。验证小组然后制定一个计划，即决定其工作范围、优先考虑的事、时间表、所需资源等。计划呈送有关部门和职能机构审查批准。最终的审查和批准由验证官员负责。

5. 生产验证计划的范围

表1列出了建议的验证时优先考虑的项目。对于新的生产过程，建议前几批（例如3批）全规模生产的产品不应在质量检验部门批准后就发货，而应在验证完成后，结果已提交和审查，生产被批准（合格）之后。

表1 生产验证程序优先权示例

生产过程类型	验证要求
新的	在批准常规生产前每个新过程必须经过验证
已有的： 　　为无菌产品设计的生产过程	所有影响灭菌和生产环境的过程必须经验证；最重要的是灭菌步骤
已有的： 　　非无菌产品	含高活性物质的低剂量片剂和胶囊：验证与含量均一性有关的混合和制粒步骤 其他片剂和胶囊：验证与质量均一性相关的片剂的压片、胶囊的灌装

6. 验证方案和验证报告

涉及特殊生产的验证方案和随后的验证报告建议按如下顺序进行：

第一部分 验证目的和先决条件

第二部分 整个生产过程和分过程，流程图，关键步骤/风险的表述

第三部分 验证方案，批准

第四部分 设施安装合格证、绘图

第五部分 符合要求的方案/报告

5.1 分过程1

5.1.1 目的

5.1.2 方法/步骤，生产方法列表、SOPs，可能的话有成文的操作程序

5.1.3 取样和检验程序，验收标准（详细描述，或写出参照标准，或为已确立的程序，或按药典规定）

5.1.4 打印报告

5.1.4.1 生产过程中所使用的试验设备的校准

5.1.4.2 试验数据（原始数据）

5.1.4.3 结果（总结）

5.1.5 批准和重新验证的程序

5.2 分过程2（与分过程1相同）

5. n 分过程 n

第六部分 产品特性，取自验证批号的试验数据

第七部分 评审，包括与验收标准的比较和建议（包括再验证/重新证明合格的频次）

第八部分 颁证（批准）

第九部分 如果可行的话，准备对外使用（如管理机构）的验证报告简要本

验证方案和验证报告也可以包括产品稳定性报告的副本或其概要，以及有关清洁和分析方法的验证文件。

注1：分析方法的验证即对分析方法产生的结果进行确证，用来对指定药物制品质量做出客观评价。质量检验实验室的负责人应能保证试验方法有效。这些试验所用的分析设备应合格，用于定量的测量仪器都是校准的。每一新的试验程序都经过验证。

注2：注意：在一些国家，注册前阶段（申报或申请，及上市申请）就需要生产过程验证的数据。

注3：这种前3批生产的仔细监测，有时被认为是预期性验证。

注4：注意：一旦绘制了过去批号生产的控制图，就可成为预期的质量管理的有力工具。新的批号生产数据标绘在同一张图上，对每一个超出控制限的结果寻找其原因，这就是影响生产的新的因素，一经发现便予以清除。坚持应用这种方法一段时间后，生产过程可得到很大改善。

附录四

美国 FDA 生产过程（工艺）验证总则
指南（1987 年）摘录

I．目的

本指南概述了人用和兽用药品和医疗器械的生产过程（工艺）验证的总则，其验证的基本原理是得到 FDA 认可的。

II．范围

本指南是适用于药品和医疗器械的生产。本指南阐述了一般适用范围的原则和方法，这些原则和方法在法律上未做规定要求，但是得到了 FDA 认可。本指南可以作为依据，并保证可以得到 FDA 的批准，但也可以按照其他方法进行验证。在使用不同方法进行验证时，可事前与（但也可以不与）FDA 讨论所要进行的验证工作，以避免在以后被 FDA 认为不合格而浪费了财力和精力。总而言之，本指南列述的有关药品和医疗器械的生产过程验证原则和方法，是得到 FDA 认可的。但不是在所有情况下都必须使用本指南所列述的原则和方法以符合法律。

III．序言

生产过程验证是药品生产管理规范法规 21CFR 210－211 和医疗器械生产管理规范法规 21CFR 820 的规定要求，所以适用于药品和医疗器械的生产。

有些生产厂商曾向 FDA 要求提供具体的指导：关于 FDA 要求生产厂商做些什么工作，以保证生产过程验证符合规定的要求。本指南讨论了生产过程验证的原理和概念，FDA 认为这些原理和概念是符合验证方案要求的。本指南所陈述的验证组成部分并不打算把所有内容都包括在内。FDA 认为，由于医药产品（药品和医疗器械）的生产过程和厂房设施种类繁多，所以不可能把所有适用于验证的具体原理——在本指南内述及。然而，有些广义的概念有普遍的适用性，生产厂商在生产过程验证时可以用作验证的指南。虽然根据医药产品的性质（如无菌的或非无菌的）以及生产过程的复杂程序，生产过程验证的特殊规定要求是会改变的，但述及的广义概念具有普遍的应用性，而且为构成生产过程验证的全面方法提供一个可以接受的范围。

定义

安装确认（Installation qualification）：确信生产设备和辅助系统在确定的限值和允许限度范围内可始终如一地运转。

过程性能的确认（Process peifoimance qualification）：确信生产过程是有效的而且是可重现的。

产品性能确认（Product performance qualification）：通过相应的检验确信用特定的生产

过程所生产的成品符合功能和安全性的所有合格的规格标准。

前验证（Prospective validation）：在销售一个新产品前，或销售一个生产过程经过修改而此修改可能会影响产品的特性的产品前所进行的验证。

回顾性验证（Retrospective validation）：以累积的生产、检验和控制的数据资料为依据，对已销售的产品生产过程进行的验证。

验证（Validtion）：制定能高度保证某一特定的生产过程可始终如一地生产出符合预定的规格标准和质量特性的产品的正式成文证据。

验证方案（Validation protocol）：指书面计划用来说明验证是如何进行的，包括检验参数、产品特性、生产设备以及要达到合格检验结果的关键处。

最差状况（Worst case）：包括生产过程的上限和下限以及生产环境（包括标准操作程序的上下限值范围）的组合条件。这些条件与理想条件比，生产过程发生故障或产品不合格的机会最大，但最差状况的条件并不一定会引起产品不合格或生产过程发生故障。

Ⅳ. 总概念

产品质量的保证来自对许多因素的重视，包括选定符合质量的部件和物料、合适的产品设计和生产过程设计、生产过程管理以及中间体和成品检验。由于现今医药产品的复杂性，所以有许多理由可以说明仅仅用常规的成品检验常常不足以保证产品质量。有些成品检验的灵敏程度也有局限性。有些情况可能需要进行破坏性检验来证明生产过程是否合适，而在其他情况成品检验并不能检出产品中可能存在的所有差异，而这些差异可能会影响产品的安全性和有效性。

质量保证的基本原则，其目的是要生产的物件符合规定的用途。这些原则可叙述如下：

（1）产品的质量、安全性和有效性必须是在设计和制造中得到的；

（2）质量不是通过检查或检验成品所能得到的；

（3）必须对生产过程的每一步骤加以控制，以使成品符合质量和设计的所有规格标准的机率达到最大程度。

生产过程验证是保证达到上述质量目的的关键因素。

只有对生产过程和生产过程的控制进行仔细的设计和验证，生产厂商才能有高度地把握能连续不断地生产出合格批号的物件。生产过程验证工作做得好，就可减少依赖于中间体和成品的全面深入的检验，必须指出在几乎所有的情况下，成品检验对达到质量保证目标是起着重大的保证作用，即验证和成品检验不是相互排斥的。

FDA对生产过程验证做了如下的定义：

生产过程验证是制定成文的证据，证据要提供高度保证特定的生产过程能始终如一地生产出符合预先确定的规格标准和质量特性的产品。

重要的是生产厂商要编写一份书面的验证方案，指出进行验证的方法（和检验）及所要收集的数据资料。收集数据资料的目的必须明确，数据资料必须反映事实，而且必须仔细、准确地收集。文件应该指出生产过程有足够的重复次数以证明其重现性，而且在连续运行的次数中要规定准确测定变化的情况。验证次数中的检验条件应包括生产过程的上限和下限以及环境条件，包括标准操作程序的限值范围和环境条件。在这些上限和下限条件与理论条件相比，生产出故障或产品不合格的机会最大。这种条件就是大家已知道的"最差状况"条件（有时也叫作"最合适的挑战条件"）。验证文件应包括物料适用性，生产设备和系统的性能和可靠性的证据。

生产过程的主要变化参数应予监测并记录。对监测中收集到的数据资料的分析可确定每一次生产过程中生产参数的变化情况，而且可确定生产设备和生产过程的控制方法是否足以保证产品合格。

在生产过程验证中，成品和生产中间过程的检验数据资料可能是有价值的，而质量特性和差异情况能很快地测得时，就特别有价值。当成品（或生产中间过程）的检验不能充分地测得某些特性时，就主要应对生产中所有的每一系统鉴定并考虑各系统间相互作用的情况来得到生产过程验证。

V. 现行药品生产质量管理规范（cGMP）法规

现行药品生产质量管理规范（21CFR 210－211）在综合条款和具体条款上都要求有生产过程验证。我们把这种规定要求的例子列述如下，作为情况介绍，但并未把有关的一切条款都罗列在内。

一般条款在211.100节提出了生产过程验证的规定要求——书面规程，偏差——所述内容部分为：

"应制定有生产过程管理的书面规程，以保证药品具有或如表明所应具有的组分、含量、质量和纯度"。

现行药品生产质量管理规范法规中有几节以更具体的条款来说明验证要求，摘录如下。

211.110节生产过程中间物料和药品的抽样和检验：

（a）"……应制订管理规程以监控产量，并对能引起生产过程中间物料和药品特性发生差异的生产过程性能予以"验证"。

211.113节微生物污染的控制管理：

（b）"应制订并遵守书面规程以防止无菌药品为微生物所污染，书面规程应包括每一灭菌过程的验证。"

VI. 医疗器械的生产质量管理规范法规

医疗器械生产质量管理规范法规（21CFR 820）要求生产过程验证。

820.5节要求每一医疗器械成品的生产厂商：

"……编写并实施质量保证规划。该规划对所生产的具体医疗器械是合适的……"。

820.3节（n）对质量保证的定义如下：

"……所有必要做的事情要经证实生产医疗器械成品的加工质量是有把握的。"

当生产过程验证用于具体生产过程时，要对生产过程能始终如一地生产出达到设计质量特性的产品确有把握，则生产过程验证是一主要因素。

820.100节综合地叙述了生产过程验证的要求：

"应制订、实施并管理生产标准和生产加工规程，以保证医疗器械符合原设计的或符合经批准同意修改的设计。"

在制订和实施加工规程以及需要确定何种生产过程控制以保证符合规格标准时，验证是基本因素。

820.100 节（a）（1）叙述如下：

"……应制订管理措施以保证医疗器械、组成部件和包装的设计依据是正确地体现在批准的规格标准中。"

验证是一种基本的管理方法，用来保证医疗器械及其生产加工过程的标准足以生产出符合已批准的设计特性。

VII. 验证预备阶段所需考虑的事情

生产厂商在制定并进行生产过程验证时，应对所有会影响产品质量的因素加以评价。这些因素在不同产品和不同的制造技术中变化很大。这些因素可包括组成部件（组分）、规格标准、空气和水处理系统、周围环境的控制、设备性能以及生产加工的控制管理。对生产过程验证来说，不存在任何单一方法适合完成验证工作，然而在大多数情况应进行下列质量工作。

在研究和开发阶段，应对产品物理的、化学的、电的性能特征进行详细的规定。重要的是要把产品的特性作为制订规格标准的依据来说明产品的性状和质量控制。

在开发期间的文件改动要可追溯，这样在将来出现问题时可准确地找出解决的方法。

在开发产品（组成部件、组分）的特性和制订规格标准时，产品的最终用途是一个决定性因素，对影响产品安全性和有效性的所有有关情况都应加以考虑，包括性能、可靠性和稳定性。应制订每一特性的认可限值范围，以确定可容许的偏差范围。这些限值范围应以可很快测得限度来表示。

在开始开发和生产阶段，通过对产品进行充分的、有科学根据的检验和挑战性试验，对合格标准的有效性加以证实。

一旦证明规格标准是可以接受的，则对规格标准进行任何更改都必须按照成文的更改管理规程办理。

VIII. 生产过程验证的内容

A. 前验证

生产厂商在生产一个新产品前，或生产的某一个生产过程，有了更动且可能影响产品特性如均一性和一致性的产品前，预验证是必须考虑的因素。在预验证中应考虑的主要因素如下所述。

1. 生产设备和生产过程

生产设备和生产过程的设计及（或）选定应使产品可始终如一地达到规格标准。所有的与保证产品质量有关的部门，如工程设计、生产操作和质量保证人员应参加这一工作。

a. 生产设备：安装确认

生产设备的安装确认试验研究是要确信生产设备和辅助系统可始终如一地在制定的限值范围内运行。加工设备在设计或选定后，应经评定及测试以证实能按生产需要的操作限度运转。这一验证阶段包括审查设备设计；确定校正、维修保养和调节的要求；以及对可影响生产过程和产品的关键设备的特征进行鉴别。上述试验研究所得到的资料应用作制定有关设备的校正、维修保养、监测和管理的书面规程。

在评定一台设备的合适性时，只相信供货单位的说明书或者把生产其他产品的经验为依据，这一做法一般是不可取的……。应有充分说服力的理论和实际工程原理及条件作为评定工作的第一步。

重要的是确认设备时要模拟生产条件，包括"最差状况"的条件。

检验和挑战性试验应有足够的重复次数，以保证结果的可靠和有价值。在检验或挑战性试验期间必须达到所有的合格标准。如果有一次检验或挑战性试验证明设备不在标准范围内运行，就应进行评价以查出失败的原因。然后根据需要进行必要的纠正并再补加检验以证实设备是在标准范围内运行。在检验或挑战性试验的各次之间及其范围内，观察到的设备运行偏差情况，可以作为确定随后的生产过程性能确认试验研究总次数的依据。

一旦设备的构型和性能特点经过确定和确认，就应记录成文。设备安装确认应包括评审维修保养规程、修配件清单以及每台设备的校准方法。目的是要保证用这一方法在修理后不会影响加工物的特性。此外，应制订修理后的清洗和校正的具体要求，防止生产出不合格的产品来。在确认阶段的计划可防止检修期间出现混乱而用错替换部件。

b. 生产过程：生产性能确认

生产过程性能确认的目的是要规定严格的检验以证明生产过程的有效性和重现性。在进入性能确认阶段，应该已制定好生产过程的规格标准，而且通过检验或其他测试方法证明这些规格标准基本是可行的，并根据适当的安装试验研究确定设备是合格的。

每一生产过程应有足够的专一性进行说明和作出解释，以使职工懂得其要求。对产品质量能产生偏差以致影响重大的部分生产过程应经过挑战性试验。

对生产过程进行挑战性试验以评价其适用程度时，最重要的是试验条件要模拟实际生产中可能遇到的条件，包括"最差状况"的条件。试验应反复进行数次，以保证挑战性试验结果是有价值的而且是恒定的。

每一特定的生产过程应经适当的确认和验证。未经适当的挑战性试验而只看产品、生产过程和设备之间的相似性作为依据，这种做法是有潜在危险的。

c. 产品：性能确认

根据本指南的目的，产品性能确认只适用于医疗器械装置。这种确认工作应看作为生产前的质量保证活动。

已成功地通过生产过程验证并在作出结论前，有必要证明指定的生产过程对成品无不良影响。在可能时，产品性能确认应包括模拟实际使用条件的性能检验。应该用与今后常规生产所用的相同生产设备、生产方法和生产加工操作所制得的产品进行产品性能确认测试。否则此确认的产品就不能代表生产产品，而且也不能用来证明生产加工所得的产品会达到预先确定的规格标准和质量特性。在实际生产的产品顺利通过产品性能确认后，应进行正规的技术评审。评审内容应包括：

把实际的确认产品与批准的产品规格标准加以比较。

用于判定是否符合已批准的规格标准的检验方法，其有效性应经确定。

确定规格标准更改的控制程序的合理性。

2. 确保及时再验证的体系

在包装、配方、生产设备或生产过程的更改会影响产品有效性或产品质量以及产品特性时，应有适当的再验证质量保证体系。此外，在原物料供货单位有更改时，生产厂应考虑原物料特性上的细微的但可能产生有害影响的差异。原物料不良差异的确定表明需要复验生产过程。

查明提出再验证的变化类别（指原物料的微细差异）的一种途径是采用可以测出这些变化特性的检验和分析方法。这种分析检验方法所得到的具体结果不仅是合格不合格，而是可以查出产品和生产过程的规格标准范围内的变化，并可确定这一生产过程是否疏忽而失控。

质量保证程序应建立再验证所要求的环境条件。这些环境条件可以依据初次验证的挑战性试验期间的设备、生产工艺和产品性能。最好指定人员负责评审产品、生产工艺、生产设备和人员的更动，以确定是否需要及什么时候要进行再验证。

再验证的范围取决于改动的性质以及它们对已验证过的生产的各方面所产生的影响。仅仅因给定的环境条件有了改动，可能不必要进行验证生产过程；然而，重要的是要仔细评估改动的性质以确定可能的影响以及需要考虑哪些再验证内容。

3. 文件

验证方案必须成文，而且文件应妥善保存。批准生产过程作为常规生产之用时，应该以所有的验证文件的评审为依据，包括生产设备确认、生产过程性能确认以及产品及包装检验的数据，以保证生产方法的适合性。

对常规生产来说，重要的是要充分记录生产过程的详细内容（如时间、温度、所用设备），并记录已发生的任何改动。维修保养记录对特定的生产批号的不合格原因的调查研究是有价值的。验证数据（附具体的检验数据）也可用来确定产品或生产设备特性可能产生的变化。

B. 生产过程的回顾性验证

有些情况，生产产品可能未经销售前的充分生产过程验证而已经进入市场了。此种情况可对产品的累积分析检验数据资料及其所用生产工艺的记录进行检查，以部分地验证生产过程的合适性。

回顾性验证对新产品或更改的生产过程的销售前验证也是有价值的。在这种情况下，初步的前验证是以保证产品可上市销售，随着批号的不断生产而收集到的附加数据对生产过程的合适与否就更有把握；相反，这类数据可能会指出生产过程的把握性在下降，而且需要作出相应的纠正。

只有在分析检验方法和结果相当具体时，这些数据才有价值，与前验证相同，如检验结果仅以合格或不合格来表示，且评估生产过程又只是以每批符合规定标准为依据者，则这种做法是不够的。另一方面，分析检验的具体结果可以进行统计分析，而且可以确定预期的数据偏差。有关生产过程的操作特点，如时间、温度、湿度和设备调整等记录应予保存。无论何时当用检验数据来证明符合规格标准时，应对检验方法进行确认以保证检验结果是客观的和准确的，这点是重要的。

IX. 产品检验的可接受性

在某些情况下，药品或医疗器械可能是逐一地或以一次为基础进行生产的。与这些情况相关的前验证或回顾性验证概念的应用性是有局限的，而生产和装配过程期间得到的数据可以与产品的检验一起用来说明该批成品符合所有的规格标准和质量特性。可以预期这种数据和产品检验的评估要比更多地依靠前验证的一般情况面广得多。

编制：美国食品药物管理局　药品和生物制品中心以及医疗器械和辐射保健中心

供应：美国食品药物管理局　药品和生物制品中心　执行办公室　产品质量与制造部

1993 年 2 月由美国食品药物管理局法规事务办公室地方业务办公室现场调查部再版。

参 考 文 献

1 白慧良，李武臣．药品生产验证指南．北京：化学工业出版社，2003
2 缪德骅．药品生产质量管理规范实施指南．北京：化学工业出版社，2001
3 庄越，曹宝成，萧瑞祥．实用药物制剂技术．北京：人民卫生出版社，1999
4 李钧．药品 GMP 验证教程．北京：中国医药科技出版社，2002
5 钱应璞．制药用水系统设计与实践．北京：化学工业出版社，2001
6 许钟麟．药厂洁净室设计、运行与 GMP 认证．上海：同济大学出版社，2002
7 邓海根．制药企业 GMP 管理实用指南．北京：中国计量出版社，2000
8 朱世斌．药品生产质量管理工程．北京：化学工业出版社，2001
9 国家药典委员会．中华人民共和国药典．2005 年版　第二部．北京：化学工业出版
  社，2005